Die Erfindung des Kosmos

AF733704

Berliner Slawistische Arbeiten

Herausgegeben von
Wolfgang Gladrow, Barbara Kunzmann-Müller,
Heinrich Olschowsky und Georg Witte

Band 22

PETER LANG
Frankfurt am Main · Berlin · Bern · Bruxelles · New York · Oxford · Wien

Matthias Schwartz

Die Erfindung des Kosmos

Zur sowjetischen Science Fiction und populärwissenschaftlichen Publizistik vom Sputnikflug bis zum Ende der Tauwetterzeit

PETER LANG
Europäischer Verlag der Wissenschaften

Bibliografische Information Der Deutschen Bibliothek
Die Deutsche Bibliothek verzeichnet diese Publikation in der Deutschen Nationalbibliografie; detaillierte bibliografische Daten sind im Internet über <http://dnb.ddb.de> abrufbar.

Gedruckt mit freundlicher Unterstützung
des Instituts für Slawistik
an der Humboldt-Universität zu Berlin.

Gedruckt auf alterungsbeständigem,
säurefreiem Papier.

ISSN 1430-192X
ISBN 3-631-51225-2

© Peter Lang GmbH
Europäischer Verlag der Wissenschaften
Frankfurt am Main 2003
Alle Rechte vorbehalten.

Das Werk einschließlich aller seiner Teile ist urheberrechtlich geschützt. Jede Verwertung außerhalb der engen Grenzen des Urheberrechtsgesetzes ist ohne Zustimmung des Verlages unzulässig und strafbar. Das gilt insbesondere für Vervielfältigungen, Übersetzungen, Mikroverfilmungen und die Einspeicherung und Verarbeitung in elektronischen Systemen.

Printed in Germany 1 2 4 5 6 7

www.peterlang.de

Inhaltsverzeichnis

1. EINLEITUNG

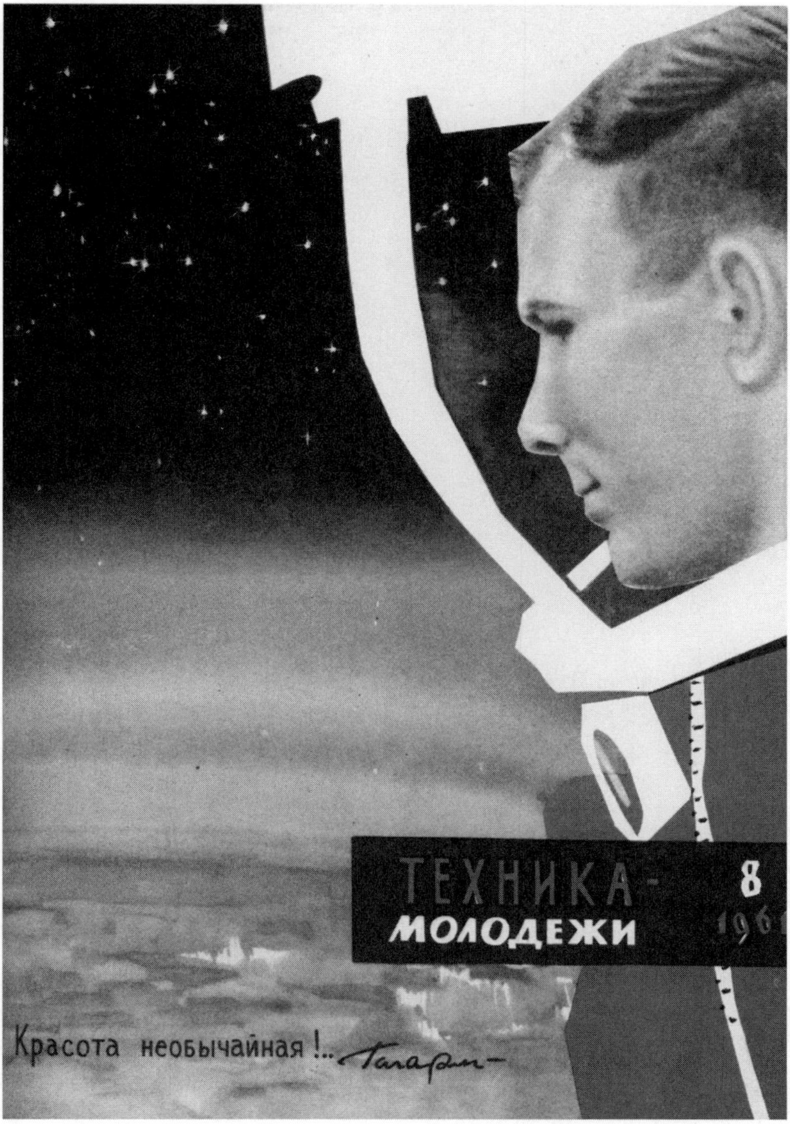

Jetzt, da der Mensch in den Weltraum geht, wird es hier unten eine neue Psychologie geben.

Jacques Lacan

Abbildung: Titelblatt von *Technika – molodeži*, Nr. 8/1961, mit dem Zitat „Ungewöhnliche Schönheit!..“ und einer Signatur von Jurij Gagarin.

Zitat: in Roudinesco, Elisabeth: Jacques Lacan. Bericht über ein Leben, Geschichte eines Denksystems (1993[1]), Köln 1996, S. 416.

1.1. Fragestellung

Als der am 4. Oktober 1957 gestartete erste künstliche Erdtrabant „Sputnik" abends um fünf Uhr am Himmel über Moskau zu sehen war, versammelten sich allein auf dem „Platz des Aufstands" Hunderttausende, um einen Blick auf ihn zu werfen.[1] Was war der Grund, daß so viele Leute sich für diesen ersten Sputnikflug interessierten? War es einfach das Ereignis selber, die Weltneuheit, den ersten von Menschenhand geschaffenen Himmelskörper zu sehen? Oder stand dahinter mehr, gab es eine darüber hinausgehende Faszination, die tiefer und weiter in den neu eröffneten Kosmos hineinreichte? Und wenn ja: worin bestand sie, wo lagen die mit dem Kosmosflug verknüpften Wünsche und Sehnsüchte, die solche Faszination ausübten? In welche Diskurse waren sie eingebunden, in welchen Bereichen der sowjetischen Kultur fanden sie ihren Ausdruck, und vor allem: wie?

Sowohl die sowjetische Propaganda als auch die westliche Rezeption sahen in dem Sputnikflug zuvorderst den Erfolg der Sowjetunion, die führende westliche Industriemacht USA das erste Mal in einem Bereich überholt zu haben. Was für die eine Seite der „Sputnik-Schock" war,[2] bewies für die andere die Überlegenheit des eigenen sozialistischen Systems insgesamt. In diesem Kontext des Systemwettbewerbs wie auch unter den innenpolitischen Umständen der Chruščevzeit wurde der Sputnikflug als Ausdruck eines gesellschaftlichen Aufbruchs angesehen und bewertet, der vor allem im Bereich von Wissenschaft und Technik stattfand. In der sowjetischen Kultur zeigten sich diese Entwicklungen am deutlichsten in der Neubelebung des Genres der Science Fiction bzw. „Wissenschaftlichen Fantastik" (zu den Begriffsbestimmungen siehe Kapitel 1.2), das ein viertel Jahrhundert fast in der Bedeutungslosigkeit verschwunden war und ab 1957 massenhaft Verbreitung fand. Diese Zusammenhänge sind weder in der westlichen noch in der sowjetischen bzw. postsowjetischen Rezeption und Forschung umstritten und werden allgemein als evident angenommen. Erstaunlicherweise sind sie jedoch noch nicht auf die oben angedeuteten Fragen hin eingehender untersucht worden.

Der Aufbruch in die neuen Welten des erdnahen Kosmos, der sehr bald an seine technologischen Grenzen stieß, und der Aufbruch in die fiktionalen Welten der „Wissenschaftlichen Fantastik", die an die Normen der sowjetischen Literaturpolitik gebunden blieb, geschahen jedoch nicht nur im Umfeld des Tauwetters der Chruščevzeit, sondern sie standen auch beide in der unmittelbaren Nachfolge der Stalinzeit. Wie die Kultur der Chruščevzeit im allgemeinen nahmen sie deren Rezeptionsmuster und Themenfelder auf, verarbeiteten und modifizierten sie. Ziel dieser Studie ist es, solchen Zusammenhängen zwischen der Kosmosrezeption, kulturpolitischen Tradierungen und „Wissenschaftlicher Fantastik" in einer Fallstudie auf die

---

[1] Josephson, Paul R.: Rockets, Reactors, and Soviet Culture, in: Graham, Loren R. (Hg.): Science and the Soviet Social Order, Cambridge Mass. – London 1990, S. 184.

[2] Zum „Sputnik-Schock" schreibt ausführlich Divine, Robert A.: The Sputnik Challenge. Eisenhower's Response to the Soviet Satellite, New York u.a. 1993, S. XIIIff.

Spuren zu kommen.[3] Dabei geht es um die Spuren der *Faszination*,[4] die das Thema Kosmos innerhalb dieser Zusammenhänge ausübte, und zwar um textuelle Spuren, die anhand von fünf ausgewählten Publikationen auf zwei Ebenen rekonstruiert und interpretiert werden sollen. Zum einen soll die populärwissenschaftliche Rezeption[5] neuer wissenschaftlicher Entwicklungen und technischer Errungenschaften anhand einiger Motive und Personen (Sputnik, Ciolkovskij, Gagarin) sowie ausgewählter Themenfelder (intelligentes Leben im All, Kybernetik, Astrologie, Relativitätstheorie u.a.) als Teil einer größeren Erzählung vom Fortschritt in die Zukunft des Kosmos und des Kommunismus dargestellt werden. Und zum anderen soll untersucht werden, wie diese Themen und Motive in der „Wissenschaftlichen Fantastik" vor dem Hintergrund des gesellschaftlichen Umbruchs in den 50er und frühen 60er Jahren verarbeitet worden sind. Auf diese Weise soll nicht nur die textuelle Verknüpfung von Kosmos und „Wissenschaftlicher Fantastik", sondern auch diejenige verschiedener Diskurse und Erzählungen zum gesellschaftlichen Fortschritt innerhalb der Sowjetunion aufgezeigt werden. In Anlehnung an das vorangestellte Zitat von Jacques Lacan geht es demnach nicht zuerst darum, wie *hier unten*, sondern wie *dort oben* ein neuer „fantastischer" Kosmos „erfunden" wurde, der kulturelle Konflikte, Ängste und Wünsche sichtbar machte, die bislang nicht repräsentierbar waren.

Diese Studie stellt eine überarbeitete Fassung meiner Magisterarbeit dar, die ich im Oktober 2000 abgeschlossen habe. Dem Institut für Slawistik der Humboldt-Universität zu Berlin danke ich für die finanzielle Unterstützung der Publikation. Für ihre vielfachen Anregungen, Ratschläge und Korrekturen danke ich insbesondere Kristine Krause, Ronald Düker, Olga Polianski, Igor J. Polianski und Christopher Winkler sowie Georg Witte, der die Magisterarbeit wissenschaftlich betreut hat.

---

[3] Es geht hier allerdings nicht um die konkreten, historiographisch belegbaren Zusammenhänge, also ob bspw. bei den politischen Entscheidungsträgern und Produzenten der Zeitschriften auch bewußte Entscheidungen gefällt wurden, wie der Aufbruch in den Kosmos mit dem kulturpolitischen Erbe der Stalinzeit oder der Wissenschaftlichen Fantastik zusammenzubringen sei. Das wäre ein anderes Thema.

[4] Begriffe werden in der Regel dann kursiv gebraucht, wenn sie in einer bestimmten, im Text festgelegten Definition verwendet werden, besonders hervorgehoben werden sollen oder Eigennamen (bspw. der Zeitschriften) bezeichnen. Zitate auf Russisch werden nur dann nicht in Kyrillika geschrieben, wenn es sich um Literaturhinweise oder ins Deutsche übernommene Bezeichnungen handelt.

[5] Mit „Rezeption" ist so verstanden natürlich zuerst einmal die Produktion und Distribution von Wissen und Erwartungshorizonten, weniger deren Aneignung durch die Leser/innen – im Sinne bspw. einer Jauß'schen Rezeptionsästhetik – gemeint (siehe hierzu auch die Ausführungen im folgenden Kapitel).

1.2. Methodisches Vorgehen

Materialauswahl

Grundlage dieser Untersuchung ist die systematische Auswertung von fünf Monatszeitschriften aus den Jahren 1957 bis 1965. Texte aus früheren Jahrgängen wurden gegebenenfalls hinzugezogen. Zweimal im Monat – wie bspw. *Smena* – oder wöchentlich – wie bspw. *Ogonëk* – erscheinende Zeitschriften sind nicht ausgewählt worden, da ihre Auswertung im Rahmen dieser Studie nicht zu bewältigen gewesen wäre. Seltener erscheinende Publikationen sind hingegen nicht berücksichtigt worden, weil sie weniger in tagespolitische und aktuelle kulturelle Entwicklungen eingebunden sind und zudem anderen Zensurbestimmungen unterlagen.[6] Auf Almanache, Sammelbände oder Periodika wurde daher auch nur gelegentlich zurückgegriffen, wenn sie in dem hier entstandenen Zeitraum für die „Wissenschaftliche Fantastik" eine zentrale Rolle gespielt haben bzw. in dieser Periode erst gegründet worden sind.

Bei den Zeitschriften handelt es sich um die vier zentralen in Moskau verlegten populärwissenschaftlichen Zeitschriften[7] und ein Journal für Literatur, Kultur und Gesellschaftspolitik. Ihre Herausgeber sind die Jugendorganisation der KPdSU, diejenige der Regierung der UdSSR und zwei gesellschaftliche Vereinigungen. Auf die vier populärwissenschaftlichen Zeitschriften fiel die Wahl aus dem Grund, daß in ihnen im hier behandelten Zeitraum äußerst häufig „wissenschaftlich-fantastische" Erzählungen publiziert worden sind. Die 1925 gegründete, seit 1954 von der *Arbeiterjugend des Staatskomitees des Ministerrats der UdSSR zur beruflich-technischen Erziehung* herausgegebene ***Znanie – sila*** *[dt. „Wissen ist Kraft"]*[8] und die

---

[6] Zur Zensur in der Sowjetunion allgememein, siehe: Choldin, Marianna T.; Friedberg, Maurice: The Red Pencil. Artists, Scholars, and Censors in the USSR, Boston u.a. 1989; Eggeling, Wolfram: Die sowjetische Literaturpolitik zwischen 1953 und 1970. Zwischen Entdogmatisierung und Kontinuität (Dokumente und Analysen zur russischen und sowjetischen Kultur, Bd. 3), Bochum 1994.

[7] Alle anderen populärwissenschaftlichen Zeitschriften („Научно-популярные журналы") jener Zeit wurden in den Republikhauptstädten herausgegeben und erzielten nicht eine annähernd vergleichbare Auflage wie die hier ausgewählten Periodika. Die vom CK VLKSM herausgegebenen, populärwissenschaftlich ausgerichteten Zeitschriften *Junyj technik* und *Pioner* sind nicht in die Untersuchung miteinbezogen worden, da sie zum einen explizit „für Kinder" gemacht wurden und zum anderen zwar hohe Auflagen, aber keine mit den anderen vergleichbaren Auflagenzuwächse zu verzeichnen hatten. Zu den Auflagenhöhen der ausgewählten Zeitschriften, siehe Kapitel 2.1 dieser Untersuchung. Zu den hier genannten, siehe: Letopis' periodičeskich izdanij SSSR. 1955–1960 gg. Čast' I. Žurnaly, trudy, bjuleteni, Moskva 1963 [Des weiteren zitiert als „LPI 1955–1960"], Nr. 7739–7749, 8082, 8096.

[8] Sie war zuvor bei verschiedenen Ministerien untergebracht, bis 1953 war sie die *wissenschaftlich-populäre Zeitschrift der Arbeiterjugend des Ministeriums für Arbeitsreserven*, ehe dieses im März 1953 im Kulturministerium aufgegangen ist, von dem sie dann herausgegeben worden ist, bis sie 1959 zum Ministerrat kam. Literaturangaben aus der Zeitschrift werden des weiteren wie folgt zitiert: ZS

1932 vom *ZK des VLKSM* gegründete *populäre produktions-technische und wissenschaftliche* ***Technika – molodeži*** *[dt. „Technik für die Jugend"]*[9] bilden den Kern der Untersuchung, da in diesen beiden Zeitschriften sowohl neue populärwissenschaftliche Themen zumeist als erstes behandelt als auch neue „wissenschaftlich-fantastische" Literatur am häufigsten veröffentlicht wurden. Die anderen Zeitschriften dienen dem Vergleich in mehrerer Hinsicht. Auf ***Nauka i žizn'*** *[dt. „Wissenschaft und Leben"]*[10] fiel als einzige nicht für die Jugend oder von Jugendorganisationen konzipierte Zeitschrift die Wahl, weil dieses von der *Allunionsgesellschaft zur Verbreitung politischer und wissenschaftlicher Kenntnisse* herausgegebene Organ seine Auflage in der behandelten Periode fast verzehnfachte und sich zu dem wichtigsten populärwissenschaftlichen Medium in der Sowjetunion entwickelte. Die vom *ZK des VLKSM* herausgegebene ***Vokrug sveta*** *[dt. „Um die Welt"]*[11] ist als einzige Zeitschrift vor der Revolution – 1861 – gegründet worden und wendet sich als *geographisches populärwissenschaftliches* Organ insbesondere auch Ländern und Kulturen außerhalb der Sowjetunion zu. Sie veröffentlichte aber bezeichnenderweise ebenfalls häufig „Wissenschaftliche Fantastik" und hatte seit 1961 sogar eine nur diesem und dem Genre der „Abenteuerliteratur" gewidmete Literaturbeilage. ***Junost'*** *[dt. „Jugend"]*[12] ist als einzige nicht populärwissenschaftliche Zeitschrift hinzugezogen worden, weil sie als erst nach Stalins Tod 1954 gegründetes Organ des *Schriftstellerverbandes der UdSSR* einer der wichtigsten Publikationsorte für die sog. Tauwetterliteratur war. Zudem sind in ihr fast keine „wissenschaftlich-fantastischen" Erzählungen veröffentlicht worden, obwohl in ihr zum Kosmos mehrfach Beiträge erschienen sind. Der Vergleich der Zeitschriften auf ihre unterschiedliche Publikationspraxis und Inhaltsschwerpunkte ist jedoch nicht Thema dieser Studie, sondern vielmehr Grundlage der Untersuchung, um verallgemeinerbare Aussagen treffen zu können. Bei relevanten Differenzen hinsichtlich bestimmter Themenfelder zwischen den Journalen wird auf diese daher auch hingewiesen.

Begriffsbestimmungen

Diese Studie beschäftigt sich mit populärwissenschaftlicher Publizistik und „Wissenschaftlicher Fantastik" in der Zeit vom Sputnikflug bis zum Ende der Chruščevzeit. Zur Einordnung des Materials werden jedoch auch Publikationen aus der Zeit vor 1957 und nach Chruščevs Absetzung hinzugezogen. Unter ***populärwissenschaftlicher Publizistik*** werden Essays, Aufsätze, Reportagen, Interviews, Diskussionsforen, Zeichentrickbilder und -geschichten, Karikaturen, Skizzen oder

---

[Jahresnummer]/[Jahr], S. [Seitenzahl].

9 Literaturangaben aus der Zeitschrift werden wie folgt zitiert: TM [Jahresnummer]/[Jahr], S. [Seitenzahl].

10 Literaturangaben werden wie folgt zitiert: NŽ [Jahresnummer]/[Jahr], S. [Seitenzahl].

11 Literaturangaben werden wie folgt zitiert: VS [Jahresnummer]/[Jahr], S. [Seitenzahl].

12 Literaturangaben werden wie folgt zitiert: Junost' [Jahresnummer]/[Jahr], S. [Seitenzahl].

Kritiken verstanden, die in den genannten vier populärwissenschaftlichen Zeitschriften erschienen sind und die wissenschaftlich-technische Entwicklung jener Jahre direkt oder mittelbar thematisierten. Das heißt, es ist die ganze Bandbreite journalistischer Erzählformen berücksichtigt worden, wobei auch eindeutig fiktionale, aber nicht als solche gekennzeichnete Geschichten als Bestandteil des populärwissenschaftlichen Diskurses vorgestellt werden. Damit ist hier ein sehr viel weiter gefaßter Forschungsbegriff gewählt worden, als es der vergleichbare russische Quellenbegriff der „wissenschaftlich-populären Literatur" („научно-популярная литература") hergibt. Denn dieser bezeichnet eine vornehmlich von Wissenschaftlern verfaßte Literatur, die einfach und anschaulich – auch unter Zuhilfenahme fiktiver Geschichten – zumeist naturwissenschaftliche Sachverhalte erklärt.[13]

Wissenschaftliche Fantastik (***Научная фантастика***, im folgenden auch in der gängigen russischen Abkürzung ***NF*** verwendet) ist hingegen ein Quellenbegriff, der bereits in den 1890er Jahren in Anlehnung an die „fantastische Literatur" („Фантастика") aufkam[14] und schon 1925 etabliert war – noch vor der Durchsetzung des entsprechenden Terminus' „Science Fiction" im angloamerikanischen Sprachraum.[15] Ganz allgemein bezeichnete der Begriff belletristische Texte, die seit der zweiten Hälfte des 19. Jahrhunderts infolge der Industrialisierung entstanden und unter Bezugnahme auf aktuelle wissenschaftliche und technische Entwicklungen „fantastische", d.h. (noch) nicht realisierbare Sujets und Themenfelder behandelten.[16] Allerdings veränderte sich die Bedeutung des Begriffs im Laufe der Zeit erheblich. Während er bis Anfang der 30er Jahre noch eine der „Science Fiction" vergleichbare Entwicklung durchmachte, allerdings stärker der Abenteuergeschichte und dem Krimi zugeordnet war,[17] wurde die „Wissenschaftliche Fantastik" mit der Kanonisierung des Sozialistischen Realismus' dessen Normen untergeordnet, auch wenn sie als Begriff weiter bestehen blieb. Erst in der Tauwetterzeit erfuhr die „sozialistisch-realistische" Definition des Begriffs eine grundlegende Revision. Dabei stellte man fest, daß man bisher weder eine historische noch eine theoretische Bestimmung des Begriffs besaß. Selbst die Frage, ob es sich bei der „Wissenschaftlichen Fantastik" um ein eigenständiges Genre handelte, war umstritten.[18] Die diesbezüglichen Auseinandersetzungen jener Jahre in den populärwissenschaftlichen

---

[13] Bernd Rullkötter definiert die populärwissenschaftliche Literatur als eine, die sich „pädagogische Aufgaben" stellt und versucht, „Wissen in weniger trockener Form als Lehrbücher zu vermitteln." Siehe Rullkötter, Bernd: Die Wissenschaftliche Phantastik der Sowjetunion. Eine vergleichende Untersuchung der spekulativen Literatur in Ost und West, Bern u.a. 1974, S. 12.

[14] McGuire, Patrick L.: Red Stars. Political Aspects of Soviet Science Fiction, Ann Arbor 1985, S. XV.

[15] McGuire, Patrick L.: Russian SF, in: Barron, Neil (Hg.): Anatomy of Wonder. A Critical Guide to Science Fiction. Third Edition, New York u.a. 1987, S. 443.

[16] Brandis, E.: Puti razvitija i problemy sovetskoj naučno-fantastičskoj literatury, in: : Makarova, V. (Hg:): O fantastike i priključenijach (O literature dlja detej, Vypusk 5-j), Leningrad 1960, S. 5ff.

[17] McGuire: Russian SF, S. 443.

[18] Poltavskij, S.: O nerešennych voprosach naučnoj fantastiki, in: Makarova: O fantastike i priključenijach, S. 97ff.

Zeitschriften werden in den Abschnitten zur „Konstituierung des Genres" nachgezeichnet. Sie geschahen in einer sehr selektiven Rezeption der bisherigen Entwicklung der Science Fiction vor allem aus den USA und einzelner Werke von russischen Autoren.[19] Die in der Tradition von Thomas Mores „Utopia" stehende „utopische Literatur"[20] wurde überhaupt nicht rezipiert, da diese nicht an wissenschaftlich-technische Entwicklungen ihrer Zeit anknüpfen würde.[21] Genauso wenig wurde die „fantastische Literatur" des 19. Jahrhunderts als traditionsbildend angesehen, die erst über den Umweg der „Folkloristik", die sich mit Märchen und Legenden „des Volkes" beschäftigte, seit den 70er Jahren Eingang in die Vorgeschichte des Genres fand. Hinzu kommt, daß der Begriff „Fantastik" häufig synonym für „Wissenschaftliche Fantastik" benutzt worden ist, während diese gleichzeitig häufig mit Abenteuer- und Reiseliteratur verbunden wird. Aufgrund dieser vielfachen Bedeutungsbezüge wird hier keine nähere Definition des Quellenbegriffs vorgenommen, und *NF* oder *Fantastik* werden generell als Bezeichnung für alle in den ausgewerteten Materialien als „фантастический" apostrophierten Texte verwendet. Dabei kann es sich sowohl um „fantastische" Humoresken („фантастическая юмореска"), Erzählungen („фантастический рассказ"), Scherzerzählungen („фантастический рассказ-шутка"), „Novellen" („фантастическая новелла"), Kinoszenarien („киносценарий") als auch um „wissenschaftlich-fantastische" Erzählungshypothesen („научно-фантастический рассказ-гипотеза"), Scherzerzählungen, Erzählungen, Povesti und Romane oder „wissenschaftlich-technische Fantasien" („научно-техническая фантазия") handeln. Der Begriff ***Fantast*** ist ein Quellenbegriff und bezeichnet einen Schriftsteller, der selbige Texte verfaßt. Der Begriff ***Science Fiction*** (im folgenden auch abgekürzt als ***SF***) wird ebenfalls ohne nähere Bestimmung als Bezeichnung für alle nicht in „sozialistischen Ländern" erschienene Literatur des

---

19 Als erstes wissenschaftlich-fantastisches Werk von einem russischen Autor wurde allgemein der unvollendete Roman „Das Jahr 4338. Petersburger Briefe" („4338-й год. Петербургские письма", 1840) von Vladimir Odoevskij bezeichnet. Danach folgten Werke aus dem 20. Jahrhundert von Nikolaj Morozov, Valerij Brjusov, Aleksandr Kuprin u.a. Siehe bspw.: Brandis: Puti razvitija i problemy, S. 10ff.; Die in der westlichen Forschung viel beachtete Bewegung des „Kosmismus" aus den 20er Jahren fand hingegen ausschließlich in der Person Konstantin Ciolkovskijs Beachtung, und auch dieser wurde nur sehr einseitig rezipiert. Zum Kosmismus siehe Hagemeister: Der „russische Kosmismus" – ein Anachronismus oder die „Philosophie der Zukunft"?, in: Hartmann, Anne; Veldhues, Christoph (Hg.): Im Zeichen-Raum. Festschrift für Karl Eimermacher zum 60. Geburtstag, Dortmund 1998, S. 169–201.

20 Zur utopischen Literatur siehe bspw. Krauss, Werner: Geist und Widergeist der Utopien, in: Barmeyer, Eike (Hg.): Science Fiction. Theorie und Geschichte, München 1972, S. 25ff.; Krysmanski, Hans-Jürgen: Die Eigenart des utopischen Romans, in: Ebd., S. 47ff.; Gnüg, Hiltrud: Utopie und utopischer Roman, Stuttgart 1999.

21 Aufgrund ihrer engen Verbindung von Kunst und Wissenschaft wurde demgegenüber die Kultur der Renaissance und insbesondere die Person Leonardo da Vincis häufig als Vorbild für die Wissenschaftliche Fantastik gesehen, was bei der westlichen Definition des Genres nirgends der Fall war. Antiutopien wie Evgenij Zamjatins „Мы" von 1924 fanden ebenfalls keine Beachtung. Siehe hierzu Duda, Katarzyna. Antyutopia w literaturze rosyjskiej XX wieku, Kraków 1995, S. 9ff.

Genres verwendet. Das Attribut ***fantastisch*** als Kennzeichnung bestimmter *fantastischer Elemente* des Genres NF wird in den theoretischen Vorüberlegungen definiert.

Forschungsstand

Von einem gleichwertigen Forschungsstand für das hier behandelte Thema läßt sich kaum sprechen. Denn während zur Wissenschaftlichen Fantastik seit den 60er Jahren einige grundlegende Studien erschienen sind, ist die populärwissenschaftliche Publizistik als eigener Untersuchungsgegenstand noch nicht behandelt worden. Dies liegt vor allem daran, daß die kulturpolitische Popularisierung wissenschaftlicher Entwicklungen sowohl aus dem eigentlichen Untersuchungsfeld der Wissenschaftsgeschichte als auch aus demjenigen der Popular Culture Studies herausfällt. Zwar gibt es im Bereich der Wissenschaftsgeschichte insbesondere von Loren R. Graham[22] einige grundlegende Arbeiten zur Entwicklung der sowjetischen Naturwissenschaften[23] und einzelne Studien zur kulturpolitischen Rezeption von technischen Entwicklungen,[24] zum Bild der Wissenschaften und Technologien in der Kultur[25] oder zur „Wissenschaftsprosa".[26] Doch handelt es sich bei ihnen zumeist um Überblicksdarstellungen, die den hier behandelten Zeitraum dementsprechend knapp behandeln. Während es zur Populär- bzw. Massenkultur insbesondere der Stalinzeit schon eine Vielzahl an Untersuchungen gibt, läßt dieses Interesse für die Chruščev- und Breževzeit merklich nach.[27] Die Studie von Petr Vajl' und Alek-

---

[22] Loren R. Graham befaßt sich seit den 60er Jahren mit dem Thema und ist mehrmals in der Sowjetunion gewesen, siehe bspw. Ders.; Caldwell, Oliver: Moscow in May 1963. Education and Cybernetics. An Interchange of Soviet and American Ideas Concerning Education, Programed Learning, Cybernetics, and Human Mind, Washington 1964.

[23] Bspw. Graham, Loren: Dialektischer Materialismus und Naturwissenschaften in der UdSSR. Erster Teil: Quantenmechanik – Relativitätstheorie – Ursprung und Aufbau des Weltalls ([1]1966), Frankfurt a.M. 1974; Ders.: Introduction: The Impact of Science and Technology on Soviet Politics and Society, in: Ders. (Hg.): Science and Soviet Social Order, Cambridge u.a. 1990, S. 1–16; Ders.: The Ghost of the Executed Engineer. Technology and the Fall of the Soviet Union, Cambridge Mass. u.a. 1993; Ders.: What Have We Learned About Science and Technology from the Russian Experience?, Stanford California 1998.

[24] Starr, S. Frederick: New Communication Technologies and Civil Society, in: Graham, Loren (Hg.): Science and Soviet Social Order, Cambridge u.a. 1990, S. 19–50; Josephson, Paul: Rockets, Reactors, and Soviet Culture, in: Ebd., S. 168–191.

[25] Clark, Katerina: The Changing Image of Science and Technology in Soviet Literature, in: Graham, Loren (Hg.): Science and Soviet Social Order, Cambridge u.a. 1990, S. 259–298; Nisbet, Peter: The Response to Science and Technology in the Visual Arts, in: Ebd., S. 341–358.

[26] Kuchment, Mark: Bridging the Two Cultures: The Emergence of Scientific Prose, in: Ebd., S. 325–324.

[27] So gibt es einige Überblicksdarstellungen, die das Thema von Seiten der Populärkultur oder im Zusammenhang mit dem „sowjetischen Traum vom Fliegen" berühren. Siehe Stites, Richard: Russian Popular Culture. Entertainment and Society since 1900, Cambridge 1992; Kluge, Robert: Der sowjetische Traum vom Fliegen. Analyseversuch eines gesellschaftlichen Phänomens (Slavistische Beiträge, Bd. 345), München 1997.

sandr Genis zur „Welt des sowjetischen Menschen“ in den 60er Jahren[28] gibt einen umfassenden und materialreichen Einblick in die Populärkultur dieser Zeit, bleibt aber eine autobiographisch geprägte und in weiten Teilen essayistisch verfaßte Auseinandersetzung mit der eigenen Vergangenheit.[29]

Zur Wissenschaftlichen Fantastik sieht der Forschungsstand auf den ersten Blick sehr viel besser aus, wobei für alle bis Ende der 80er Jahre erschienenen Untersuchungen gilt, daß sie sowohl auf östlicher als auch auf westlicher Seite durch die Rezeptionsmuster des Kalten Krieges geprägt sind.[30] Auf sowjetischer Seite sind bereits seit der endgültigen Konstituierung des Genres Mitte der 60er Jahre (siehe hierzu Kapitel 4.1 dieser Studie) regelmäßig monographische Studien erschienen, die allerdings immer auch die Funktion hatten, *aktuelle* Entwicklungen der NF kulturpolitisch und literaturwissenschaftlich zu legitimieren. Daher haftet ihnen oft das Manko an, daß sie mehr über ihre Entstehungszeit als über ihren Forschungsgegenstand aussagen. Während die Studie von Evgenij Brandis und Vladimir Dmitrevskij zum literarischen Werk Ivan Efremovs (1963) die NF noch eindeutig als eine Literatur der „Voraussicht der Zukunft“ definiert,[31] stellt die erste größere Untersuchung zum Genre des Fantasten Georgij Gurevič (1967) eher eine grundsätzliche Abrechnung mit den Kontroversen des vorangegangenen Jahrzehnts um die NF als deren kritische Aufarbeitung dar.[32] Auch die Studien von Natalija Černaja (1972),[33] Eremej Parnov (1974),[34] Julij Kagarlickij (1974)[35] und Tat'jana Černyševa (1984)[36]

[28] Vail', Petr; Genis, Aleksandr: 60-e. Mir sovetskogo čeloveka ([1]1988), Moskva 1996.

[29] Hierzu Rubinštejn, Lev: Konec šestidesjatych, in: Itogi, 27 avgusta 1996, S. 71.

[30] Für die östliche Seite bspw. die Dissertation von Heier, Evelyn: Zur Konzeption vom Menschen in der zeitgenössischen sowjetischen Fantastik (60er und 70er Jahre), Dresden 1984. Während Heier die Hinwendung zu allgemeinmenschlichen Fragen als Tendenz „zur Weltliteratur“ betrachtet, sieht Lück ebf. von einem sozialistischen Standpunkt aus hierin ihre größten gesellschaftspolitischen Schwächen. Lück, Hartmut: Die sowjetische wissenschaftlich-fantastische Literatur, in: Sozialistische Zeitschrift für Kunst und Gesellschaft, Heft 18–19/1973, S. 63–105; Zur westlichen Seite, siehe weiter unten.

[31] Brandis, Evgenij; Dmitrevskij: Čerez gory vremeni. Očerk tvorčestva I. Efremova, Moskva u.a. 1963. Neben biographischen Details zur Entstehung des NF-Romans „Туманность Андромеды“ (1957) und einer Darstellung seiner gesellschaftspolitischen Ziele sowie der Resonanz auf ihn, enthält die Studie auch ein längeres Kapitel zur Entwicklung der NF nach seinem Erscheinen.

[32] Nach Ansicht des Autors hätten diese Kontroversen vermieden werden können, wenn man das Genre systematisch in verschiedene Strömungen aufgliedert hätte, anstatt eine allgemein verbindliche Definition zu suchen. Sie interessieren ihn vor allem unter der Fragestellung, wieso sich die NF in der Sowjetunion zwar als literarisches Genre etabliert habe, nicht aber als eine Filmgattung, die sich ansatzweise mit der Popularität der westlichen SF-Filme vergleichen könne. Gurevič, Georgij: Karta strany fantazij, Moskva 1967, S. 10ff.

[33] Černaja, Natalija: V mire mečty i predvidenija. Naučnaja fantastika, ee problemy i chudožestvennye vozmožnosti, Kiev 1972.

[34] Parnov, Eremej: Fantastika v vek NTR. Očerki sovremennoj naučnoj fantastiki, Moskva 1974. Die Abkürzung „NTR“ steht für „Wissenschaftlich-technische Revolution“ („Научно-техническая революция“). Siehe hierzu Kapitel 2.2 dieser Untersuchung.

[35] Kagarlickij, Julij: Čto takoe fantastika?, Moskva 1974.

sind vor allem von dem Interesse geleitet, das Genre in gewisse literarische Traditionslinien einzuordnen, seine Besonderheiten zu charakterisieren und Kriterien zu seiner Klassifikation zu finden. Adol'f Urban (1972) interessiert hingegen stärker, wie die „Fantastik" dem Menschen helfe, die „neue und unbekannte" Welt der Wissenschaften sich anzueignen.[37] Die äußerst materialreiche Monographie von Anatolij Britikov zum russisch-sowjetischen wissenschaftlich-fantastischen Roman (1970) sieht dessen wesentliche Funktion ebenfalls in der Darstellung des „schöpferischen Anfangs des Menschen".[38] Sie bleibt zudem weitgehend auf Romane beschränkt. Die Monographie (^{1}1970; ^{2}1975) von Boris Ljapunov, der sich seit Jahrzehnten mit dem Thema auch populärwissenschaftlich befaßte, stellt die ausführlichste Gesamtdarstellung dar, die auch Erzählungen und Povesti umfaßt und sie chronologisch nach literarischen Strömungen ordnet.[39] Sie reicht von Vladimir Odoevskijs Romanfragment „4338-й год" von 1840 bis in die 60er Jahre des 20. Jahrhunderts, thematisiert die Konflikte und Auseinandersetzungen um das Genre aber kaum. Seit den 80er Jahren versuchte man dann verstärkt, das Genre auch in die Tradition der Folklore und Mythologie zu stellen.[40] Publikationen aus der Perestrojka- und postsowjetischen Zeit beschäftigen sich mit dem hier behandelten Zeitraum nur noch peripher,[41] wobei sie ihr Augenmerk entweder ganz auf kuriose Aspekte richtet[42] oder aber bisher vermeintlich verbotene Seiten der Fantastik selber fiktionalisiert.[43]

---

[36] Černyševa, Tat'jana: Priroda fantastiki, Irkutsk 1984.

[37] Urban, Adol'f: Fantastika i naš mir, Leningrad 1972, S. 246.

[38] Britikov, Anatolij: Russkij sovetskij naučno-fantastičeskij roman, Leningrad 1970, S. 20.

[39] Ljapunov, Boris: V mire mečty. Obzor naučno-fantastičeskoj literatury, Moskva 1970; Ders.: V mire fantastiki. Obzor naučno-fantastičeskoj i fantastičeskoj literatury (Izdanie 2-e, dopolnennoe i pererabotannoe), Moskva 1975. Boris Ljapunov ist 1972 verstorben, so daß die 2. Auflage posthum erschien. Siehe Ebd., S. 6.

[40] Neelov, Evgenij: Volšebno-skazočnye korni naučnoj fantastiki, Leningrad 1986; Ders.: Fol'klornaja volšebnaja skazka i naučnaja fantastika. Analiz chudožestvennogo teksta. Učebnoe posobie po speckursu, Petrozavodsk 1986; Britikov, Anatolij: Naučnaja fantastika, fol'klor i mifologija, in: Russkaja literatura, Nr. 3/1984, S. 55–74; Auch Černyševa widmet ein Kapitel dem „современное мифотворчество", siehe Dies.: Priroda fantastiki, S. 224–303; Kovtun, Elena: Poėtika neobyčajnogo. Chudožestvennye miry fantastiki, volšebnoj skazki, utopii, pritči i mifa, Moskva 1999.

[41] So beschäftigte sich bspw. ein internationales Symposium zur „Fantastik und russischen Literatur des 20. Jahrhunderts", an dem auch russische Wissenschaftler teilnahmen, überhaupt nicht mit der NF des hier behandelten Zeitraums, siehe Geller, Leonid (Hg.): Poiski v inakom. Fantastika i russkaja literatura XX veka. Trudy meždunarodnogo simpoziuma (Lozanna, 5-7 nojabrja 1992), Lausanne 1994. Der in der DDR verlegte Sammelband von Wsewolod Rewitsch beinhaltet vornehmlich ältere Texte aus den 60er und 70er Jahren. Siehe Ders. (Hg.): Prüffelder der Phantasie. Sowjetische Essays zur Phantastik und Science Fiction, Berlin 1987; Ausführliche bibliographische Nachschlagewerke auch zur hier behandelten Periode bieten: Gakov, Vladimir (Hg.): Ėnciklopedija fantastiki. Kto est' kto, Minsk 1995; Charitonov, Evgenij: Nauka o fantastičeskom. Bibliografičeskij spravočnik, Moskva 2001.

[42] Bugrov, Vitalij: 1000 likov mečty. O fantastike vser'ez i s ulybkoj, Sverdlovsk 1988.

[43] Kac, Rustam: Istorija sovetskoj fantastiki, Saratov 1993.

Das westliche Interesse an der NF setzte mit der Etablierung der Science Fiction als „ernsthafter Literatur" Ende der 60er Jahre ein.[44] Es war vor allem von der Neugierde auf eine „andere SF" geprägt. Seit Anfang der 70er publizierte Überblicksdarstellungen in Sammelbänden und Zeitschriften können naturgemäß nur ausgewählte Werke und Autoren berücksichtigen,[45] aber auch Einzeluntersuchungen beschränken sich häufig auf wenige (übersetzte) Beispiele,[46] wobei insbesondere Arkadij und Boris Strugackij die „systemkritische" Aufmerksamkeit galt.[47] Die genaueste westliche Gesamtdarstellung haben Anne Coldefy und Leonid Heller 1979 geliefert.[48] Erst in den 80er Jahren beginnt man sich differenzierter bspw. mit den ideologischen Implikationen, dem Thema des Atomkriegs oder der Rolle der Frauen auseinander zu setzen.[49] Einige Studien zu späteren Zeiträumen beziehen die hier behandelte Periode mittelbar in die Vorgeschichte ihres Untersuchungsgegenstandes mit ein.[50]

---

[44] Scheidt, Jürgen von: Descensus ad inferos. Tiefenpsychologische Aspekte der Science Fiction, in: Barmeyer: Science Fiction, S. 133. In Westdeutschland nahm bspw. die von Franz Rottensteiner 1962 begründete „unillustrierte Literaturzeitschrift Quarber Merkur" eine Vorreiterrolle ein, in der auch eine Reihe sowjetischer Fantasten und Kritiker regelmäßig publizierte. Für die bibliographische Erschließung des Materials sorgten insbesondere die Arbeiten von Darko Suvin, siehe bspw.: Suvin, Darko: The Utopian Tradition of Russian Science Fiction, in: The Modern Language Review, Bd. 66, Nr. 1/1971, S. 139–159; Ders.: Die Kritik der sowjetischen Science Fiction 1956–1970, in: Quarber Merkur, Bd. 29/1972, S. 40–56.

[45] Bspw. Suvin, Darko: Ein Abriss der sowjetischen Science Fiction, in: Barmeyer: Science Fiction, S. 318–339; McGuire: Russian SF, in: Barron: Anatomy of Wonder, S. 441–473; Stites, Richard: World Outlook and Inner Fears in Soviet Science Fiction, in: Graham: Science and the Soviet Social Order, S. 299–324.

[46] So stützt sich Hans Földeak in seiner Studie fast ausschließlich auf Werke von Ivan Efremov, Arkadij und Boris Strugackij, siehe: Ders.: Neuere Tendenzen der sowjetischen Science Fiction (Slavistische Beiträge, Bd. 88), München 1975. Siehe auch Engel, Christine: Nautschnaja Fantastika und Science-fiction. Ansprüche und Realisierung in Kurzgeschichten, in: Kasack, Wolfgang (Hg.): Science Fiction in Osteuropa (Osteuropaforschung, Bd. 14), Berlin 1984, S. 11–25.

[47] Bspw. Slusser, George: Structures of Apprehension: Lem, Heinlein, and the Strugatskys, in: Science-Fiction Studies, Bd. 16/1989, S. 1–37; Pike, Christopher: Change and Individual in the Work of the Strugatskys, in: Davies, Philip John (Hg.): Science Fiction, Social Conflict and War, Manchester, New York 1990, S. 85–97; Simon, Erik: Der Zerfall der Zukunft. Die kommunistische Utopie im Werk der Strugazkis, in: Burmeister, Klaus; Steinmüller, Karlheinz (Hg.): Streifzüge ins Übermorgen. Science Fiction und Zukunftsforschung, Weinheim u.a. 1992, S. 145–161; Howell, Yvonne: Apocalyptic Realism. The Science Fiction of Arkady and Boris Strugatsky, New York u.a. 1994. Gomel, Elana: The Poetics of Censorship. Allegory as Form and Ideology in the Novels of Arkady and Boris Strugatsky, in: Science-Fiction Studies, Bd. 22/1995, S. 87–105.

[48] Heller, Leonid; Coldefy, Anne: De la science-fiction sovietique, Lausanne 1979; Geller, Leonid: Vselennaja za predelom dogmy. Razmyšlenija o sovetskoj fantastike, London 1985.

[49] Nudelman, Rafail: Soviet Science Fiction and the Ideology of Soviet Society, in: Science-Fiction Studies, Bd. 16/1989, S. 38–66; Gakov, Vladimir; Brians, Paul: Nuclear-War Themes in Soivet Science Fiction. An Annotated Bibliography, in: Science-Fiction Studies, Bd. 16/1989, S. 67–84; Green, Diana: An Asteroid of One's Own: Women Soviet Science Fiction Writers, in: Irish Slavonic Studies, Nr. 8/1987, S. 127–139.

[50] Bspw. Stephan, Halina: Wissenschaftliche Fantasik und fantastische Parabel in der sowjetischen

Fast allen Untersuchungen ist gemeinsam, daß sie die westliche Entwicklung des Genres SF als normativ setzen.[51] Hinzu kommt, daß die NF vornehmlich systemkritisch unter politologischen und soziologischen Aspekten untersucht wird, was dazu führt, daß man sich für die spezifisch sowjetischen Entstehungsbedingungen des Genres und dessen Entwicklung kaum eingehender interessiert.[52] Zudem stützen sie sich fast ausnahmslos auf die oben genannten sowjetischen Monographien zur Geschichte und Theorie des Genres aus den 70er Jahren, um mit deren Hilfe eine *systematische* Definition und Kategorisierung *der* gesamten „sowjetischen NF" zu versuchen.[53] Dadurch ergibt sich jedoch ein Bild der bisherigen „Terra incognita",[54] das fast zwangsläufig zu ungenauen und die konkreten Zusammenhänge verzerrenden Verallgemeinerungen führt.[55] Eine Fallstudie, die versucht, die NF

Gegenwartsliteratur, in: Osteuropa, 29. Jg., 11/1979, S. 877–892; Dies.: The Changing Protagonist in Soviet Science Fiction, in: Birnbaum, Henryk; Eekman, Thomas (Hg.): Fiction and Drama in Eastern and Southeastern Europe (UCLA Slavic Studies, Bd. 1), Colubus, Ohio 1980, S. 361–378; Peterson, Nadya L.: Subversive Imaginations. Fantastic Prose and the End of Soviet Literature, 1970s–1990s, Boulder Colorado 1997.

[51] Am deutlichsten ist diese Tendenz bei Bernd Rullkötters „vergleichender Untersuchung" angelegt, die zwar auf die Besonderheiten der sowjetischen Kulturpolitik verweist, aber in ihren Beurteilungen von der „normalen" Entwicklung der westlichen SF ausgeht. Siehe Ders.: Die Wissenschaftliche Phantastik der Sowjetunion.

[52] Das gilt bspw. für die ansonsten gründliche, aber auf schmaler Quellenbasis rein sozialwissenschaftlich ausgelegte Studie von Ingrid Oswald. Siehe Dies.: Der Staat als Wissenschaftler. Das Gesellschaftsbild der sowjetischen wissenschaftlich-technischen Intelligenz in der wissenschaftlichen Phantastik der Sowjetunion (Osteuropa-Institut der FU Berlin. Philosophische und soziologische Veröffentlichungen, Bd. 27), Berlin 1991; Siehe auch Dies.: Sowjetische Science-Fiction-Literatur als soziologisches Erkenntnismittel, in: Osteuropa, 41. Jg., 4/1991, S. 393–405.

[53] Bspw. Glad, John: Extrapolations From Dystopia. A Critical Study of Soviet Science Fiction, Princeton NJ 1982. Diese erste größere englischsprachige Studie versucht die gesamte NF von den 1920ern bis Ende der 70er Jahre systematisch in Hinsicht auf typische Themen, Handlungen, Kunstgriffe u.a. darzustellen. Dabei arbeitet der Verfasser mit ausschließlich anhand der SF entwickelten Beurteilungskriterien. Werke aus der Zeit der NEP, der Stalinzeit oder der „Chruščev-Ära" werden gleichwertig behandelt, während der historische Kontext fast völlig ausgeblendet wird; Patrick L. McGuire analysiert die zwischen 1957 und 1975 erschienene NF unter der Fragestellung, wie sie die kommunistische Zukunft darstelle. Diese gründliche und verschiedene Bereiche und Themenfelder der Zukunft behandelnde politologische Studie bleibt jedoch aufgrund ihrer Fragestellung auf die explizit politischen und möglicherweise gesellschaftskritischen Aspekte der NF beschränkt. Siehe Ders.: Red Stars.

[54] Rullkötter: Die Wissenschaftliche Phantastik, S. V.

[55] Bei John Griffiths bspw. führt das dazu, daß fast alle seine Verallgemeinerungen schlichtweg falsch sind. So behauptet er: „For almost every Soviet writer, nothing can be more intelligent than Man, indeed nothing but Man can be intelligent." Oder: „not until the mid-1960s do one or two writers (S. Snegov is the most important of them) postulate non-humanoid life forms." Griffiths, John: Three Tomorrows. American, British and Soviet Science Fiction, London u.a. 1980, S. 143, 144. Keine dieser Aussagen ist richtig: Intelligentere anthropomorphe Wesen als die Menschen waren immer denkbar in der NF, ab 1962 auch in anderen Körpern als dem menschlichen. Weniger intelligente „nicht-humanoide Lebensformen" waren ebf. zu keiner Zeit eine Besonderheit. Snegov spielte für diese Entwicklung keine Rolle, sondern seine Romane waren ein Resultat dieser

kulturgeschichtlich in die publizistische Rezeption der wissenschaftlich-technischen Entwicklungen und der Kosmosbegeisterung einzuordnen, ist bisher noch nicht geschrieben worden.

1.3. Vorüberlegungen

Große Erzählungen, Kommunismus und Populärkultur

Die geschichtstheoretischen Annahmen des Kommunismus stellten wohl die letzte „große Erzählung“[56] im 20. Jahrhundert dar, auf deren Grundlage ganze Gesellschaften und Staaten sich konstituierten.[57] Im Stalinismus hatte sie für die Sowjetunion eine verbindliche Form erhalten, die durch die Äußerungen Stalins kodifiziert und in der Belletristik zudem an die Erzählmuster des Sozialistischen Realismus gebunden worden ist. Katerina Clark hat diese Form als „Master Plot“ analysiert, der bestimmte „kanonische“ Handlungsmuster und mythische Figuren wie bspw. diejenige vom positiven Helden oder von der „Großen Familie“ zugrunde liegen. Auf sie wird hier Bezug genommen, wenn im folgenden von den *Rezeptions-* bzw. *Erzählmustern* des Stalinismus die Rede ist.[58] Die Grundelemente der „großen Erzählung“ vom Kommunismus bestanden im in der Sowjetunion schon erfolgten Sieg über den Klassenfeind, im seit den 1930er Jahren begonnenen Aufbau des Sozialismus und als letzter, noch bevorstehender Etappe in der Einführung des Kommunismus.[59] Sie versprach ein „glückliches Leben“, in dem sich jeder nach seinen Fähigkeiten und Bedürfnissen frei und unabhängig entwickeln konnte. Damit stand diese sowjetische „Meistererzählung“ kulturgeschichtlich in einer langen Tradition von Berichten über einen Ort, an dem alle irdischen Probleme gelöst sein

---

Entwicklung. Siehe hierzu Teil 4 dieser Untersuchung. Siehe auch Engel, Christine: Nautschnaja Fantastika und Science-fiction. Ansprüche und Realisierung in Kurzgeschichten, in: Kasack, Wolfgang (Hg.): Science Fiction in Osteuropa (Osteuropaforschung, Bd. 14), Berlin 1984, S. 11–25.

[56] Zum Begriff, siehe Lyotard, Jean-François: Die Delegitimierung, in: Conrad, Christoph; Kessel, Martina (Hg.): Geschichte schreiben in der Postmoderne. Beiträge zu einer aktuellen Diskussion, Stuttgart 1994, S. 71ff.

[57] Siehe hierzu auch Münz-Koenen, Inge: Ende der Utopien = Ende der Geschichte? Der Ort des Sozialismus in den Modernisierungsprozessen, in: Weimarer Beiträge, Nr. 1/1993, S. 14–22.

[58] Clark, Katerina: Soviet Novel. History as Ritual ([1]1981), Chicago 1985. Siehe hierzu genauer auch Kapitel 4.1 dieser Studie. Miteinbezogen werden in die Überlegungen ebf. die Untersuchungen von Günther, Hans: Der sozialistische Übermensch. Maxim Gorkij und der sowjetische Heldenmythos, Stuttgart 1993. Ders.: Das Tauwetter als Prozeß der Entkanonisierung, in: Beyrau, Dietrich; Bock, Ivo (Hg.): Das Tauwetter und die Folgen. Kultur und Politik in Osteuropa nach 1956, Bremen 1988, S. 143–153.

[59] Siehe bspw. Hildermeier, Manfred: Geschichte der Sowjetunion 1991. Entstehung und Niedergang des ersten sozialistischen Staates, München 1998, S. 768f.

sollten: Man kennt ihn als „Paradies", „Garten Eden" oder „Utopia".[60] Dieser Ort konnte überall liegen: In tiefer Vergangenheit, im Himmel oder jenseits dieser Welt. In der sozialistischen Welt lag er in der irdischen Zukunft.[61]

Zukunft ist auch ein zentraler Begriff der Science Fiction.[62] Selbst wenn deren Geschichten in der Vorzeit der Menschen, in fernen Welten oder mitten im Alltag der Gegenwart spielen, liegt ihnen zumeist die Behauptung zugrunde, daß das, was sie erzählen, irgendwann einmal in späteren Zeiten möglich sein könnte, bzw. daß man dann die technischen Geräte und wissenschaftlichen Methoden zur Verfügung haben könnte, zu erfahren, was einstmals wirklich geschehen ist. *Zukunft* in diesem Sinne markiert den „wissenschaftlich-fantastischen" Rahmen, in dem das theoretisch unter bestimmten Voraussetzungen Mögliche, das noch nicht eingetroffen ist bzw. von dessen Eintreffen man noch nichts weiß, realisiert werden kann. Innerhalb dieses Rahmens ist eine nur durch die genannte Plausibilität begrenzte Vielzahl an „fantastischen" Entwürfen möglich. Und dieser Rahmen ist es auch, der SF prinzipiell – ohne daß hier näher auf Fragen der Genredefinition eingegangen werden soll[63] – von einer rein fantastischen Literatur unterscheidet. Es ist jedoch nicht so, daß eine solche, eventuell mögliche Realisierung das eigentlich Faszinierende der Zukunftsentwürfe ausmacht. Vielmehr war es in der Geschichte der SF zumeist so, daß die Übertragung von Konflikten und Problemen einer (gegenwärtigen) Gesellschaft in eine andere (zukünftige) Welt das zentrale Spannungselement darstellte.[64] In dieser „anderen" Welt werden die „eigenen" geheimen und verborgenen Ängste, Wünsche und Träume der Gegenwart als *fantastische Elemente* benennbar und verarbeitbar gemacht. So schreibt bspw. Renate Lachmann mit Verweis auf Rosemary Jachsons Definition über die „Literatur des Fantastischen":

> „The literature of the fantastic pursues not only the project of creating alternative worlds [...], but [...] it «characteristically attempts to compensate for a lack resulting from cultural constraints: it is a literature of desire, which seeks that which is experienced as absence and loss.» And it «traces the unsaid

---

[60] Osipov, Aleksandr: Fantastika ot „A" do „Ja" (Osnovnye ponjatija i terminy). Kratkij ėnciklopedičeskij spravočnik, Moskva 1999, S. 299f.

[61] Siehe hierzu bspw. Sinjawskij, Andrej: Sozialistischer Realismus – was ist das? ([1]1957), in: Geier, Swetlana (Hg.): Puschkin zu Ehren. Von russischer Literatur, Zürich 1999, S. 152ff; Eshelman, Raoul: Early Soviet Postmodernism, Frankfurt a.M. 1997, S. 29f.

[62] Siehe bspw. Steinmüller, Karlheinz: Zukunftsforschung und Science Fiction: No Close Encounters?, in: Burmeister; Steinmüller: Streifzüge ins Übermorgen, S. 13–31.

[63] Zur Problematik einer solchen Definition siehe bspw. Stanisław Lems grundsätzliche Kritik an Tzvetan Todorovs „Einführung in die fantastische Literatur" von 1970, siehe Lem, Stanisław: Tzvetan Todorovs Theorie des Phantastischen, in: Quarber Merkur, Bd. 34/1973, S. 46–60.

[64] Die Lösung dieser Konflikte kann sowohl negativ als auch positiv ausfallen. Während die amerikanische SF in den 50er und 60er Jahren die Zukunft (aufgrund der Erfahrung der Atombombe) häufig warnend als Alptraum darstellte, waren für die NF negative Zukunftsentwürfe (zumindest für die eigene Gesellschaft) aus ideologischen Gründen nicht möglich. Siehe auch Barmeyer, Eike: Einleitung, in: Dies.: Science Fiction, S. 12ff.

and the unseen of culture: that which has been silenced, made invisible, covered over and made ‚absent'».“[65]

Als *fantastisch* werden demnach die Elemente bezeichnet, die nicht nur außergewöhnliche, fremd- oder andersartige Vorgänge beschreiben, sondern die sich auch als symptomatischer Ausdruck unerledigter Konflikte der jeweiligen symbolischen Ordnung interpretieren lassen.[66]

Der Sozialistische Realismus kennt in diesem Sinne keine *fantastischen Elemente,* das es für ihn nur *eine* Zukunft gibt, auf deren Verwirklichung sein ganzes Bestreben gerichtet ist, und zwar das kommunistische Ziel. Die Voraussetzungen, dieses Ziel zu verwirklichen, sind durch die Oktoberrevolution 1917 und mit dem „großen Umbruch“ („Великий перелом“) 1928 bis 1932 geschaffen worden.[67] Seitdem ist die sowjetische Gegenwart im Selbstverständnis des Sozialistischen Realismus von der *kommunistischen Zukunft* durchdrungen, wie auch die auf dem Ersten Allunionskongreß der russischen Schriftsteller 1934 formulierte Forderung an die Künstler, „die wahrheitsgetreue, historisch-konkrete Darstellung der Wirklichkeit in ihrer revolutionären Entwicklung“ zu zeigen, deutlich macht. Denn dieser Formel liege, so Andrej Sinjavskij,

> „eine Vorstellung von dem Ziel zugrunde, von jenem allumfassenden Ideal, dem die wahrheitsgetreu dargestellte Wirklichkeit unaufhaltsam und revolutionär entgegenstrebt. Die Bewegung auf das Ziel zu versinnbildlichen und das Erreichen dieses Ziels zu fördern, indem das Bewußtsein des Lesers entsprechend diesem Ziel verändert wird – das ist das Ziel des sozialistischen Realismus, der zielstrebigsten Kunst unserer Zeit.“

Indem der sozialistische Realist „die Gegenwart schildert, lauscht er dem Gang der Geschichte und schaut in die Zukunft.“[68] Anders gesagt, hat man von teleologischen Voraussetzungen ausgehend eine „neue Gegenwart“ entwickelt, die eine „Zeit der Wunder“[69] eröffnen sollte, wie Hans Günther schreibt:

---

[65] Lachmanns näheren Definitionen des Fantastischen als einer „counterorder“, die bestimmte Kategorien und Konzepte der Realität und Fiktion „disfiguriert“, soll hier jedoch nicht gefolgt werden, da sie sich für die in der NF dargestellten *fantastische Elemente* nur bedingt als zutreffend erweisen. Siehe Lachmann, Renate: Remarks on the Foreign (Strange) as an Figure of Cultural Ambivalence, in: Russian Literature, Bd. 36/1994, S. 340f.

[66] Mit Hilfe dieser Definition sollen dann im vierten Teil der Arbeit einige *fantastischen Elemente* der NF-Texte als eine „Wiederkehr des Verdrängten“ gelesen werden, in Anlehnung an die Definition des „Unheimlichen“, wie sie Freud vorgenommen hat: „wenn dies [die Wiederkehr des Verdrängten, M.S.] die geheime Natur des Unheimlichen ist, so verstehen wir, daß der Sprachgebrauch das Heimliche in seinen Gegensatz, das Unheimliche übergehen läßt, denn dies Unheiliche ist wirklich nichts Neues oder Fremdes, sondern etwas dem Seelenleben von alters her Vertrautes, das ihm nur durch den Prozeß der Verdrängung entfremdet worden ist. Freud, Sigmund: Das Unheimliche ([1]1919), in: Ders.: Psychologische Schriften. Studienausgabe Bd. 4, Frankfurt a.M. [7]1989, S. 264; Zur Bezeichnung fantastischer Elemente als „außergewöhnlich“, siehe Földeak: Neuere Tendenzen der sowjetischen Science Fiction, S. 6.

[67] Siehe hierzu bspw. die entsprechenden Kapitel bei Lewin, Moshe: The Making of the Soviet System. Essays in the Social History of Interwar Russia, New York 1985.

[68] Sinjawskij: Sozialistischer Realismus – was ist das?, S. 148, 147.

[69] Auch Vladimir Papernyj beschreibt sein Kulturmodell „Kultura 2“ (das er vor allem auf die Zeit

„Die Wunder der neuen Zeit unterscheiden sich allerdings von früheren dadurch, daß sie durch den sozialistischen Enthusiasmus und den ungeahnten Aufschwung der Wissenschaft gewissermaßen «gesetzmäßig» produziert werden. Die Gegenwart erscheint im Unterschied zu früheren Phasen der menschlichen Geschichte als eine Zeit erfüllter Menschheitsträume."[70]

In ihr schaffen „die arbeitenden Menschen" – laut Maksim Gor'kij – „eine märchenhafte Wirklichkeit" und haben „ein Leben zu bauen begonnen", das „schöner und majestätischer sein wird als alle alten Märchen und Phantasien."[71]

Diese neue Welt des Sozialistischen Realismus nahm demnach zwar fantastische Elemente des Märchens[72] auf, ordnete sie aber gleichzeitig „gesetzmäßig" der Wissenschaft und dem Enthusiasmus der arbeitenden Menschen unter. Damit waren die fantastischen Elemente eine Funktion der geltenden symbolischen Ordnung selber geworden. Der Sozialistische Realismus erzählte nicht von einer *anderen*, nach menschlichem Ermessen unmöglichen (wie im Märchen oder in der „Fantastik"[73]) oder nur unter bestimmten Voraussetzungen möglichen Welt (wie in der Science Fiction), sondern nur noch von der *eigenen* wunderbaren Gegenwart, in der das einstmals Unmögliche und Unglaubliche Wirklichkeit werden konnte.[74]

---

von 1932 bis 1954 in der Sowjetunion bezieht) als eine Welt, in der nicht gefragt werde, *wie* die Wundertaten zu schaffen seien: „Es geschehen Wunder, der Mensch erfüllt statt einer Norm vierzehn (...), die Fabrik wird statt in einigen Jahren in fünf und vierzig Tagen gebaut (...), und das scheint keinen zu wundern, keiner fragt, wie ihnen das gelungen sei (und erst recht, ob es ihnen gelungen sei). Alles geschieht wie im Märchen, denn alles im Märchen geschieht leicht und sofort – eben "wie im Märchen"." („Происходят чудеса, человек вместо одной нормы выполняет четырнадцать [...], завод строится вместо нескольких лет – сорок пять дней [...] и никого это вроде бы не удивляет, никто не спрашивает, как им это удалось (и, тем более, удалось ли). Все происходит как в сказке, ибо «все в сказке совершается легко и сразу – «как в сказке».") Papernyj, Vladimir: Kul'tura „Dva", Ann Arbor 1985, S. 231.

[70] Günther: Der sozialistische Übermensch, S. 107.

[71] Ebd.

[72] „Das Märchen verwendet die Vorstellungskraft nicht als Mittel zum Verständnis der Tendenzen der Wirklichkeit, sondern als hinreichenden Selbstzweck, der von den realen Möglichkeiten gänzlich abstrahiert [...] Es stellt neben unsere Welt bloß eine andere, wo einige Teppiche auf zauberhafte Weise fliegen und einige Arme auf zauberhafte Weise zu Prinzen werden, eine Welt, in die man bloß durch einen Akt des Glaubens und der Phantasie hinüberwechseln kann. Im Märchen ist alles möglich, denn ein Märchen ist offenkundig unmöglich." Suvin, Darko: Poetik der Science Fiction. Zur Theorie und Geschichte einer literarischen Gattung ([1]1977), Frankfurt a.M. 1979, S. 27f.

[73] Nach Darko Suvin ist „die phantastische Geschichte oder Phantastik (Geister- und Schauermärchen, gothic and weird fiction) ein Genre, das sich damit abgibt, der Erkenntnis zuwiderlaufende Gesetze in die empirische Umwelt einzuschmuggeln. Während sich das Märchen zur empirischen Welt und ihren Gesetzen indifferent verhält, ist die Phantastik ihr feind." Ebd., S. 28. „Phantastik" bezeichnet hier demnach das im engeren Sinne als „phantastische Literatur" definierte Genre, wie es sich seit Ende des 18. Jahrhunderts herausgebildet hat.

[74] So schreibt Hans Günther: „Die von den Helden vollbrachten märchenhaften Wunder sind nicht nur stilistische Beigabe, sondern Teil der Mythologie der Stalinzeit, in der es für den Willen keine unüberwindlichen Hindernisse und Grenzen gibt. Das Wunder ist in der Großen Epoche, in der das Unmögliche zum Faktum wird, an der Tagesordnung." Günther: Der sozialistische Übermensch, S. 171.

Eine weitere Besonderheit dieser Literatur bestand darin, daß sie ungeachtet dieser Zielgerichtetheit auf ein neues Leben nirgends beschrieb, wie die *kommunistische Zukunft* im einzelnen aussehen werde. Denn Stalin war „der einzige", dem „es gestattet blieb, die Zukunft vorauszusehen":[75] Er verkörperte gewissermaßen den „Inspirator aller Wunder", dessen „einsamer Wille in der Sowjetunion ‚unermüdlich und wundertätig' wirkt."[76] Insoweit war es kein Zufall, daß es im Sozialistischen Realismus der Jahre 1934 bis 1953 keine SF der kommunistischen Zukunft geben konnte. Nichtsdestotrotz gab es Science Fiction zur Zeit des Stalinismus – nämlich die *Wissenschaftliche Fantastik*. Sie hatte allerdings nur die *nahe Zukunft* („Недалекое будущее") zum Gegenstand, die selten jenseits der absehbaren Erfüllung der laufenden Fünfjahrpläne lag. Sie befand sich sozusagen innerhalb der vorgegebenen Wegstrecke und unterschied sich nur graduell von der sozialistischen Gegenwart, die in den Texten jener Zeit dargestellt wurde.[77]

Zudem war die „Welt der Wunder" ständig durch innere und äußere Feinde bedroht, die fast überall in Erscheinung treten konnten. Tatsächlich stand jeder in Gefahr, als Verräter denunziert und von der Geheimpolizei gefangen genommen zu werden. Im Sozialistischen Realismus konnte diese „Ubiquität des Verdachts"[78] allerdings nur insoweit thematisiert werden, als bestimmte gesellschaftliche Gruppen stigmatisiert wurden. Die Angst, daß der Vorwurf des Verrats jeden treffen konnte, blieb im Verborgenen und war nicht repräsentierbar. Auch insoweit war die NF jener Zeit keine Science Fiction, wie sie oben definiert worden ist und wie sie für die Zeit vor dem „Großen Umbruch" und dann wieder seit 1957 prägend war. Denn SF handelt gerade davon, diese verborgenen Ängste aufzunehmen und in eine benennbare *fantastische Zukunft* zu verlegen. Statt dessen konstituierte in der NF der Stalinzeit eine nicht benennbare kommunistische Zukunft die sozialistische Gegenwart.

Damit konnte die NF der Stalinzeit auch ein weiteres zentrales Faszinationsmoment der Science Fiction nicht realisieren, und zwar dasjenige der *Prophezeiung*. Denn als eine Literatur über das unter bestimmten Umständen Mögliche war die SF geradezu dazu prädestiniert, diese uralte Frage der Populärkultur, was die Zukunft bringen wird, zu beantworten. Statt dessen hatte man zwar die „große Erzählung" von einer kommunistischen Zukunft zur Staatsideologie gemacht, zugleich deren mögliche Ausgestaltung aber tabuisiert. Mit dieser Tabuisierung aber kam die Bewegung in die Zukunft – wie Vladimir Papernyj schreibt – zum Stillstand, während die nicht benennbare und nicht absehbare Zukunft mit der Ewigkeit identisch wurde:

---

[75] Suvin, Darko: Ein Abriss der sowjetischen Science Fiction, in: Barmeyer: Science Fiction, S. 325.

[76] Günther: Der sozialistische Übermensch, S. 108.

[77] Siehe Wuckel, Dieter; Cassiday, Bruce: The Illustrated History of Science Fiction, Leipzig 1989, S. 100f. Zur „autoritären" Beschränkung der NF vgl. auch Heller, Leonid: Der kontrollierte Kontrolleur oder Paradoxa des autoritären Wortes im sozialistischen Realismus, in: Städtke, Klaus (Hg.): Welt hinter dem Spiegel. Zum Status des Autors in der russischen Literatur der 1920er bis 1950er Jahre, Berlin 1998, S. 238.

[78] Reemtsma, Jan Philipp: ...und 1 Jahrhundert, in: Hamburger Institut für Sozialforschung (Hg.): 200 Tage und 1 Jahrhundert. Gewalt und Destruktivität im Spiegel des Jahres 1945, Hamburg 1995, S. 62ff.

„Die Zukunft, die zur Ewigkeit geworden ist, ist so eintönig und unveränderlich, daß es in ihr im Grunde schon nichts mehr zu sehen gibt, es lohnt sich nicht, zu ihr hin zu blicken (...)"

„Будущее, превратившееся в вечность, настолько однородно и неизменно, что там уже ничего в сущности нельзя увидеть, туда бессмысленно и смотреть [...]"[79]

Erst mit Stalins Tod 1953 und Nikita Chruščevs sogenannten „Geheimrede" auf dem 20. Parteitag der KPdSU (B) 1956[80] geriet die *kommunistische Zukunft* wieder stärker ins Blickfeld, wobei man ebenfalls an uralte populäre Vorstellungen anknüpfte – nämlich an diejenigen vom himmlischen Kosmos. Denn von den ältesten Kulturen an hat man mögliche Antworten auf die Frage nach der Zukunft immer auch in den Sternen gesucht. Die Kunst, in den Sternen zu lesen, bestand darin, himmlische Zeichen (Sternkonstellationen, Sternschnuppen, Kometen, Sonnenfinsternisse u.a.) in bezug auf den Menschen und zu seiner Umwelt zu deuten (Astrologie). Gleichzeitig galt der Himmel als der Sitz der Götter, und so trugen die meisten Planeten und Sternbilder denn auch deren Namen. Daraus folgte, daß, würde man ihnen näher kommen, man auch die „Geheimnisse" der Zukunft besser verstehen können müßte. Die Populärkulturen der Neuzeit nahmen diese Erzählungen von den Sternen, den Göttern und der Zukunft auf und paßten sie an die technisch-wissenschaftlichen Entwicklungen an.[81]

Und genau diese Rhetorik findet sich auch in der populärwissenschaftlichen Publizistik der Tauwetterzeit, nachdem die ersten Sputniks 1957 in den Weltraum geflogen waren und man den Sternen ein großes Stück näher gekommen war. Mit den Flügen in den Weltraum kam wieder Bewegung in die Publizistik und die Zukunft schien keine unerreichbare Ewigkeit mehr zu sein, sondern in Anknüpfung an populäre Vorstellungen von schicksalhaften Himmels- und Sternenkonstellationen begann man auch die mit diesen assoziierten Wünsche und Versprechungen zu aktualisieren. Vielleicht war das eine der Faszinationen, die von der *Erfindung des Kosmos* ausging, daß sie versprach, eben solche *uralten Wunschträume der Menschheit* Wirklichkeit werden zu lassen. D.h. es geht nicht darum, daß es eine lange Tradition der Verknüpfung des irdischen Schicksals mit dem Sternenhimmel gibt und daß diese in der Kosmosbegeisterung weitergeführt worden ist, sondern um die „Erfindung einer Tradition".[82] Indem man die Erfolge im Kosmos mit anderen, zum Teil älteren

---

[79] Papernyj: Kul'tura „Dva", S. 34f.

[80] Hierzu und zu dem „Schock", den das plötzliche Verschwinden des „unsterblichen Stalin" ausgelöst hat, siehe bspw. Gunther, John: Russland von innen. Gestern und heute, Konstanz u.a. 1959, S. 250ff., 267ff.

[81] Schechner, Genuth Sara: Comets, Popular Culture and the Birth of Modern Cosmology, Princeton 1997, S. 17ff.. Siehe hierzu auch Blumenberg, Hans: Die Vollzähligkeit der Sterne ([1]1997), Frankfurt a. M. 2000; Blumenberg hat über die Spuren dieser und anderer Verknüpfungen und ihre kulturgeschichtliche Entwicklung eine Sammlung an kleineren Texten geschrieben. Schechner hat in ihrer Studie über die frühe Neuzeit anschaulich dargestellt, wie sich die Verknüpfung des irdischen Schicksals mit dem Sternenhimmel durch die modernen wissenschaftlichen Theorien nicht löste, sondern in der Populärkultur der Neuzeit eher noch verstärkte.

[82] Vgl. dazu die Einleitung von Hobsbawn, Eric (Hg.): The Invention of Tradition, Cambridge 1983.

Erzählungen vom Himmel oder von der menschlichen Zukunft verknüpfte, stellte man einen *Wunschtraum* her, auf den weiter unten noch eingegangen wird.

Es eröffneten sich demnach seit 1957 auf zwei Ebenen zwei neue Wege: Einer *im Raum* von der Erde in den Himmel und einer *in der Zeit* von der Gegenwart in die Zukunft. Der erste Weg war derjenige in den Kosmos, dem auf der Ebene der populärwissenschaftlichen Rezeption im Kapitel von der *Erfindung der kosmischen Ära* nachgegangen werden soll. Diese Rezeption stand zum einen noch ganz in der Tradition von in der Stalinzeit ausgeprägten Erzählmustern des Sozialistischen Realismus. Sowohl die in die große Familie eingebundenen typischen Helden als auch der Einsatz technisch-wissenschaftlichen Entwicklungen im Kampf gegen die zu bezwingende Natur waren der tradierten Fortschrittsideologie verhaftet. Zum anderen ging mit der Eröffnung der kosmischen Weiten aber eine weit über die bisherige Teleologie der nahen Zukunft hinausreichende Entdeckung bisher für unmöglich gehaltener Welten einher, die diese tradierten Erzählmuster außer Kraft setzte und gleichzeitig bislang tabuisierte Fragen aufwarf, die in absehbarer Zeit beantwortet werden könnten.

Der zweite Weg war derjenige in eine andere Zeit auf der Ebene der Wissenschaftlichen Fantastik. Die von ihr dargestellte fiktionale Welt war bereits in der *kommunistischen Zukunft* angekommen, sie beschrieb und verhandelte, was auf der ersten Ebene noch erfunden wurde. Damit stand sie in einem doppelten Spannungsverhältnis zur sowjetischen Wirklichkeit, wie sie sich in den populärwissenschaftlichen Texten darstellte. Denn zum einen war sie immer schon weiter und wußte mehr als diese, zum anderen aber öffnete sie den Blick auf das, was nach dem Ende der Geschichte – nachdem die große Erzählung vom Kommunismus ihr Ziel erreicht hatte – kommen würde. Dadurch konnten sich *fantastische Elemente*, die im Stalinismus zu einer bloßen Funktion der geltenden symbolischen Ordnung geworden waren, innerhalb der vorgegebenen Grenzen der sozialistisch-realistischen Erzählmuster wieder zu einem selbständigen Bestandteil des Genres entwickeln. Ihrer Entfaltung soll in Kapiteln über die *Faszinationsgeschichten fantastischer Welten* dargestellt werden.

Problematiken einer Faszinationsgeschichte

Wie in den vorangegangenen Überlegungen angesprochen, wird die *Wissenschaftliche Fantastik* hier als Produkt der Populärkultur begriffen und analysiert. Diese Definition ergibt sich nicht allein daraus, daß die überwiegende Mehrzahl der NF-Texte in populärwissenschaftlichen Zeitschriften zuerst veröffentlicht worden ist (siehe der Abschnitt zur Publikationspraxis in Kapitel 2.1), sondern auch aus methodischen Erwägungen: So werden in dieser Studie unter *Populärkultur* massenhaft medial verbreitete Produkte verstanden, die einer Gesellschaft Sozialisationsangebote unterbreiten, sich innerhalb von deren Normen, Regeln und kulturellen Mustern zurecht zu finden. Die Angebote greifen kollektive Erfahrungen und Konflikte ihrer

Zeit auf und verarbeiten sie mit Hilfe allgemein verständlicher und kommunizierbarer Motive und Themenfelder.[83] Häufig stellen vermeintliche Wunder, außergewöhnliche Begebenheiten, rätselhafte Gestalten, fremde Gebräuche und Riten, geheimnisvolle Orte oder exotische Länder solche Motive und Themenfelder dar.

Genau an dieser Verschiebung von nicht benannten Problemen und Konflikten in einen anderen kulturellen Bereich setzt der Begriff *Faszinationsgeschichte* sowohl als beschreibende als auch als analytische Kategorie an. Der Begriff geht auf Klaus Heinrich zurück und bezeichnet eine Geschichtsschreibung, die versucht, „unerledigte Konflikte, nicht ausgetragene Spannungen, das nichtgelöste Problem" in dem festzumachen, was „durch die reale Geschichte hindurch" fasziniert.[84] Solche Konflikte versucht sie anhand von Motiven und Themenfeldern zu bestimmen, die eine Gesellschaft einer bestimmten Zeit oder auch verschiedene Gesellschaften ganz unterschiedlicher Zeiträume (im letzteren Fall spricht Heinrich von „menschlicher Gattung") „fasziniert" haben in dem Sinne, daß sie ihnen verhältnismäßig große Aufmerksamkeit und außergewöhnliches Interesse entgegen gebracht haben. Dabei setzt die „Kategorie >Faszinationsgeschichte<" voraus, „daß das Selbstverständigungsunternehmen der Gattung dem psychoanalytischen Prozeß vergleichbar ist".[85] So allgemein als eine auf die ganze menschliche „Gattung" bezogene Kategorie soll der Begriff hier jedoch nicht verwendet werden. Vielmehr wird er als beschreibende Kategorie immer dann im Singular oder Plural gebraucht, wenn bestimmte Diskursverschiebungen und Differenzierungsprozesse markiert werden sollen. „*Faszinationsgeschichten* der fantastischen Zukunft" werden in dieser Untersuchung demnach NF-Geschichten genannt, die signifikante Veränderungen im Selbstverständnis der sowjetischen Gesellschaft (transformiert in eine *fantastische Zukunft*) zur Sprache bringen.

Den Begriff als eine analytische Kategorie für die populäre Kultur einer diktatorisch verfaßten Gesellschaft wie der Sowjetunion zu gebrauchen, ist natürlich problematisch, weil sein Gebrauch die Frage aufwirft, ob diese Kultur überhaupt Handlungsspielräume für ein solches „Selbstverständigungsunternehmen" eröffnete.[86] Diesem Einwand soll begegnet werden, indem auf die obige Definition der Populärkultur zurückgegriffen wird, deren Produkte als „Angebote" an eine nicht näher eingegrenzte Leserschaft verstanden werden, die angenommen, aber durchaus auch abgelehnt worden sein können.[87] Demnach wären auch die zu analysierenden

---

[83] Zur Definition, siehe Fluck, Winfried: Populäre Kultur. Ein Studienbuch zur Funktionsbestimmung und Interpretation populärer Kultur, Stuttgart 1979, S. 54ff, 60ff.

[84] Heinrich, Klaus: Das Floß der Medusa, in: Ders.: Floß der Medusa. 3 Studien zur Faszinationsgeschichte mit mehreren Beilagen und einem Anhang, Frankfurt am Main 1995, S. 15.

[85] Heinrich: Das Floß der Medusa, S. 41.

[86] Diese Frage ist insbesondere im Zusammenhang mit dem „Totalitarismus" der sowjetischen Kultur vielfach diskutiert worden und kann hier nicht eingehender behandelt werden. Siehe hierzu bspw. Stites: Russian Popular Culture, S. 5ff; Fitzpatrick, Sheila: The Cultural Front. Power and Culture in Revolutionary Russia, Ithaca u.a. 1992, S. 216ff; Zum „Totalitarismus" bspw. Hildermeier: Geschichte der Sowjetunion 1991, S. 741ff.

[87] Der Ansatz, kulturelle Produkte massenhafter Verbreitung (wie es die populärwissenschaftliche

„Faszinationsgeschichten“ nicht als originärer Ausdruck der „Wiederkehr des Verdrängten“ einer Kultur zu verstehen, wie es die Freud'sche Psychoanalyse tut, sondern als ein diskursives *Angebot*, das es *erlaubt*, ansonsten nicht thematisierte Bedürfnisse oder Ängste zu artikulieren und in den Grenzen des Diskurses zu realisieren. Die Frage, *ob* die Wissenschaftliche Fantastik tatsächlich als ein solcher Selbstverständigungsprozeß rezipiert worden ist, bleibt damit offen. Es kann nur aufgrund der Popularität des Genres *vermutet* werden, daß die in ihm verhandelten Themen und Motive eine über den manifesten Inhalt hinausgehende Faszination ausgeübt haben. Solche Vermutungen sind natürlich immer auch vom Interesse des Verfassers geleitet und müssen schon von daher hypothetisch bleiben.

Zur Gliederung der Untersuchung

1957 ergaben sich aus den in der großen Erzählung vom Kommunismus angelegten unausgesprochenen Spannungsfeldern eine Reihe von Faszinationsmomenten, wie sie oben skizziert worden sind, die hier mit Hilfe von Begriffen und Kategorien aus den Popular Culture Studies und in Anlehnung an Klaus Heinrich beschrieben werden. Die textuellen Spuren dieser Spannungsfelder sollen zum einen zwischen der populärwissenschaftlichen Publizistik und der Wissenschaftlichen Fantastik, zum anderen im Vergleich zu den Erzählmustern der Stalinzeit verfolgt werden, wobei es vor allem um die Bedeutungsverschiebungen und Brüche geht. Natürlich kann man die Kosmosrezeption und die NF des Tauwetters auch in anderen Zusammenhängen interpretieren. So gab es im Westen seit Mitte der 1950er Jahre eine „Technikbegeisterung“, die der „Kosmosbegeisterung“ durchaus vergleichbar war, auch wenn die mit ihr einhergehende, aus heutiger Perspektive „kurios“ anmutende Revision bisheriger „wissenschaftlicher“ Erklärungsmodelle sehr viel deutlicher auf die Populärkultur beschränkt blieb, als das in der sowjetischen populärwissenschaftlichen Publizistik der Fall sein konnte.[88] Auch eine Kontextualisierung in Hinblick auf den „russischen Kosmismus“ der 1920er Jahre und auf seine „Wiederentdeckung“ in der Perestrojkazeit würde sich anbieten, stellt doch die hier

---

Publizistik und wissenschaftliche Fantastik sind) als populäre Angebote zu analysieren, kommt aus den Popular Culture Studies. Er entstand aus der Forschungsdiskussion um die westliche Massenkultur und stellte den Versuch dar, die Identifikations- und Sozialisationsangebote zu bestimmen zu versuchen, die die Popularität bestimmter Produkte ausmachten, ohne deren politische, ideologische und manipulative Implikationen ausschließen zu müssen. Siehe Strinati, Dominic: An Introduction to the Theories of Popular Culture, London 1995, S. 43ff.

[88] Zur Technikbegeisterung des „Atomzeitalters“ und zu den westlichen „Weltraumphantasien“ siehe: Kretschmer, Winfried: Die Geschichte der Weltausstellungen, Frankfurt a.M. 1999, S. 217ff. Für die populärwissenschaftliche Rezeption der Erkundung des Weltraums waren bspw. die seit Ende der 60er Jahre erscheinenden Bücher Erich von Dänikens maßgebend mit seiner These, außerirdische Wesen hätten in „vorgeschichtlicher Zeit“ mehrmals die Erde besucht, die in Westdeutschland hunderttausendfach aufgelegt wurden. Bspw. Ders.: Erinnerungen an die Zukunft. Ungelöste Rätsel der Vergangenheit (1968[1]), München u.a. 1972.

behandelte Periode gewissermaßen das zeitliche Bindeglied zwischen beiden Bewegungen dar.[89] Auf sie wurde aber genauso verzichtet wie darauf, die NF der Chruščev-Ära mit derjenigen der 20er Jahre oder mit der Entwicklung der SF im Westen zu vergleichen.[90] Dieser Verzicht hat vor allem methodische Gründe, die mit der Fragestellung zusammenhängen, welche nicht auf komparative Aspekte, sondern vor allem – wie oben erläutert – auf die kulturgeschichtliche Rekonstruktion der *Erfindung des Kosmos* gerichtet ist. Während das kommunistische Ziel in der Stalinzeit kaum eine diskursive Rolle gespielt hat, bildet es in der populärwissenschaftlichen Publizistik nach 1955 ein immer zentraler werdendes Dispositiv, das oft mit der Semantik des „Geheimnisvollen" und der „menschlichen Wunschträume" belegt wird. Die *wissenschaftliche Fantastik* wiederum thematisiert und verarbeitet sowohl solche aktuellen populärwissenschaftlichen Diskurse als auch dekanonisierte Dispositive der Stalinzeit in ihren Texten.

In der „Kulturgeschichtlichen Zeit- und Ortsbestimmung" (Teil 2) geht es zunächst darum, die ausgewerteten Quellenmaterialien näher zu charakterisieren (Kapitel 2.1) und den allgemeinen kulturpolitischen Kontext der Kosmosbegeisterung zu beschreiben (Kapitel 2.2). In der „Spurensuche – Die Erfindung der kosmischen Ära" (Teil 3) wird die Kosmosbegeisterung anhand von drei Figuren (Kapitel 3.1) anschaulich gemacht, ehe die Analyse verschiedener Diskurse in den Weltraum (Kapitel 3.2) und in andere von der „wissenschaftlich-technischen Revolution" berührte Bereiche (Kapitel 3.3) führt. Der Exkurs (Kapitel 3.4) verbindet diese für die „Erfindung der kosmischen Ära" konstitutiven Diskurse dann wieder mit den übrigen Themenfeldern der populärwissenschaftlichen Publizistik und leitet direkt zu den „Faszinationsgeschichten fantastischer Welten" über.

Teil 4 der Studie befaßt sich mit der Wissenschaftlichen Fantastik, die jedoch nicht in der ganzen Breite des Genres vorgestellt wird, da dies schon von anderen im Rahmen mehrerer Gesamt- und Überblicksdarstellungen geleistet worden ist (siehe zum Forschungsstand in Kapitel 1.3). Vielmehr werden für den behandelten Zeitraum charakteristische NF-Texte in Hinsicht auf die Fragestellung dieser Studie als Faszinationsgeschichten analysiert. Das heißt, es sind Texte, deren Handlung vorwiegend im Kosmos spielt oder mit diesem in Beziehung steht und mit den in der „Spurensuche" behandelten Themenfeldern verwoben ist. Ihre Analyse erfolgt ebenfalls durch den Bezug zur Stalinzeit und den Vergleich mit der populärwissen-

---

[89] Siehe hierzu ausführlich Hagemeister, der allerdings gerade die „Chruščev-Ära" fast ganz aus seinen Überlegungen ausblendet. Ders.: Der „russische Kosmismus", S. 169–201.

[90] Zur Wissenschaftsgeschichte und SF dieser Zeit siehe auch Stites, Richard: Revolutionary Dreams. Utopian Vision and Experimental Life in the Russian Revolution, New York u.a.1989; Pomorska, Krystyna: The Utopian Future of the Russian Avant-Garde, in: Debreczeny, Paul (Hg.): American Contributions to the Ninth International Congress of Slavists, Bd. 2, Literature, Poetics, History, Kiev, September 1983, Columbus Ohio 1983, S. 371–386; Schramm, Caroline: Telemor und Hyperboloid. Strahlen, Geheimwissen und Phantastik in der postrevolutionären Literatur, in: Frank, Susi; Greber, Erika; Schahadat, Schamma; Smirnov, Igor' P. (Hg.): Phantasma und Gedächtnis. Festschrift für Renate Lachmann zum 65. Geburtstag, München 2001, S. 319–339.

schaftlichen Publizistik des Tauwetters. Dabei gilt das Hauptinteresse zum einen den Handlungsspielräumen, in denen sich die Protagonisten bewegen, und zum anderen den Konflikten und Problemen, die anhand der Gestalt der „Helden“ thematisiert werden. So werden die kulturpolitischen Bedingungen und Auseinandersetzungen dargestellt, die die Etablierung und Weiterentwicklung der NF ermöglichten (Kapitel 4.1). Im Anschluß geht es dann um die neuen „Perspektiven“, die sich am „Ende des Fortschritts“ für den Kommunismus ergeben (Kapitel 4.2), bevor im folgenden genauer das Auftauchen kosmischer Gäste und anderer intelligenter Wesen in der „besten der Welten“ herausgearbeitet wird, das diese Welt faszinierte und zugleich deren Ordnung erschütterte (Kapitel 4.3). Im Abschluß werden die Lösungsangebote betrachtet, die dazu führten, daß die NF als „Selbstverständigungsprozeß“ innerhalb bestimmter Erzählmuster zur Rekonstruktion typischer Heldenfiguren im Kosmos beitrug (Kapitel 4.4). Anschließend folgt eine zusammenfassende Bewertung des Dargestellten (Teil 5).

2. Kulturgeschichtliche Zeit- und Ortsbestimmung

Wir stehen für die friedliche Koexistenz, für den friedlichen Wettbewerb zwischen zwei Systemen – dem sozialistischen und dem kapitalistischen. Und wir sind sicher, daß unser System siegen wird, das ist so sicher wie der Aufgang der Sonne, so sicher wie, daß die Sonne morgen aufgeht und unseren Planeten beleuchten wird

Nikita Chruščev

Abbildung: Titelblatt von *Znanie – sila*, Nr. 10/1960, mit den Hunde-Kosmonauten *Belka* und *Strelka* im Vordergrund.

Zitat: *«Мы стоим за мирное сосуществование, за мирное соревнование между двумя системами – социалистической и капиталистической. И мы уверены, что наша система победит, как уверены в восходе солнца, как уверены в том, что оно завтра взойдет и будет освещать нашу планету»*, in: [Anon.]: Solnce kommunisma vschodit nad planetoj, in: Vokrug sveta, Nr. 2/1959, S. 3.

2.1. Fakten: Auflagen, Publikationen und Autoren

Auflagenhöhe der Bücher und Zeitschriften

Die Höhe der Auflagen sagte in der Sowjetunion prinzipiell weniger etwas über die Popularität einer Publikation als über die politische Bedeutung aus, die ihr von Partei und Staat beigemessen wurde. Diese grundsätzliche Feststellung schließt aber nicht die Möglichkeit aus, daß hohe Auflagen durchaus auch Ausdruck einer großen Popularität sein bzw. sie befördern konnten. Das gilt ebenfalls für die populärwissenschaftliche und wissenschaftlich-fantastische Literatur, deren massenhafte Verbreitung ab Ende der 50er Jahre der politischen Linie einer „wissenschaftlich-technischen Umwälzung" in der Sowjetunion entsprach. Sie stand aber auch im Kontext einer nach dem 20. Parteitag gestarteten großen Alphabetisierungs- und Bildungskampagne, die dazu führte, daß sich bspw. die Anzahl der Periodika 1958 bis 1965 fast verdoppelte und die Anzahl der Abschlüsse mit höherer Schulbildung im gleichen Zeitraum mehr als vervierfachte.[91]

Folgt man den Bibliographien von Darko Suvin und Boris Ljapunov, dann betrug die Anzahl Buchpublikationen sowjetischer Fantasten bis 1957 kaum mehr als ein Dutzend pro Jahr.[92] Erst mit den Sitzungen der Schriftstellerverbände der Sowjetunion und der Russischen Föderation zur Fantastik 1958[93] nahm ihre Zahl erheblich zu: Waren es in diesem Jahr schon 21, stieg sie von 27 1960 auf 36 1964 und erreichte 1965 sogar 62 Publikationen von sowjetischen Autoren.[94] Tatsächlich dürfte ihr Anzahl aber sehr viel höher gewesen sein, bezieht man die unzähligen Nachdrucke, Neuauflagen und insbesondere Übersetzungen in kleineren Verlagen der einzelnen Sowjetrepubliken mit ein.[95] Eine ähnliche Entwicklung zeigte sich bei den Auflagen. Diese erreichten vor 1957 auch bei bekannteren Autoren kaum mehr als 100.000 Exemplare.[96] Ab 1957 erschienen Werke unbekannter Autoren mit einer

---

[91] Auch andere alte und neue Medien wie Tageszeitungen, Radio, Fernsehen, Telephone, Briefe expandierten in diesem Zeitraum enorm, siehe Starr, Frederick S.: New Communications Technologies, in: Graham, Loren: Science and the Soviet Social Order, S. 30ff.

[92] Siehe Ljapunov: V mire fantastiki, S. 152–202; Suvin, Darko: Russian Science Fiction 1956–1974: A Bibliography, Elizabethtown ²1976.

[93] Ljapunov: V mire fantastiki, S. 73, 152.

[94] Ausländische SF wird hingegen noch kaum in Buchform publiziert, so zählt Ljapunov für die Jahre 1957–1964 im Durchschnitt lediglich zwei Buchpublikationen ausländischer Autoren, 1965 sind es dann immerhin schon elf Übersetzungen vor allem von Autoren aus den sozialistischen Bruderstaaten. Ljapunov: V mire fantastiki, S. 196–200.

[95] So hat eine stichpunktartige Überprüfung der Bibliographien anhand der Angaben für die Jahre 1957 bis 1960 von *Knižnaja Letopis'* ergeben, daß bei Suvin und Ljapunov nicht nur die nicht russischsprachigen Publikationen in der Sowjetunion, sondern auch unbearbeitete Nachdrucke von Ausgaben fast gänzlich unberücksichtigt blieben.

[96] So hatten bspw. Bücher des seit den 40er Jahren NF-Geschichten (geschrieben innerhalb des Paradigmas der *nahen Zukunft)* publizierenden Vladimir Nemcov 1950 eine Auflage von 75.000

Erstauflage zwischen 30 und 75.000 Exemplaren, bekanntere Schriftsteller konnten hingegen mit Auflagen von 90 bis zu 315.000 rechnen,[97] was bei manchen Autoren inklusive der Nachdrucke und Neuauflagen zu weit mehr als einer Million Bücher pro Jahr führen konnte.[98]

Wollte man die gesamte Auflagenhöhe eines Autors angeben, müßte man neben derjenigen der Zeitschriften, in denen Werke von ihm veröffentlicht worden sind, insbesondere noch diejenige diverser Sammelbände und Almanache hinzuzählen. Der 1955 gegründete Almanach *Mir priključenij* druckte das erste Mal 1959, ab 1961 regelmäßig fantastische Literatur. Auch der 1960 erstmals erschienene Almanach *Na suše i na more* druckte von Anfang sowohl wissenschaftliche Fantastik als auch populärwissenschaftliche Aufsätze.[99] Ab 1962 erschien dann der ausschließlich auf dieses Genre spezialisierte literarische Almanach *Fantastika*, 1965 und 1966 sogar in jeweils drei Bänden. 1964 kam noch ein weiterer Almanach nur für wissenschaftliche Fantastik hinzu, *NF*, der 1965 und 1966 zweimal im Jahr erschien. Die Auflagen schwankten von Publikation zu Publikation zwischen 50 und 105.000 (*Na suše i na more*), 75 und 165.000 (*Fantastika*) oder 90 und 215.000 (*Mir priključenij*) mit generell steigender Tendenz.[100] Außerdem erschienen ein- bis zweimal jährlich Sammelbände teilweise mit Auflagen von bis zu 315.000 Exemplaren.[101]

(Sem' cvetov radugi. Naučno-fantastičeskij roman, Moskva 1950), 1951 von 30.000 (Naučno-fantastičeskie povesti, Moskva 1951), 1957 aber von 225.000 (Ten' pod zemlej. Naučno-fantastičeskaja povest', Moskva 1957).

[97] Die neuen Werke von G. Gurevič, G. Martynov oder V. Žuravleva wurden bspw. 1960 mit einer Auflage von 90.000 gedruckt, das von A. Dneprov 150.000, von A. Kazancev 200.000, von A. Kolpakov 215.000, von V. Savčenko 230.000 und ein Band von A. und B. Strugackij 315.000 mal. Siehe KL 1960, Nr. 19853, 37769, 41451, 43285, 52984, 68021; 1961, Nr. 5167, 7058. Die von Darko Suvin für die Zeit von 1956–1970 errechnete durchschnittliche Erstauflage „bei den Büchern einzelner Autoren an die 90.000" scheint demnach für den hier behandelten Zeitraum bei namhaften Autoren eher höher gewesen zu sein. Siehe Suvin: Abriss, S. 319.

[98] Für das Jahr 1959 bin ich bei einer groben Auswertung von Knižnaja letopis' für Aleksandr Beljaev auf eine Gesamtauflage von 2,33 Millionen gekommen, siehe KL 1959, Nr. 24225, 43521, 43522, 44967–44969, 47498, 52748, 55381, 57844, 59217; 1960, Nr. 21563–64. Bei Ivan Efremov auf immerhin 900.000 Exemplare, siehe KL 1959, Nr. 20402, 44976, 51505, 75000, 75001; 1960, Nr. 6437. Insoweit scheint auch die von Suvin genannte Zahl von drei Millionen Exemplaren an SF-Büchern pro Jahr für den hier behandelten Zeitraum eher zu niedrig veranschlagt zu sein. Siehe Suvin: Ein Abriss, S. 319.

[99] Dubrovskij, E.: Slovo byvalym ljudjam, in: VS 8/1960, S. 62.

[100] Alle Angaben in den Almanachen, wobei sich eine Systematik der Schwankungen nicht erkennen läßt. So erreicht *Mir priključenij* seine höchste Auflagenzahl 1962 mit 215.000, fällt danach aber wieder auf 100.000 zurück, *Fantastika* startet mit 115.000, hat 1963 nur noch 75.000, erreicht 1965 mit allen drei Bänden dann jeweils 165.000. *Na suše i na more* bricht 196 von 90 auf 50.000 ein, ehe seine Auflage von 90 auf 105.000 1965 steigt.

[101] Der Sammelband *V mire fantastiki i priključenij* erschien 1959 erstmals mit 150.000, 1963 mit 200.000, 1964 mit 300.000 Exemplaren Auflage, die Sammelbände *Al'fa Ėridana* 1960 mit 195.000, *Zolotoj lotos* 1961 mit 115.000, *Novaja Signal'naja* 1963 mit 315.000, *Lučšij iz mirov* 1964 mit einer Auflage von 115.000. Diese Angaben entsprechen ungefähr der von Suvin genannten durchschnittlichen Auflage bei Anthologien von „etwa 150.000" Exemplaren, siehe Suvin: Ein Abriss,

Bei den Zeitschriften läßt sich eine vergleichsweise rasant steigende Auflage feststellen. Während *Znanie – sila* ihre Auflage 1957 bis 1965 von 175 auf 400.000 verdreifachte, *Vokrug sveta* sie von 150 auf 600.000 immerhin vervierfachte, hatte *Technika – molodeži* sie bereits von 1955 bis 1957 auf 500.000 verdoppelt. Anfang 1963 sprang sie dann von 600.000 auf eine Million und erreichte mit 1,2 Millionen 1964 ihre höchste Auflage (1965: 1,12 Millionen). *Junost'* startete 1954 mit einer Auflage von 100.000, erhöhte sie dann kontinuierlich bis 1963 auf 600.000, ehe sie 1964 auf eine Million stieg und Anfang 1965 mit 1,6 Millionen ihren Höhepunkt (das Achtfache gegenüber 200.000 1957) erreichte (Ende 1965: 1,48 Millionen). *Nauka i žizn'* verfünffachte 1957 bis 1964 seine Auflage von 150 auf 750.000, bis sie 1965 mit 1,75 Millionen die höchste Auflage (fast das Zwölffache gegenüber 1957) der hier behandelten Zeitschriften erreichte.[102] Demnach hatte keine der hier behandelten Zeitschriften vor 1957 eine Auflage unter 100.000, nur eine eine höhere als 200.000, während 1963 – 1965 drei von ihnen die Millionengrenze überschritten, von denen zwei 1965 eine leicht rückläufige Auflage zu verzeichnen hatten.

Zwar hatten auch einige andere populäre Zeitschriften vergleichbare Auflagensteigerungen zu verzeichnen,[103] weswegen sich Aussagen zur Beliebtheit der Publikationen nur eingeschränkt treffen lassen, doch kann man in jedem Fall von einer massenhaften Verbreitung der populärwissenschaftlichen Publizistik und der NF vornehmlich unter der jungen, höher gebildeten und in Städten lebenden Generation[104] ausgehen, die für neue technisch-wissenschaftliche Entwicklungen interessiert werden sollte.

Zur Publikationspraxis Wissenschaftlicher Fantastik

In *Vokrug sveta*, *Znanie – sila* und *Technika – molodeži* sind schon vor 1957 wissenschaftlich-fantastische Texte publiziert worden. Ab 1957 nahm ihre Anzahl jedoch erheblich zu. *Znanie – sila* und *Technika – molodeži* begannen monatlich fantastische Texte zu publizieren, häufig – insbesondere zum Jahresende – mehrere in einer Nummer. *Vokrug sveta* lag ab 1961 eine alle zwei Monate erscheinende eigene Beila-

---

S. 319.

[102] Alle Angaben nach der im Impressum der Zeitschriften angegebenen Auflage.

[103] So stieg die Auflage 1955 bis 1960 bspw. bei der Satirezeitschrift *Krokodil* von 600.000 auf 1,4 Millionen, bei der Wochenzeitschrift *Ogonek* von 850.000 auf 1,75 Millionen und bei der Frauenzeitschrift *Rabotnica* von 900.000 auf 2,4 Millionen. Bei den zentralen literarischen Monatszeitschriften *Novyj mir* (vom Schriftstellerverband der UdSSR) und *Okjabr'* (von Schriftstellerverband der RSFSR) waren die Auflagen hingegen im gleichen Zeitraum von 150 auf 133 bzw. 139.000 sogar leicht rückläufig. Alle Angaben in: Letopis' periodičeskich izdanij SSSR. 1955–1960 gg. Čast' I. Žurnaly, trudy, bjuleteni, Moskva 1963 [Desweiteren zitiert als „LPI 1955–1960"], Nr. 7793, 7795, 7832, 7872, 7900.

[104] Starr: New Communications, S. 31. So fiel – als einzige von den großen populären Zeitschriften – bspw. die Auflage des *Molodoj kolchoznik* 1955 bis 1960 von 150 auf 133.000 Stück. Siehe LPI 1955–1960, Nr. 7829.

ge für Abenteuer- und wissenschaftlich-fantastische Literatur bei, die Zeitschrift *Iskatel'*.[105] Sie druckte jedoch nichtsdestotrotz auch weiterhin NF-Texte, allerdings weniger als zuvor. *Nauka i žizn'* publizierte Ende 1960 erstmals ein NF-Werk in Fortsetzung und von da an bis Ende 1962 fast jeden Monat eines. 1963 bis 1965 druckte sie über mehrere Nummern verteilt immerhin noch mindestens einen Roman oder eine Povest' pro Jahr. *Junost'* hingegen veröffentlichte zwar regelmäßig populärwissenschaftliche Texte, obwohl sie keine populärwissenschaftliche Zeitschrift war, aber fast keine NF-Texte, worauf noch im Zusammenhang mit den Auseinandersetzungen um das Genre eingegangen wird.

Bei diesen Publikationen handelte es sich vorwiegend um sowjetische Erstveröffentlichungen, wobei ein Großteil der später als Bücher aufgelegten Werke zuerst in irgendeiner Form in den hier behandelten Zeitschriften erschienen ist. Diese funktionierten gewissermaßen als erste und wichtigste Auswahl- bzw. auch Zensurinstanz. Bei der überwiegenden Anzahl der Texte handelte es sich um Erzählungen. Povesti und Romane druckte man hingegen seltener und in der Regel gekürzt oder in Auszügen.[106] Zumeist noch im selben oder im folgenden Jahr wurden ausgewählte Werke dann in den genannten Almanachen und Sammelbänden ein weiteres Mal publiziert, ehe sie parallel oder anschließend in Autorenbüchern erschienen. Autoren, die es in einen der Sammelbände oder der Almanache geschafft hatten, bekamen fast generell auch ein eigenes Buch.[107]

Schon diese enge mediale Verknüpfung der Wissenschaftlichen Fantastik mit populärwissenschaftlichen Zeitschriften (und weniger mit literarisch oder kulturell ausgerichteten Organen wie bspw. *Junost'*) als Publikationsorten zeigt deutlich, wie sehr in ihren Anfängen die Entwicklung des Genres an den populärwissenschaftlichen Kontext gebunden war, oder anders formuliert: wie erst die „Wissenschaft" die „Fantastik" ermöglichte.

---

[105] [Anon.]: Poznakom'tes' s „Iskatelem", in: ZS 10/1960, S. 45; Bensman, Michail; Antonov, Dmitrij: Soderžanie „Iskatelja" s 1961 po 1996 god, in: Iskatel', Nr. 1/1997, S. 138–159.

[106] Inwieweit diese Kürzungen auch als Zensur funktionierten bzw. wie Zensur in den Zeitschriften, die NF-Texte publizierten, stattfand, ist nicht Thema dieser Studie. Auch der Weg der Texte aus den Zeitschriften in Sammelbände und Autorenbücher als einer der zensierenden Auswahl oder die Frage, ob potentiell nicht konforme Geschichten eher den Weg in Zeitschriften oder eher in Bücher in bestimmten Verlagen schafften, soll hier nicht behandelt werden. Allgemein zum Problem Zensur und NF siehe McGuire: Red Stars, S. 95ff.

[107] Der Unterschied bestand darin, daß bekanntere Autoren oft noch im selben Jahr ihre Texte auch als Buch veröffentlichen konnten, während es bei weniger bekannten nicht so schnell ging. Allerdings ist diese Differenzierung nur bedingt zutreffend, da in diesen Jahren fast alles einmal in Zeitschriften Publizierte möglichst bald auch in Buchform erschienen ist. Dies galt insbesondere für viele junge Autoren, wie bspw. auch die Strugackijs, die im Zuge der Kosmosbegeisterung bekannt geworden sind und innerhalb von zwei Jahren riesige Auflagen erlebten.

Berufe, Identitäten und Biographien der Autoren

Bei vielen der Fantasten, die Ende der 50er Jahre ihren literarischen Durchbruch schafften, handelte es sich bezeichnenderweise um die „Generation Gagarins“: Sie waren wie er in den 1930er Jahren zumeist als Töchter und Söhne der sog. „Vydvižency“ geboren worden, hatten als Kinder den Zweiten Weltkrieg miterlebt, in der Nachkriegszeit ihre Ausbildung erhalten und waren zumeist erst nach Stalins Tod ins Berufsleben gekommen. Insoweit waren sie als erste Generation nach dem „Großen Umbruch“ 1928 ganz und gar Kinder sowjetischer Erziehung und Sozialisation Stalinistischen Musters geworden.[108] Wobei die deutsche Invasion und Okkupation 1941 bis 1945 sicherlich das einschneidendste Kindheitserlebnis war, deren Verarbeitung in der Nachkriegsliteratur das dominante Thema gewesen ist. Aus der rückblickenden Perspektive des Aufbruchs in den Kosmos begann für sie mit dem Tag des Sieges „ein neues, durch keinerlei Wolken getrübtes Leben voller Sonnenschein“, wie Gagarin in seiner Autobiographie 1961 schrieb.[109] Doch auch für die Autoren der älteren Generation war der Zweite Weltkrieg das Ereignis, das sie zur Literatur brachte. Von ihnen fingen einige ebenfalls erst seit 1957 an, Wissenschaftliche Fantastik zu schreiben,[110] andere wendeten sich schon unmittelbar nach dem Krieg dem Genre in den Grenzen der *nahen Zukunft* zu.[111] Die Sozialisation der Autoren wird hier deswegen erwähnt, weil sie in der Wissenschaftlichen Fantastik als Konstrukt des Generationenkonfliktes wieder auftaucht, der immer auch als ein Umgang mit dem kulturpolitischen Erbe des Stalinismus und als eine Verarbeitung von Kriegsbildern angelegt ist.

Gemeinsam war fast allen Fantasten, daß sie nur selten eine geisteswissenschaftliche, sondern meistens eine naturwissenschaftliche bzw. technische Ausbildung genossen hatten und die Mehrzahl auch weiterhin in ihren Berufen insbesondere als Ingenieure tätig blieb.[112] Diese enge Bindung an die Naturwissenschaften

---

[108] Stites: World Outlook and Inner Fears, S. 306. Gagarin ist 1934 geboren worden. Zu dieser Generation gehörten bspw. Dmitrij Bilenkin (*1933), Michail Emcev (*1930), Eremej Parnov (*1935), Vladimir Savčenoko (*1933), Boris Strugackij (*1933) oder Valentina Žuravleva (*1933).

[109] Gagarin, Juri: Der Weg in den Kosmos. Ein Bericht des ersten Kosmonauten der UdSSR, Moskau 1961, S. 15. Während bei dem 1934 geborenen Gagarin von der Vorkriegszeit lediglich das Topos des idyllischen Kolchoslebens auf dem Smolensker Land im Gedächtnis geblieben ist, setzen seine genaueren Erinnerungen mit dem Ereignis des deutschen Überfalls ein, der die Idylle zerstörte. Siehe Ebd., S.3ff.

[110] Bspw. Anatolij Mickievič (*1919, unter dem Pseudonym Anatolij Dneprov), der seit 1957 NF schreibt, oder Aleksandr Kolpakov (*1922), der 1959 erstmals NF publizierte.

[111] So publizierte bspw. Georgij Gurevič (*1917) 1946 in *Znanie – sila* seine erste NF-Geschichte. Auch Ivan Efremov (*1907) kam erst durch eine Kriegsverletzung zum Schreiben, 1947 veröffentlichte er die erste Erzählung über Außerirdische, „Sternenschiffe“ („Звездные корабли“).

[112] Vielleicht war es die auch kulturpolitisch eine Zeitlang eingeforderte wissenschaftliche Kompetenz, die dazu führte, daß ausgesprochen viele Fantasten ihre Werke zu zweit verfaßten, wobei häufig zumindest ein Partner eine naturwissenschaftliche Ausbildung aufweisen konnte. Das bekannteste Beispiel sind hierfür sind die Brüder Strugackij (Arkadij war Japanologe und Anglist,

und an technische Berufe hatten die Fantasten mit den populärwissenschaftlichen Publizisten gemeinsam. Denn es waren zum einen häufig in ihrer Disziplin anerkannte Wissenschaftler, die mit ihrer Autorität neue Themenfelder für die populärwissenschaftlichen Zeitschriften erschlossen.[113] Zum anderen traten umgekehrt viele Fantasten auch durch populärwissenschaftliche Artikel in Erscheinung oder waren personell eng mit der Publizistik verbunden.[114] So schrieb bspw. der Chefredakteur von *Vokrug sveta* seit Kriegsende selber regelmäßig NF-Erzählungen.[115]

2.2. Themenfelder: neue Perspektiven und Horizonte

Chruščevs Politik der friedlichen Koexistenz

Betrachtet man die Politik der Jahre zwischen dem 20. Parteitag der KPdSU und der Absetzung Nikita Chruščevs im Spiegel der populärwissenschaftlichen Publizistik, dann ist es eine erhebliche Erweiterung des Horizonts bis jenseits der Grenzen des sowjetischen Einflußbereiches, die bis 1962 prägend war. Ihre politische Begründung erhielt diese Politik auf dem 20. Parteitag 1956, als Chruščev die These von der Unvermeidbarkeit des Krieges, solange der Imperialismus existiere, zugunsten einer nutzbringenden „friedlichen Koexistenz" und eines „friedlichen Wettbewerbs" zwischen den Systemen zurückgenommen hatte.[116] Eine Folge dieses Wettbewerbs war, daß man sich mit dem Konkurrenten, den man friedlich besiegen wollte, auch publizistisch intensiv befaßte. So gerieten jetzt die Länder des kapitalistischen Auslands vermehrt ins Interesse: Reiseberichte, Reportagen und Länderstudien thematisierten die Geschichte, Kultur und neue technische sowie industrielle Errungenschaften der Staaten des westlichen Europas, aber auch Nordamerikas.

Boris Astronom), beileibe aber nicht das einzige. So schrieben ebf. Michail Emcev und Eremej Parnov (beide Chemiker), Evgenij Vojskunskij und Isaj Lukod'janov, Larisa und Michail Nemčenko, Boris Zubkov und Evgenij Muslin ihre Bücher zusammen, gelegentlich u.a. Genrich Al'tov (Pseudonym für Genrich Al'tšuller, Ingenieur und „Erfinder") und Valentina Žuravleva (Ärztin). Ingrid Oswald stellt für die von ihr untersuchten Autoren und Autorinnen bspw. fest, daß von ihnen 88% eine wissenschaftlich-technische Ausbildung genossen hätten, siehe Oswald: Der Staat als Wissenschaftler, S. 22ff., 156ff.

[113] Bspw. der mit einem „internationalen Förderpreis" ausgezeichnete Astronom Ario Šternfel'd („Лауреат международной поощрительной премии по астронавтике"), der seit 1952 bis zu seinem Tod 1961 den Aufbruch in den Kosmos publizistisch in *Vokrug sveta* und *Technika – molodeži* propagierte.

[114] Ivan Efremov saß bspw. nach dem Krieg in mehreren Redaktionskollektiven, u.a. 1946 der Zeitschrift *Vokrug sveta*, in den 60er Jahren der Almanache *Mir prikljućenij* und *Na suše i na more* (zusammen u.a. mit Aleksandr Kazancev), Arkadij Strugackij betätigte sich 1963 als verantwortlicher Redakteur von *Mir prikljućenij*.

[115] Viktor Saparin, der spätere Chefredakteur von *Vokrug sveta*, veröffentlichte erstmals 1946 eine NF-Erzählung in der Juninummer von *Znanie – sila*.

[116] [Anon.]: Solnce kommunisma vschodit nad planetoj, in: VS 2/1959, S. 3.

Zwar zeigten alle Berichte die schwierige soziale Lage in diesen Ländern, doch selten stellten sie revolutionär das jeweilige politische System infrage. Vielmehr betonten sie die allmähliche Emanzipation der progressiven Kräfte und das fortschrittliche Bewußtsein der Unterdrückten, die sich immer häufiger der Sowjetunion zuwenden würden.[117]

Ein weiteres großes Interessenfeld dieser Jahre war die ebenfalls in diesem Zeitraum beginnende Dekolonisierung Afrikas und Asiens.[118] Während das Verhältnis zu China zwar spannungsgeladen, aber bis zum Bruch 1962/1963 offiziell freundschaftlich blieb, gelang der Sowjetunion mit ihrer Solidarität für Ägypten in der Suez-Kanal-Krise der politische Durchbruch im Nahen Osten und dann auch bei den nach Unabhängigkeit strebenden Staaten Afrikas.[119] In der populärwissenschaftlichen Publizistik spiegelte sich diese Entwicklung seit dem mit großem Aufwand inszenierten 6. Internationalen Jugendfestival in Moskau 1957 vor allem in Berichten über die Befreiungsbewegungen und über die Aufarbeitung der Verbrechen der westlichen Kolonisatoren wieder.[120] Faszinierend aber wirkte die Neuschreibung der bisherigen Kolonialgeschichte, die nicht nur die Erzählungen von wilden Kannibalen, blutigen Ritualpraktiken oder exotischen Wunderheilern revidierte, sondern auch bis dahin unbekannte Völker und Länder neu entdeckte.[121] So eröffnete bspw. die Entdeckung der vorkolonialen Südsee den Blick auf Kulturen, von deren Mythen und Legenden man bisher keine Ahnung hatte. Bezeichnend für diese Entwicklung war die Erforschung der Osterinseln, deren Hieroglyphen sowie Tempel- und Höhlenbauten jahrelang Anlaß für kontroverse Diskussionen gaben.[122]

---

[117] Paradigmatisch für diesen Blickwinkel war die erste USA-Reise Chruščevs im Spätsommer 1959, die ganz unter dem Eindruck stand, durch die Friedenspolitik und die wissenschaftlichen und technischen Erfolge der UdSSR wendeten sich selbst in diesem Land immer mehr Menschen mit großer Sympathie dem sowjetischen Gesellschaftsmodell zu. Siehe bspw. [Anon.]: Putešestvie vo imja mira, in: VS 12/1959, S. 2–7.

[118] [Anon.] Polnyj krach kolonializma neminuem!, in: VS 3/1961, S. 1.

[119] Die Differenzen in der internationalen Politik zwischen der Sowjetunion und China kamen in den Berichten über das Leben in der Chinesischen Volksrepublik kaum vor, erst 1963 wurde der Bruch zwischen beiden Ländern auch hier rezipiert. Siehe bspw. Žigarev, L.: ... Oni obmanyvajut svoj narod (Zametki žurnalista), in: ZS 9/1963, S. 39; Zur Außenpolitik allgemein, siehe Boffa, Džuzeppe [Boffa, Giuseppe]: Istorija Sovetskogo Sojuza ([1]1979), Bd. 2, Moskva 1994, S. 466f., 474ff, 509ff.

[120] Bei dem Jugendfestival fanden insbesondere die Delegationen aus China, Afrika und Mittel- sowie Südamerika besondere Beachtung. *Znanie – sila* druckte aus dem Anlaß zu allen Artikeln chinesische, englische, französische und deutsche Zusammenfassungen des Inhalts ab. Siehe [Anon.]: Festival', in: ZS 7/1957, S. 1; [Anon.]: S šesti kontinentov na VI festival', in: TM 7/1957, S. 2 Obložka–1. Zur Berichterstattung allgemein siehe bspw. Afrika idet k svobode, in: VS 1/1962, S. 59–61; Die Povest' zum Mau-Mau-Aufstand in der britischen Kolonie Kenia 1952–1956 von Ivanov-Leonov, V.: General „Afrika“, in: Junost' 9 /1959, S. 4–29; 10, 34–71.

[121] *Vokrug sveta* hatte bspw. eine regelmäßig erscheinende Rubrik *Strany i narody*. Siehe auch Možejko, Igor': Gana bez ėkzotiki, in: VS 12/1962, S. 17–20; Linkvist, Ėrik: Kannibaly, moi tovarišči, in: VS 7/1957, S. 38–43.

[122] 1958 druckte *Vokrug sveta* erstmals die Reiseberichte Thor Heyerdahls von einer norwegischen

Doch wurden hierüber nicht nur Berichte sowjetischer, sondern auch westlicher Wissenschaftler und Journalisten veröffentlicht.[123]

Diese Öffnung der Seiten populärwissenschaftlicher Journale für Beiträge sowohl „über den“ als auch „aus dem Westen“ ging einher mit einer allgemeinen Öffnung insbesondere des wissenschaftlichen Betriebs.[124] Hier war nach Jahren der politisch bedingten Isolation das fast alle naturwissenschaftlichen Disziplinen einschließende Internationale Geophysische Jahr, das vom 1. Juli 1957 bis 31. Dezember 1958 dauerte, die erste wirklich internationale Veranstaltung dieser Art.[125] An ihr nahmen insgesamt 50 nicht nur „sozialistische“, sondern auch „kapitalistische Staaten“ teil, mit denen man das erste Mal 1956 diesbezüglich Kontakt aufgenommen hatte.[126] Die Teilnahme der Sowjetunion an der ersten Weltausstellung seit 1939 von April bis Oktober 1958 in Brüssel mit einem riesigen eigenen Pavillon intensivierte diese Zusammenarbeit.[127] Das Motto der Ausstellung „Bilanz für eine friedlichere Welt“ (symbolisiert durch einen 100 Meter großen Atomkern aus Stahl, das „Atomium“), das versprach, die Atomenergie weltweit friedlich und zivil zum Wohle der ganzen Menschheit zu nutzen, ergänzte sich bestens mit der sowjetischen Friedenspolitik.[128] Renommierte westliche Wissenschaftler konnten in den populärwissenschaftlichen Zeitschriften publizieren, und es wurde in ihnen regelmäßig über neue technische Erfolge und wissenschaftliche Hypothesen aus Westeuropa und Nordamerika berichtet.[129] Sowjetische Wissenschaftler konnten nach 1954 erstmals seit

---

Expedition zu den Osterinseln 1955–1956 ab, worauf nicht nur in dieser Zeitschrift eine rege Debatte zur Interpretation der vorgestellten Materialien begann, siehe u.a. Chejerdal, Tur: Aku-aku. Tajna ostrova Paschi, in: VS 1/1958, S. 23–40; 2, 37–54; 3, 33–50; 4, 34–51; Tokarev, S.: Novoe putešestvie sen'ora Kon-Tiki. K issledovanijam Tura Chejerdala na ostrove Paschi, in: VS 5/1958, S. 27–29; Sememov, A.: Putešestvie na ostrov Paschi (Vyšli iz pečati), in: ZS 7/1959, S. 23 (Rezension der Buchausgabe von „Aku-aku“); Orešin, P.: Tajna ostrova Mata-kite-rangi (Iz nerešennych problem nauki), in: TM 11/1957, S. 8–10; 12, 11–15; Živago, A.: Na ostrove Paschi, in: NŽ 7/1960, S. 44–50.

[123] Bspw. Cheminguėj, Ėrnest: Zelenye cholmy Afriki (Otryvok iz knigi), in: VS 2/1957, S. 11–16; Blomberg, Rol'f: Vstreča s Afrikoj, in: VS 5/1958, S. 55–60.

[124] Aber auch in anderen Bereichen gab es eine bemerkenswerte Öffnung zum Ausland. So sprechen Beobachter 1955 von einer regelrechten „Invasion ausländischer Filme“, siehe Lazareff, Hélène; Lazareff, Pierre: Die Stunde Moskaus. Rußland, wie es wirklich ist, Düsseldorf 1955, S. 142.

[125] Zuvor hatte es vergleichbare internationale Kooperationen unter Teilnahme der Sowjetunion das letzte Mal mit dem zweiten sogenannten Meždunarodnyj poljarnyj god 1932–1933 gegeben. Siehe Kasatkin, A.: U vorot v kosmos, in: TM 8/1957, S. 18–19.

[126] Ščerbakov, D.: S novym geofizičeskim godom, in: ZS 7/1957, S. 1–2. Die Idee eines Internationalen Geophysischen Jahres ging allerdings schon auf das Jahr 1950 zurück, 1952 setzte man ein entsprechendes Komitee an Wissenschaftlern ein. Der Termin 1957/1958 wurde aufgrund der in diesem Zeitraum erwarteten extrem hohen Sonnenaktivität festgelegt.

[127] Lebl, A.: „Atomium“ – Dom-kristall vysotoju v 100 metrov, in: TM 10/1956, S. 6–7; [Anon.]: Brjussel', 1958 god, in: ZS 7/1958, S. 19–21.

[128] [Anon.]: Čelovek i progress, in: VS 4/1958, S. 1; Kretschmer: Die Geschichte der Weltausstellungen, S. 217ff.

[129] So eröffnete *Znanie – sila* bspw. schon 1957 ab der Januarausgabe die Rubrik: „V gostjach u za-

25 Jahren zu Kongressen und Tagungen auch ins kapitalistische Ausland reisen oder von dort Kollegen einladen.[130]

Die außenpolitische Öffnung vollzog sich in den Zeitschriften demnach vor allem in zwei Richtungen. Zum einen entdeckte man die progressiven Kräfte der westlichen „entwickelten" Welt, mit denen man im Bereich der Naturwissenschaft verstärkt zusammenarbeitete und für die friedliche Nutzung der Kernenergie und gegen den Militarismus eintreten konnte. Zum anderen erschloß man sich in den „unterentwickelten" Staaten fremde Kulturen und Völker, die ein bisher unterdrücktes „ursprüngliches" Wissen von der Welt mit sich brachten. Gemeinsam war beiden Interessensphären eine auffällige Abwesenheit politischer Konfrontation, wie sie für die anhaltenden Spannungen des Kalten Krieges und die andauernden Befreiungskämpfe in der Dritten Welt ja durchaus noch charakteristisch war.

Statt dessen entwickelte sich hier ein Diskurs, wie er für die populärwissenschaftlichen Diskussionen über den Kosmos und für die Wissenschaftliche Fantastik jener Jahre kennzeichnend werden sollte. Man versuchte entweder mit anderen „Zivilisationen" Kontakt aufzunehmen bzw. diesen Kontakt theoretisch zu ermöglichen oder aber durch die Erschließung vergessener oder bislang unbekannter Kulturen und Kulturdokumente diesen Kontakt wieder herzustellen.

Die Grenzen der wissenschaftlich-technischen Revolution

Die großen technischen und industriellen Erfolge und Fortschritte, die die Sowjetunion in den 50er Jahren zu verzeichnen hatte, erhielten 1961 im neuen Parteiprogramm der KPdSU die Bezeichnung „wissenschaftlich-technische Revoluti-

---

rubežnych učenych". 1960 erschien die Rubrik „Čto dumajut ob ėtom sovetskie učenye", in der neue Hypothesen von ausländischen – vornehmlich westlichen – Wissenschaftlern vorgestellt und die unterschiedlichen Ansichten sowjetischer Experten über diese abgedruckt wurden, siehe bspw.: [Anon.]: Peredača myslej – vozmožna li ona? (Čto dumajut ob ėtom sovetskie učenye), in: ZS 12/1960, S. 18; *Technika – molodeži* publizierte noch 1965 das ganze Jahr lang die Rubrik: „U nas v gostjach učenye planety".

[130] Bspw. im September/Oktober 1957 die internationale wissenschaftliche Konferenz zur Erforschung der oberen Atmosphäre in Washington, siehe: [Anon.]: Na konferencii v Vašingtone. Beseda s inženerom A. M. Kasatkinym, in: TM 11/1957, S. 15; 1959 das internationale Symposium in Prag zur Entwicklung der Wissenschaften, siehe: Delogrammatik, M.: Učenye v bor'be za Mir (po stranicam žurnalov), in: NŽ 1/1961, S. 74; Ende 1960 die 6. Internationale Pugwash Konferenz für Abrüstung und Rüstungsbegrenzung in Moskau (sie ist im Juli 1957 von Bertrand Russell, Albert Einstein u.a. gegründet worden, Fragen der Atomwaffen und internationalen Sicherheit unter Wissenschaftlern zu erörtern), siehe: Bakinskij, A.; Dmitriev, D.: VI Paguošskaja (učenye v bor'be za mir), in: NŽ 2/1961, S. 4–7; Im Dezember 1960 das internationale Symposium „Luna" in Leningrad und Pulkovo aus Anlaß der Mond-Satelliten und der fotografierten Rückseite des Mondes, siehe: Linder, I.: Simpozium „Luna", in: NŽ 3/1961, S. 16–21; 1963 in Varna (Bulgarien) der 8. Kongreß der internationalen Astronautikföderation mit Teilnehmern aus über 30 Ländern u.a. aus den USA und Großbritannien, siehe Marinov, Milen: Kosmičeskaja nedelja na zolotych peskach (reportaž s meždunarodnogo kongressa po astronavtike), in: TM 1/1963, S. 24–25.

on".[131] Sie waren eine mittelbare Folge der friedlichen Nutzung von neuen Techniken, die alle im Zuge des Zweiten Weltkrieges entwickelt worden waren, wie bspw. der Radar- und Raketentechnik,[132] aber auch die der Kernspaltung. 1951 hatte man die erste sowjetische Atombombe erfolgreich getestet, 1953 die erste eigene Wasserstoffbombe.[133] Aber erst die Erfolge in der Raketentechnik, die es nicht nur möglich machten, Satelliten in den Weltraum zu schicken, sondern eben auch Atomwaffen mit Langstreckenraketen einzusetzen, die alle Punkte der Erde treffen konnten, stellten jenes atomare „Gleichgewicht des Schreckens" her, das der Sowjetunion ihre außenpolitische Stärke verlieh.[134] Aus dieser Stärke heraus konnte Chruščev seine Politik der friedlichen Koexistenz propagieren, die in Abgrenzung zur atomaren Aufrüstung der USA vor allem die Möglichkeiten der friedlichen Nutzung der Kernenergie betonte.

Die Rezeption der Atomtechnik lag in den populärwissenschaftlichen Zeitschriften allerdings noch gänzlich in der Tradition und Rhetorik der Stalinzeit, die ständig neue Techniken zur Beherrschung und Nutzbarmachung der Natur entwarf und so versuchte, neue Rohstoffe und ökonomische Ressourcen für die Volkswirtschaft zu erschließen. Entsprechend sollte auch mit Hilfe von Kernkraftwerken die Produktion in fast allen Industriebereichen forciert und erhöht werden. Die im Rahmen des 6. Fünfjahresplans 1956 (vorgelegt auf dem 20. Parteitag) und 1. Siebenjahresplans 1959 (vorgelegt auf dem 21. Parteitag) vorgestellten Großprojekte wurden demgemäß laufend in Artikeln und Rubriken propagiert und durch Pläne für neue Projekte ergänzt. Diese Pläne waren häufig globalen Ausmaßes und galten als realisierbar, wenn die westlichen Wissenschaftler nicht den Verwertungsinteressen der Kapitalisten ausgesetzt sein würden.[135]

Eines dieser vorgeschlagenen Großprojekte zur nützlichen Unterwerfung der Natur war dasjenige der Umgestaltung des Klimas.[136] Solche Überlegungen lassen

---

[131] Clark: The Changing Image, S. 282; Siehe hierzu auch Hiersche, Anton: Sowjetliteratur und wissenschaftlich-technische Revolution, Berlin 1976.

[132] Hier spielten insbesondere die im besiegten Deutschland vorgefundenen Erkenntnisse zu den V-Raketen eine große Rolle. Die Bedeutung dieser Forschungen drückte sich auch in einem seit 1951 erscheinenden Almanach aus: Voprosy raketnoj techniki (sbornik perevodov i obzorov inostrannoj periodičeskoj literatury). Siehe auch Kluge: Der sowjetische Traum, S. 150f.; Rauch, Georg von: Geschichte der Sowjetunion, Stuttgart 1990[8], S. 502f.

[133] Zur Entwicklung der Wissenschaft in Abhängigkeit von politischen Umständen, siehe die Ausführungen bei Thorne, Kip S.: Gekrümmter Raum und verborgene Zeit. Einsteins Vermächtnis, Augsburg 1999 ([1]1993).

[134] Boffa: Istorija Sovetskogo Sojuza, Bd. 2, S. 469. Zur militärischen Funktion der Raketentechnik und Satellitenaufklärung im Zusammenhang mit der Systemkonkurrenz und mit dem Kampf um Welthegemonie, siehe Sachs, Wolfgang: Satellitenblick. Die Ikone vom blauen Planeten und ihre Folgen für die Wissenschaft, in: Braun, Ingo; Joerges, Bernward (Hg.): Technik ohne Grenzen, Frankfurt a. M. 1994, S. 308ff.

[135] Z.B. [Div.]: Esli by ljudi vsej zemli..., in: TM 2/1960, S. 20–22; 3, 31–33; 4, 28–31; 5, 23–25; 6, 34–37.

[136] Auch das Internationale Geophysische Jahr sollte den „Planeten im Labor" diesbezüglich erforschen, siehe bspw. Ostroumov, G.: Planeta v laboratorii, in: TM 1/1957, S. 9–10.

sich bis zu den Anfängen der Sowjetregierung zurückverfolgen und gehörten seitdem zum festen Inventar wissenschaftlich-fantastischer Texte.[137] Vor allem Pläne zum Schmelzen des Nordpols, um die riesigen Gebiete der sibirischen Steppe, Taiga und Tundra nutzbar und bewohnbarer zu machen, wurden bis Ende der 50er Jahre noch kontrovers diskutiert. Manche erwogen, den Golfstrom oder andere warme Meeresströme mit Hilfe gigantischer Staudämme umzuleiten, andere schlugen vor, mit Hilfe atomarer Sprengungen ein Auftauen des Eises und eine daraus folgende Klimaerwärmung zu bewirken. Die auf den Sputnikflügen gewonnenen meteorologischen Daten schienen diese Zuversicht zunächst zu bestätigen, zeigten aber bald, daß klimatische und Wetterveränderungen komplexere Prozesse darstellten, als bisher gedacht.[138]

Auch am anderen Ende der Erde – in der Antarktis – stieß man an Grenzen im Kampf gegen die Natur. Dieser letzte noch weitgehend unbekannte Kontinent konnte als staatenloses Territorium zwar als beispielhaft für die friedliche Koexistenz gelten[139] und stellte das letzte große Projekt dar, in dem sich Forscher als Helden nach dem Muster der 1930er Jahre bewähren konnten. Doch durch das widrige Klima und die Unzugänglichkeit der Eismassen war eine Erschließung des Gebiets mühsam, das zudem keine spektakulären neuen Entdeckungen versprach. So schienen die zahlreichen Berichte von der sowjetischen Hauptstation *Mirnyj* eher an Erzählmuster aus NF-Geschichten zu erinnern, deren Helden in der feindlichen Natur fremder Planeten ums Überleben kämpften.[140] An den beiden Erdpolen war man somit sowohl räumlich als auch symbolisch an das Ende möglicher Horizonterweiterungen auf der Erde gekommen[141] Zwar prägten der Weg in und der Kampf um

[137] So schloß bspw. Lev Trockij in „Literatura i revoljucija" 1924 entsprechende Möglichkeiten nicht aus. Siehe Clark: The Changing Image, S. 259; Zu NF-Texten der 1940er und 50er Jahre siehe Ljapunov: V mire fantastiki, S. 64ff.

[138] In *Vokrug sveta* wurde erstmals 1957 der Vorschlag als ein durchaus realisierbares Projekt publiziert, den Golfstrom umzuleiten. Daraus entwickelte sich dann eine längere Debatte zu den Möglichkeiten der künstlichen Klimaveränderung, wobei die Beeinflussung der Wolkenbewegungen eine große Rolle spielte. Siehe Markin, A.: Zagljanem v buduščee, in: VS 11/1957, S. 17–23; Borisov, P.: Možno li ispravit' klimat?, in: VS 4/1958, S. 2–6; Drogajcev, D.: Zamančivaja utopija (Možno li ispravit' klimat?), in: VS 5/1958, S. 7–8; [Anon.]: Esli povernut' tečenie, in: VS 6/1958, S. 23; Belocerkovskij, V.: Bitva s vozdušnymi čudoviščami, in: VS 8/1958, S. 2 Obložka–5; Šljamin, B.: Možno li ispravit' klimat? Konečno, možno! (Zametki geografa), in: VS 9/1958, S. 29–30;

[139] So bildete die Erforschung der Antarktis neben derjenigen des Kosmos den Hauptschwerpunkt des Internationalen Geophysischen Jahres. 1959 wurde der Antarktis-Vertrag zwischen zwölf Nationen abgeschlossen, der in seiner Art beispiellos war und alle Unterzeichner darauf verpflichtete, den Kontinent ausschließlich zu friedlichen Forschungszwecken zu nutzen.

[140] Man konnte allerdings dank eines Minikernreaktors die Eröffnung der südlichsten bemannten Forschungsstation der Welt vermelden und auch sonst auf ansehnliche Erfolge verweisen. Während des Internationalen Geophysischen Jahres entdeckten sowjetische Forscher z.B. die exakten Koordinaten des Südpols des Magnetfelds der Erde. Siehe Dolgušin, L.: Vo l'dach Antarktidy, in: NŽ 1/1957, S. 15–16; Vjalov, S.: Reportaž s šestogo kontinenta, in: ZS 2 / 1959, S. 1–3;

[141] Diese „Horizonte" sind durch die Fünf- bzw. Siebenjahrespläne und durch die während ihrer Laufzeit veröffentlichten Kontrollziffern abgesteckt worden, siehe [Anon.]: Naši gorizonty, in: VS

die Zukunft prägte weiter wie vor dem Tod Stalins die Leitartikel,[142] doch hinter dem Horizont landete man entweder in Amerika oder wieder bei sich selbst. Die mit einer besseren Zukunft verknüpfte Fortschrittsrhetorik stieß in ihrer horizontalen Entwicklung stieß an pragmatische Grenzen, die erst überwunden werden konnten, als sich eine neue Möglichkeit jenseits, nämlich oberhalb des Horizonts auftat: der Weg in den Kosmos.

Der Weg in den Kosmos

Am 4. Oktober 1957 wurde der „erste künstliche Trabant der Erde" in den Weltraum geschossen, der „первый искусственный спутник земли". Er war ein zentraler Bestandteil des Forschungsprogramms des Internationalen Geophysischen Jahres, in dessen Rahmen die USA und Sowjetunion künstliche Satelliten zur Erforschung der Sonnenaktivität in der Erdatmosphäre starten wollten. Dieser kugelrunde mit zwei mal zwei sich gegenüberliegenden Antennen ausgestattete Sputnik wog 84 kg und hatte einen Durchmesser von 58 cm. Er umkreiste in einer Höhe von 228 bis 947 km 92 Tage lang die Erde 1400 mal, ehe er verglühte. [143]

Von diesem ersten Sputnikflug an war der Weg in den Kosmos ein dominierendes, wenn nicht das dominierende Thema der populärwissenschaftlichen Literatur. Er stellte sich bis Mitte der 60er Jahre als eine Geschichte ununterbrochener sowjetischer Erfolge dar, die weltweit konkurrenzlos waren. Die wichtigsten Daten dieser „Erfolgsgeschichte" sollen hier kurz vorgestellt werden, bevor in den folgenden Abschnitten der Frage nachgegangen wird, wie sie im einzelnen in den Zeitschriften rezipiert worden ist.

Schon im zweiten, 500 kg schweren Sputnik befand sich der „erste interplanetare Passagier" (первый межпланетный пассажир), die Versuchshündin Lajka, die ca. eine Woche lang Auskunft über das Leben in der Schwerelosigkeit gab.[144] Der

---

2/1959, S. 3–5.

[142] Siehe bspw. Dochorov, A.; Zacharčenko, V.: Na poroge zemli buduščego, in: TM 2/1953, S. 1–8; Dombrovskij, N.: Buduščee v nastojaščem, in: TM 3/1953, S. 4–9. Für die Zeit danach Jaroš, Viktor: Buduščee roždaetsja segodnja, in: TM 6/1956, S. 2–5; [Div.]: Buduščee načinaetsja segodnja, in: NŽ 11/1957, S. 49–54.

[143] Zu den genauen Daten und Forschungsergebnissen siehe Azizjan, A. (Hg.): Put' v kosmos. Materialy gazety „Pravda" o trech sovetskich iskusstvennych sputnikach Zemli, Moskva 1958, S. 7ff., 199ff.

[144] Die Hündin brachte es jedoch im Vergleich zu ihren Nachfolgerinnen in den sowjetischen Zeitschriften zu keiner großen Berühmtheit, wahrscheinlich deshalb, weil sie in ihrer Kabine eingeschläfert wurde und mit dieser dann im Weltraum verglühte. Daß eine publizistische Propagierung Lajkas niemals geplant gewesen ist, zeigt auch ihr Name, der eigentlich nur die russische Bezeichnung für eine Hunderasse, den Polarhund, aber kein Rufname für Hunde ist. In den ersten Pressemeldungen kam der Hund daher auch nur am Rande und oft ohne seine Rassebezeichnung vor. Siehe Azizjan: Put' v kosmos, S. 109ff.; [Anon.]: Putešestvie v kosmose, in: TM 11/1957, S. 22; [Anon.]: Naši Sputniki, in: VS 1/1958, S. 2. Da Lajka aber nichtsdestotrotz der erste „Hunde-Kosmonaut" („Собака-Космонавт") blieb, entwickelte sich „im Volk" ihre Rassebezeichnung als

dritte, 986 kg schwere Sputnik startete ein halbes Jahr später am 15. Mai 1958 und beinhaltete das erste automatische Meßlaboratorium im Weltraum.[145] Er lieferte u.a. die ersten Meßdaten zur Erforschung der oberen Erdatmosphäre.[146] Wiederum ein gutes halbes Jahr später ließ sich ein weiterer Erfolg vermelden: Am 2. Januar 1959 startete man die erste „kosmische Rakete" – die man später „Lunnik"[147] nannte – in Richtung Mond, die ihn zwar um 5000 km verfehlte, aber u.a. die Beobachtung lieferte, daß die Meteoritengefahr für Raumflugkörper sehr viel geringer war als bis dato angenommen.[148] Eine am 12. September gestartete Rakete – der spätere „Lunnik 2" – brachte dann am 14. September den „sowjetischen Wimpel" auf den Mond, wo sie nach 36 Stunden als erster von Menschen geschaffener Flugkörper einschlug.[149] Die am 4. Oktober gestartete „Automatische Intergalaktische Station" – später: „Lunnik 3" – fotografierte bei ihrer Mondumkreisung am 7. Oktober 1959 das erste Mal – allerdings noch recht unscharf – die ständig von der Erde abgewandte Rückseite des Mondes, deren Landkarte somit ausschließlich sowjetische Namensgebungen bekam und im Januar 1960 erstmals veröffentlicht wurde: Dort gab es z.B. die Krater Lomonosov, Ciolkovskij und Jules Vernes, die „Sowjetische Gebirgskette", das „Mare Humboldts", die Marina „von Moskau", „der Krisen", „der Fruchtbarkeit" und nicht zuletzt – als größtes – das „Mare des Wunschtraums" („море мечты").[150]

Am 15. Mai 1960 startete dann das erste „Raumschiff" („космический корабль" oder „спутник-корабль"), das 4540 kg wog und eine leere Kapsel für einen Menschen enthielt.[151] Am 19. August wurde das zweite Modell dieses Typs in den Weltraum geschickt, in dem sich neben den Hunden *Belka* und *Strelka* eine ganze Reihe kleinerer Lebewesen von Ratten bis Bakterien befanden, weswegen es auch

---

„bekannter Rufname" zum Synonym für die über ein Dutzend nach ihr in den Kosmos geflogenen Hunde, wie eine Reportage von der VDNCh 1959 feststellte, siehe Blok, Georgij: Okno v buduščee (Naš reportaž), in: Junost' 9/1959, S. 83. Die ersten „kosmischen Reisenden", die schon vor dem ersten Sputnik in Raketen bis 110 km hoch geschossen worden sind und dann mit Fallschirmen lebend zur Erde zurückkamen, die beiden „befreundeten" Hunde Cyganok und Tėzi, sind nicht in die später konstruierten Erfolgsgeschichten der sowjetischen Raumfahrt eingegangen, siehe: Guščev, Sergej: Proryv v mirovoe prostranstvo, in ZS 7/1957, S. 16–19.

145 [Beseda s inženerom A. M. Kasatkinym]: Tretij sovetskij, in: TM 8/1958, S. 18–19; Bilenkin, D.: Plotina na solnečnom luče, in: VS 6/1961, S. 13–14, 28.

146 Danilin, B.: O čem rasskazal sputnik?, in: TM 5/1959, S. 6–8; Bilenkin, D.: Plotina na solnečnom luče, in: VS 6/1961, S. 13–14, 28.

147 Die Bezeichnung „Lunnik" für die zum Mond geschossenen Satelliten tauchte erstmals Ende 1959 auf und war ein aus „Luna" und der maskulinen, personalen Endung „-nik", die ja auch der Sputnik trug, geschaffenes Kunstwort. Siehe seine Verwendung bspw. in [Anon.]. Plan i mečta, in: ZS 12/1959, S. 2 Obložka.

148 Guščev, S.; Teplov, L.: Kak ėto bylo..., in: TM 3/1959, S. 15–17.

149 [Anon.]: Luna dostignuta, in: TM 10/1959, S. 13; [Div.]: Čto Vy skažete o polete na lunu?, in: Ebd., S. 14–15.

150 Danilin, B.: Ljudi šturmujut nebo, in: TM 11/1959, S. 7–9; Ders.: Mežplanetnaja avtomatičeskaja, in: NŽ 12/1959, S. 2–5; [Anon.]: Otkrytie mira prodolžaetsja, in: VS 1/1960, S. 40–41.

151 [Anon.]: Novaja blestjaščaja pobeda sovetskoj nauki i techniki, in: NŽ 6/1960, S. 5.

als „kosmischer Zoo“ oder „neue Arche Noah des 20. Jahrhunderts“ bezeichnet wurde. Alle Insassen der Raumkapsel landeten nach 17maliger Erdumkreisung wohlbehalten.[152] Am 1. Dezember folgte ein drittes Raumschiff mit den Hunden *Pčelka* und *Muška* an Bord.[153]

Im Februar 1961 schickte man zwei neue Sputnik-Modelle („тяжелый искусственный спутник земли“) mit einem Gewicht von knapp 6, 5 Tonnen ins All. Der zweite transportierte eine „interplanetare Station“ – die spätere „Venera 1“ –, die während des Fluges in Richtung Venus geschickt wurde.[154] Nach zwei weiteren Testflügen mit Hunden im März brachte am 12. April eine mehrstufige Trägerrakete das Raumschiff „Vostok 1“ mit Jurij Gagarin an Bord in den Weltraum. Im August folgte der Kosmonaut Nr. 2, German Titov, der 25 Stunden bei 17 Erdumdrehungen im All verbrachte.[155]

1962 wurde von der Sputnik-Serie „Kosmos“, die zur Erforschung der Atmo- und Ionosphäre, der Sonnenaktivität, des Magnetfeldes u.a. eingesetzt wurde, und vom Parallelflug der Raumschiffe „Vostok 3“ mit Andrijan Nikolaev und „Vostok 4“ mit Pavel Popovič berichtet.[156] Im November flog eine Raumsonde Richtung Mars, die „Mars 1“.[157] 1963 flog die erste Frau, Valentina Tereškova, auf der „Vostok 6“ ins Weltall, die ersten meteorologischen Satelliten der „Kosmos“-Serie wurden installiert und der erste sich selbst manövrierende kosmische Apparat („маневрирующий космический аппарат“) „Polet-1“ getestet.[158] 1964 folgte auf dem neuen Raumschiff „Voschod 1“ der erste Gruppenflug von drei Kosmonauten, und man schickte die Forschungssatelliten der „Ėlektron“-Serie ins All.[159] 1965 startete mit „Molnija I“ der erste sowjetische Satellit zur Fernsehübertragung.[160]

Im März 1965 ließ sich der letzte größere Erfolg der sowjetischen Raumfahrt vermelden. Die „Voschod 2“ startete mit Pavel Beljaev und Aleksej Leonov an Bord. Letzterer vollbrachte am 18. März den ersten Ausstieg eines Menschen ins All, „in die mit Sternen übersäte Leere“, wie *Technika – molodeži* auf Seite 1 berichtete:

---

152 Abdullažanov, F.; Pastuchov, G.: Kosmonavtam – start!, in: VS 11/1960, S. 7–8. Siehe auch: [Anon.]: Zemlja – kosmos – zemlja, in: TM 11/1960, S. 14–18. [Anon]: Zemlja, Kosmos, Zemlja, in: NŽ 9/1960, S. 2–6.

153 [Anon.]: Zelenaja ulica v kosmos, in: TM 9/1961, S. 21.

154 [Anon.]: Navstreču Venere, in: NŽ 3/1961, S. 7; Ähnlich wie die Bezeichnung „Luna“ für die ersten Richtung Mond geflogenen Satelliten ist die „Venera“ („Venus“) eine erst später eingeführte Bezeichnung für Satelliten, die man Richtung Venus hat fliegen lassen.

155 [Anon.]: Chronika kosmičeskoj ėry, in: NŽ5/1962, S. 30f.

156 Central'nyj komitet KPSS; Prezidium verchovnogo soveta SSSR; Sovet ministrov SSSR: Geroi kosmosa – geroi naroda, in: VS 9/1962, S. 1–2.

157 [Anon.]: SSSR – Mars. Novaja mežplanetnaja magistral' (Otkrytie mira prodolžaetsja), in: VS 12/1962, S. 1.

158 [Anon.]: Novaja vydajuščajasja pobeda sovetskoj nauki. Vysšij pilotaž v kosmose, in: VS 12/1963, S. 28.

159 (Chronika kosmičeskoj ėry): „Ėlektron-1“ i „Ėlektron-2“ v polete, in: NŽ 2/1964, S. 9.

160 Sputnik „Molnija I“, in: TM 7/1965, S. 14.

„Der zweite Pilot begab sich im Skaphander in den kosmischen Raum und bewies damit, daß es durchaus möglich ist, im Kosmos zu arbeiten und andere Planeten zu besuchen. Ist das nicht bemerkenswert!"

„Второй пилот вышел в скафандре в космическое пространство, доказав полную возможность работать в космосе и посещать другие планеты. Разве это не замечательно!"[161]

Dieser Ausruf, ob das nicht bemerkenswert sei, suggerierte fast zwanghaft die Gegenfrage, daß es auch anders sein könnte. Und es war anders: Dieser Ausstieg ins All fand 1965 in der populärwissenschaftlichen Publizistik nicht mehr annähernd so große Aufmerksamkeit wie vorangegangene Erfolge im Kosmos. Zwar war tatsächlich das „Monopol der Fantasten", den Ausstieg ins All zu beschreiben, gebrochen worden, wie *Technika – molodeži* schrieb. Und auch *Znanie – sila* hatte mit der Behauptung recht, daß sich „noch vor zehn Jahren" kein Fantast mit dem Kosmos befaßt habe.[162] Doch als sich die NF dann seit 1957 verstärkt dem Weltall zuwandte, da machte sie sich dieses Thema sehr viel schneller zu eigen, als die sowjetische Erstürmung des Kosmos Erfolge vermelden konnte. So druckte bspw. *Vokrug Sveta* im November 1960 im Anschluß an die Meldung, bald werde der erste Mensch ins Weltall fliegen, die Erzählung „Зов Земли" ab, die von der Rückkehr eines Kosmonauten aus dem 54. Jahrhundert auf die sehnsüchtig vermißte Heimat Erde handelt.[163] In der kurzen Zeitspanne zwischen dem ersten Sputnik Ende 1957 und dem ersten Ausstieg eines Menschen aus seiner Kabine in den Kosmos Anfang 1965 hatte demnach eine erhebliche Verschiebung der Diskurses stattgefunden, die dazu führte, daß von der anfänglichen begeisterten Euphorie nur noch die rhetorische Feststellung blieb, Bemerkenswertes sei geschehen. Wie es zu dieser Diskursverschiebung kam, auch dem soll im folgenden nachgegangen werden.

[161] [Anon.]: Syn neba, in: TM 4/1965, S. 1.
[162] [Anon.]: Šag v kosmos, in: ZS 4/1965, S. 1.
[163] Nemčenko, M.; Nemčenko, L.: Zov Zemli (fantastičeskij rasskaz), in: VS 11/1960, S. 9–11.

3. Spurensuche – Die Erfindung der kosmischen Ära

Sozialismus und Kommunismus – das ist das hoffnungsvolle Kosmodrom, von dem aus die Menschheit die Weiten des Weltalls stürmt und stürmen wird.

Nikita Chruščev

Abbildung: Titelblatt von *Technika – molodeži*, Nr. 4/1961, mit der Aufschrift „Die Stufen zu den Sternen“

Zitat: *«Социализм и коммунизм – вот тот надежный космодром, с которого человечество штурмует и будет штурмовать просторы вселенной.» Chruščev, Nikita: [«Socializm i kommunizm...], in: Vokrug sveta, Nr. 9/1962, S. 3..*

3.1. Die Erfüllung eines Wunschtraums

Als der Sputnik 1957 überall auf der Erde per Radiogerät hörbar und in der Dämmerung auch sichtbar fast 1400 mal die Erde umkreiste, signalisierte dieser Flug weltpolitisch, daß die Sowjetunion von nun an in der Lage war, mit ihren Langstreckenraketen auch die USA zu erreichen: Sie war endgültig zur zweiten Weltmacht aufgestiegen. Doch das stand nicht in den sowjetischen populärwissenschaftlichen Monatszeitschriften. In ihnen fiel dieses Ereignis zusammen mit den Berichten zum 40. Jahrestag der Oktoberrevolution. „In letzter Minute" („В последний час") meldete *Technika – molodeži* schon in der Oktoberausgabe: „Ein großzügiges Geschenk zum großen vierzigsten Jahrestag. Über der Welt erstrahlte der Stern des Friedens" („Щедрый подарок великому сорокалетию. Над миром засияла звезда мира").[165] Daß der Beginn der neuen Ära nicht zufällig mit dem 40. Jahrestag zusammenfiel, zeigte der zweite Sputnik, der nur einen Monat später am 3. November 1957 „zur Feier" der Oktoberrevolution gestartet worden ist. *Znanie – sila* schrieb im Leitartikel zur Novemberausgabe:

> „Wir feiern 40 Jahre unserer Revolution in einer Atmosphäre des Schaffens und der Begeisterung für die große Errungenschaft der Wissenschaft des Sowjetischen Staates, für die unsterbliche Heldentat seiner Söhne. Es ist der erste künstliche Sputnik der Erde hergestellt, ein Kundschafter des Kosmos fliegen gelassen worden, geschaffen durch Denken und von Menschenhänden. / Wahrlich, Mensch – das klingt stolz... / Das Steigenlassen des weltweit ersten künstlichen Sputniks der Erde ist in einem Land verwirklicht worden, wo vor 40 Jahren eine neue Ära in der Geschichte der Menschheit begann. Die Salve des Kreuzers „Aurora" verkündete den Völkern und Ländern die Geburt einer neuen Welt, neuer zwischenmenschlicher Beziehungen, der Befreiung des Denkens vom Joch. Seit diesem Moment begann die Wissenschaft in unserm Land sich in Siebenmeilenstiefeln zu entwickeln, und heute haben ihre Schöpfer – Wissenschaftler, Ingenieure, Techniker, Arbeiter – unter der Leitung der Kommunistischen Partei den kühnen Wunschtraum der Menschheit erfüllt. [...]"

> „Мы празднуем 40 лет нашей революции в атмосфере торжества и восхищения великим достижением науки Советского государства, бессмертным подвигом его сынов. Создан искусственный спутник Земли, запущен разведчик космоса, сотворенный мыслью и руками человеческими./ Поистине, Человек – это звучит гордо.../ Запуск первого в мире искусственного спутника Земли осуществлен в стране, где 40 лет назад началась новая эра в истории человечества. Залп крейсера «Аврора» возвестил народам и странам о рождении нового мира, новых отношений между людьми, о раскрепощении мысли. С этого момента наука в нашей стране начала развиваться семимильными шагами, и ныне ее творцы – ученые, инженеры, техники, рабочие – осуществили под руководством Коммунистической партии дерзновенную мечту человечества. [...]"[166]

Diese einleitenden Worte beinhalten zum Teil noch Rezeptionsmuster, wie sie sich bereits in der Stalinzeit eingespielt hatten, aber auch schon neue Elemente, wie sie für die Kosmosrezeption der Chruščev-Ära charakteristisch werden sollten. Zu den schon vorgeprägten kulturellen Mustern gehörte die Charakterisierung der *Helden* als *Söhne* der Sowjetunion bzw. der Oktoberrevolution. Die *Vaterrolle* wurde hier jedoch

[165] [Anon.]: Ščedryj podarok velikomu sorokaletiju, in: TM 10/1957, S. 2–3.

[166] [Anon.]: K novym pobedam truda i nauki, in: ZS 11/1957, S. 1.

nicht mehr von der Person Stalins, sondern durch den Staat bzw. die Parteileitung, Anfang der 60er manchmal auch durch die Person Chruščevs, zumeist aber durch das *sowjetische Volk* repräsentiert. Auch die zeitliche Zäsur der Oktoberrevolution als Anfang einer *neuen Ära* gehörte zu diesem Muster, welche aber in der Kosmosrezeption ein Pendant im Datum des ersten Sputnikflugs fand, das den Beginn der *kosmischen Ära der Menschheit* markierte:

> „Der Start der weltweit ersten künstlichen Trabanten [Sputnik] der Erde durch die UdSSR hat eine neue Ära eingeläutet – der menschliche Genius hat den geheimnisvollen Schleier des Weltalls gelüftet und den Weg in den Kosmos geebnet."
>
> „Запуск в СССР первых в мире искусственных спутников Земли ознаменовал собой новую эру – человеческий гений приоткрыл тайную завесу Вселенной и проложил дорогу в космос."[167]

Mit dieser Verdoppelung des Anfangs einer „neuen Ära" ging auch eine Bedeutungsverschiebung einher: Während die *Ära der Oktoberrevolution* den Beginn des Weges zum Kommunismus markierte, eröffnete die *kosmische Ära* einen neuen Weg, der die Menschheit direkt über das Weltall dem kommunistischen Ziel näher bringen sollte, wie in den folgenden Abschnitten dargestellt wird.

Auffällig an der populärwissenschaftlichen Rezeption der Jahre 1957 bis 1961/1962 war außerdem, daß fast immer die sowjetischen Erfolge im Kosmos als „Erfüllung eines uralten" oder „kühnen Wunschtraums der Menschheit" apostrophiert wurden.[168] Denn damit ging die Kosmosbegeisterung über die bisherige „Welt der Wunder", wie sie der Sozialistische Realismus hervorgebracht hatte, hinaus.[169] Sie versprach, daß es jenseits des „Schleiers des Weltalls" noch etwas gänzlich Neues zu entdecken gab, das wiederholt als „Geheimnis" bzw. „geheimnisvoll" bezeichnet wurde. Was das sein könnte, blieb jedoch seltsam unbestimmt. Insoweit war es durchaus symptomatisch, daß man das größte *Mare* auf der Mondrückseite *Море мечты* („Mare des Wunschtraums") genannt hatte. Denn dieses *Mare* war von

---

[167] Pobedonoscev, Ju.: Triumf sovetskoj nauki (Uspechi i problemy nauki), in: NŽ 11/1957, S. 8.

[168] „Sollen die strengen Wissenschaftler doch beweisen, daß bis jetzt die "Geographie des Wunschtraums" noch nicht verwirklicht und die "Geographie des Kosmos" noch nicht bewiesen worden ist. Wir sind bei ihrer Geburt anwesend, und umso wertvoller sind sie für uns, ohne sie kann morgen der Mensch schon nicht mehr leben!" („И пусть не доказывают строгие ученые, что пока еще нет провозглашенной «географии мечты» и нет еще утвержденной «географии космоса». Мы присутствуем при их рождении, и тем ценнее они для нас, без них завтра уже не сможет жить человек!") Kazancev, Aleskandr: Velikaja geografija, in: Na suše i na more, Bd. 1/1960, S. 332; Siehe bspw. auch Il'in, M.: O čem ljudi mečtali, in: NŽ 9/1961, S. 15–23; Ljapunov, B.: Krylatye mečty (Fantastika i real'nost'), in: NŽ, NR. 2/1962, S. 98.

[169] Die „Produktion" technisch-wissenschaftlicher Wunder steigerte sich im Zuge der Kosmosbegeisterung sogar noch, man begann sich an sie zu „gewöhnen: „Und es ist ganz natürlich, daß der sowjetische Mensch sich allmählich an alle diese Wunder gewöhnt, die eins nach dem anderen von Seiten der fantastischen Romane kommend im Leben Wirklichkeit werden." („И вполне естественно, что советский человек начинает постепенно привыкать ко всем этим чудесам, которые друг за другом сходят со страниц фантастических романов и воплощаются в жизнь.") [Anon.]: K novym pobedam truda i nauki, in: ZS 11/1957, S. 1.

der Erde aus nicht sichtbar – gleichzeitig wußte man aber seit *Lunnik 3*, daß es existiert: Damit verhielt es sich mit dem *Mare des Wunschtraums* wie mit der Ausgestaltung des Kommunismus: Er war bislang auch nur abwesend anwesend.

So bildeten sich im Diskurs über den Kosmos gewisse Schlüsselwörter wie „Wunschtraum", „Kommunismus" „Morgen" und „Zukunft" heraus, die man aus Anlaß neuer Erfolge oder Entdeckungen ständig wiederholte, ohne daß sie näher erklärt wurden. Die Schlüsselwörter machten den Kosmos gleichsam erst zu einem Wunschtraum, indem sie ihn als etwas „Geheimnisvolles" beschworen, und trugen damit dazu bei, ihn als einen „anderen Ort" zu erfinden. Wie diese „Erfindung" der kosmischen Ära im einzelnen vor sich ging, soll in den folgenden Kapiteln dargestellt werden.

Der „Sputnik" als Freund, Ratgeber und Geschichtenerzähler

Als im Oktober 1957 der erste künstliche Sputnik eine neue „kosmische Ära der Menschheit" einläutete, kam diese Nachricht für den sowjetischen Leser populärwissenschaftlicher Journale nicht ganz unerwartet: *Nauka i žizn'* hatte bspw. schon im Februar 1957 eine lange Titelgeschichte über „künstliche Sputniks" publiziert,[170] und dem „Sonderkorrespondenten" von *Vokrug sveta* gelang es bereits im Dezember 1956, ein Interview mit dem bis dato erst auf dem Papier vorhandenen Sputnik zu führen, der sich in „schon naher Zukunft" „unserer Planetenfamilie" aus Erde und Mond hinzugesellen sollte. Auf die erste Frage, ob ihn die abgekürzte Form seines Namens kränke, antwortete er:

> „Oh nein, überhaupt nicht. Noch wissen es nicht alle, daß ISZ „Künstlicher Trabant [Sputnik] der Erde" bedeutet. Doch wenn ich erst meinen Platz am Himmel eingenommen habe, werde ich für alle sichtbar sein und von allen gekannt werden."
>
> „О нет, нисколько. Еще не все знают, что ИСЗ – это значит Искусственный Спутник Земли. Но как только я займу свое место на небе, я буду всем виден и со всеми знаком."[171]

Interessant an diesem fiktiven „Gespräch mit dem ISZ" ist der Versuch, den Sputnik von Anfang an zu personifizieren. In seinen Antworten steht er da als jemand, der auch Gefühle kennt und genau weiß, was er will, was sein Auftrag ist und daß es eine Mission ohne Rückkehr ist, die er erfüllt:

> „Und die ganze Zeit, solange die Energie zur Versorgung meiner Radiostation ausreicht, werde ich erzählen, was ich fühle und wem ich auf meinem Weg begegne. Das wird kein einfacher Flug (...) Ich weiß, auf was ich mich einlasse. Denn ich komme nicht zur Erde zurück. Wenn die dreistufige Rakete mich erst mal in einer Höhe von ca. vierhundert Kilometern abgeworfen hat, ist mein Liedchen schon ausgesungen. Für mich gibt es keinen Weg zurück. Ihr werdet meine Geschichte nur im Radio hören (...) Und dann schweige ich für immer, verliere langsam an Geschwindigkeit und an Höhe, bis

---

[170] Das Äußere des Sputniks sah auf der Titelseite jedoch noch etwas anders aus, siehe NŽ 2/1957, S. 1 Obložka; Varvarov, N.: Iskusstvennye Sputniki Zemli, in: Ebd., S. 17 –21.
[171] [Anon.]: Beseda s ISZ, in: VS 12/1956, S. 12–13.

ich durch die Reibung gänzlich verbrenne, wie ein Meteor (...) Doch ich werde bis zum Schluß nicht aufgeben. Selbst ohne Stimme werde ich Euch noch von Nutzen sein."

„И все время, пока хватит энергии для питания моей радиостанции, я буду рассказывать, что чувствую и встречаю на своем пути. Это будет нелегкий полет. [...] Я знаю, на что иду. Ведь я не вернусь на Землю. Как только составная трехступенная ракета [...] забросит меня на высоту около четырехсот километров, моя песенка уже будет спета. Назад мне дороги нет. Вы только будете слушать мой рассказ по радио [...] А потом замолчу навсегда, постепенно теряя скорость и снижаясь, пока не сгорю дотла от трения, как метеор [...]. Но я не сдамся до конца. Даже безгласный, я все еще буду приносить вам пользу."[172]

Dieses Kämpfen bis zum Letzten macht den Sputnik vergleichbar mit einem typischen Helden der Stalinzeit. Doch in seinen Äußerungen kommt noch eine andere Rolle zum Tragen, die ihn von jenem unterscheidet: Während jener durch seine Heldentat (als Initiation) zu einem veränderten, in jedem Fall besseren Menschen wird, wird dieser durch seinen Flug ins All überhaupt erst zu einer „Person", die allerdings nur dazu da ist, dem Menschen Nutzen zu bringen und vom Kosmos zu erzählen. Es gibt keine Initiation, da der „ISZ" von Anfang an zum Sterben verurteilt ist.

Nachdem er dann aus der „Wiege der Konstrukteurbüros und –labors" entlassen und „der Wunschtraum Wirklichkeit geworden ist", setzte man im Januar 1958 das Gespräch mit dem „lieben ISZ" fort:

„Mit Ihrem Erscheinen am Himmel ist es fröhlicher geworden. / – Und ich bin ebenfalls froh, Euch alle zu sehen, meine lieben Freunde! Wie Ihr seht, habe ich Eure Erwartungen nicht enttäuscht und sie sogar übertroffen. Nur nennt mich bitte nicht nach der alten Bezeichnung. ISZ ist ein viel zu offizieller Name. So hat man vorgeschlagen, mich zu nennen, aber bei der Geburt erhielt ich einen anderen, klangvolleren und schöneren Namen. Sputnik – so nennt man mich auf Russisch an allen Enden der Welt. Dieser Name gefällt mir. Ehrlich, er klingt stolz!"

„С вашим появлением на небе стало веселее. / – И я также рад увидеть вас всех, дорогие друзья! Как видите, я не обманул ваших ожиданий и даже опередил их. Только называйте меня, пожалуйста, не по-старому. ИСЗ – слишком официальное имя. Так меня предполагали назвать, но при рождении я получил иное, более звучное и красивое имя. Спутник – так называют меня по-русски во всех уголках земного шара. Это имя мне нравится. Честное слово, оно звучит гордо!"[173]

Des weiteren erzählte dieser erste künstliche Trabant der Erde in seinem zweiten Interview, von seiner „schweren Geburt", den schwierigen Flugbedingungen, vor allem aber von den vielen interessanten Beobachtungen und Entdeckungen, die er als „Kundschafter" einer neuen Ära schon gemacht habe, und von den „Geheimnissen der Natur", die es mit seiner Hilfe noch zu entdecken gebe.[174]

Auch in der Zeitschrift *Technika – molodeži* fand eine ähnliche Personifizierung des ersten Erdtrabanten statt, die im Januar 1959 zum ersten Mal das Strichmännchen Bip-Bip auf ihren Seiten zu Worte kommen ließ: Diese Figur hatte einen überproportional großen, kugelrunden Kopf, eine Schraubenmutter als Nase, auf der sie

---

[172] Ebd.
[173] [Anon.]: Naši Sputniki, in: VS 1/1958, S. 1.
[174] Ebd., S. 1–3.

eine Brille trug, zwei horizontal nach hinten zeigende Antennen als Ohren, drei in die gleiche Richtung wehende Kopfhaare und trat immer mit hochgekrempelten Ärmeln und in Latzhose auf. Ihre „Stimme" – die Signallaute aus dem Weltraum – machte sie zu ihrem Eigennamen, wobei sie gleichzeitig die drei lexikalischen Bedeutungen von „Sputnik" für sich als Eigenschaften reklamierte: *Himmelstrabant*, *Wegbegleiter* und *Lebensgefährte* zu sein:

> „Wer bin ich? Nun, natürlich, ich bin der Sputnik. Der erste Astronaut der Welt, ein Kind und der Stolz des sowjetischen Volkes. (...) Während der langen Tage meiner ununterbrochenen Reisen um die Welt habe ich gelernt, nicht nur die Gegenwart, sondern auch die Zukunft zu sehen. Und alles, was ich weiß, sage ich Euch weiter, meine lieben irdischen Freunde, denn von heute an bin ich nicht nur der Sputnik [Trabant] der Erde, sondern auch Euer Sputnik [Wegbegleiter, Lebensgefährte]".
>
> „Кто я? Ну, конечно, я Спутник. Я первый астронавт мира, детище и гордость советского народа. [...] За долгие дни моих непристанных кругосветных путешествий я научился видеть не только настоящее, но и будущее. И все, что я знаю, я передам вам, мои дорогие земные друзья, потому что отныне я не просто спутник Земли, но и ваш спутник."[175]

Hier sind die Eigenschaften des „Kindes des sowjetischen Volkes", die in *Vokrug Sveta* angelegt waren, noch weiter entwickelt worden: Bip-Bip weiß nicht nur viel, er kennt sogar die Zukunft. Und er ist, nachdem er am Himmel verstummt ist (der erste Sputnik kreiste – wie gesagt – lediglich drei Monate um die Erde), zu den „irdischen Freunden" herabgekommen, um ihr ständiger Begleiter zu sein.

Bip-Bip trifft bei seinem ersten Auftritt in *Technika – molodeži* auf Ljuboznajkin, ein Strichmännchen mit spitzer langer Nase, großen Brillenaugen und strubbeligen Haaren, das seit Mitte der 50er Jahre hier durch sein technisches Wissen glänzte.[176]

---

[175] [Gurov, E.: Risunki Bip-Bipa i Ljuboznajkina], in: TM 1/1959, S. 2.

[176] Den ersten Auftritt hat Ljuboznajkin in der Aprilnummer 1955, wo er als ein wissensdurstiger Charakter vorgestellt wird: „er versucht ins Innerste der Erscheinungen einzudringen, das Wesen schwieriger Abläufe zu verstehen, die Tiefe der Ereignisse zu erfassen." („он стремится добраться до корня явлений, познать сущность сложных процессов, проникнуть в глубину событий.") [Anon.: Dorogoj čitatel'], in: TM 4/1955, S. 40; [Anon.]: Iz čego sostoit veščestvo, in: Ebd.; [Smol'janinov, N.; Smechov, L. (chudožnik)]: Ėlementarnye časticy, in: Ebd., S. 3 Obložka. Schon im Juli 1956 hat sich Ljuboznajkin bspw. in einem Comicstrip im Raumanzug in den Weltraum aufgemacht, um die Erde auszumessen. [Rušev, N. (chudožnik)]: Znaeš' li Ty svoju planetu?, in: TM 7/1956, S. 3 Obložka; Siehe auch [Bossart, B. (chudožnik)]: Ljuboznajkin peremudrija, in TM 2/1957, S. 3 Obložka; 1956/1957 stellt er regelmäßig Auszüge aus einer von ihm gefundenen gewissen Zeitschrift „Sovremennik" vor, die zu allen Zeiten der Menschheit existiert habe, auch in vorschriftlichen Kulturen. 1956 taucht überdies ein entfernter Verwandter von ihm, der wissenschaftlich unbedarfte Poluznajkin, in zwei Nummern auf, siehe: [Anon.]: Zajavki izobretatelja Poluznajkina, in: TM 3/1956, S. 40–3 Obložka; 4/1956, S. 40–3 Obložka; Vorbild für die Figur des Ljuboznajkin war nicht nur dem Namen, sondern auch dem Äußeren nach wahrscheinlich der Knirps „Znajka" aus dem 1954 erstmals erschienen, überaus erfolgreichen fantastischen Romanmärchen „Priključenija Neznajki i ego druzej" von Nikolaj Nosov. In seinem dritten Romanmärchen begibt sich Znajka auch auf den Mond. Siehe Bussewitz, Wolfgang: Das Bild des Kindes in der Literatur des sozialistischen Aufbaus und der entwickelten sozialistischen Gesellschaft, in: Ludwig, Nadeshda; Bussewitz, Wolfgang (Hg.): Sowjetische Kinder- und Jugendliteratur, Berlin 1981, S. 162f.

Dieses Männchen wundert sich zuerst über den „seltsamen kosmischen Kollegen", führt ihn dann aber „mit Vergnügen" durch die Seiten des Journals, wo beide – immer kompetent – die Inhalte der Artikel und Illustrationen kommentieren.[177] Im Laufe des Jahres 1959 entwickelt sich Bip-Bip dann mehr und mehr zum Alleinunterhalter, der wissenschaftliche Erkenntnisse humorvoll illustriert oder in die Vergangenheit reist, um berühmte Leute von Archimedes über Franklin bis Einstein zu interviewen.[178]

1960 tritt Bip-Bip monatlich mit Ljuboznajkin zusammen auf, wobei dieser die Rolle des witzigen Erfinders einnimmt, während jener die Rolle desjenigen spielt, der sich als „kosmischer Gast" wundert, was so alles auf der Erde möglich sein soll. Ihr Thema ist der Grenzbereich zwischen wissenschaftlich unhaltbaren Behauptungen, die es zu entlarven gilt, und den unglaublichen wissenschaftlichen Fortschritten, die sie zu veranschaulichen versuchen. Doch ist für die beiden Figuren die Grenze schwer zu ziehen, zumal sie sich auch in fantastischen Welten unbeschwert bewegen können. So belehren sie Jonathan Swift („Ach, auch noch ein Klassiker!!"/„Эх, а еще классик!"), daß er sich seinerzeit unbedacht über die Wissenschaft lustig gemacht habe,[179] sie machen Aprilscherze[180] oder sie begeben sich in die Welt der „wissenschaftlichen Sensationen", wo sie Themen der populärwissenschaftlichen Publizistik von Schneemenschen, Telepathie, biblischen Kosmonauten, Yoga, Wunderheilern bis zum Menschenfresser-Baum begegnen. Letzterer verspeist Ljuboznajkin auch gleich, so daß Bip-Bip „bitter" feststellen muß: „Dadurch, daß ich auf die falsche Bahn geraten bin, habe ich einen Freund verloren und meine Berufsehre als Journalist, und was habe ich erreicht? (...) Nein, bloß fort von diesen Sensationen!" („Вступив на ложный путь, я потерял друга и профессиональную журналистскую честь, а чего добился? [...] Нет, подальше от таких сенсаций!")[181] Gefressen von den Sensationen, die sie selber widerlegen sollten, verschwinden die beiden Strichmännchen tatsächlich sehr bald aus der Zeitschrift, nämlich in dem Moment, als der erste „wirkliche" Erdenbewohner in den Weltraum fliegt: Seit der Aprilausgabe 1961 tauchen sie nur noch selten als Illustrationen auf, eigene Bildgeschichten mit ihnen gibt es nicht mehr.

Doch 1962 gibt es dann die „zweite Geburt": „Bip-Bip hat eine neue Qualität erhalten. Ihm war es zu eng geworden in der Zeitschrift. Denn er lebte nur in zwei Dimensionen – auf der Ebene der Zeitschriftseiten. (...) Heute bittet er um die Erlaubnis, in die dritte Dimension gehen zu dürfen." („Бип-Бип приобрел новое качество. Ему было очень тесно в журнале. Ведь он жил всего лишь в двух измерениях – в плоскости журнального листа. [...] Сегодня Бип просится в

---

[177] [Gurov, E.: Risunki Bip-Bipa i Ljuboznajkina], in: TM 1/1959, S. 2–3, 7, 16 u.a.

[178] Bspw. TM 2/1959, S. 24; 4/1959, S. 4; 6/1959, S. 3 Obložka (Iz inostrannogo jumora); 8/1959, S. 3 Obložka (Neverojatno, no fakt); 12/1959, S. 3 Obložka (Interv'ju Bip-Bipa).

[179] [Daškov, B. (chudožnik)]: A zrja Svift izdevalsja..., in: TM 4/1960, S. 3 Obložka.

[180] [Teplov, L. (chudožnik)]: Viktorina Ljuboznajkina, in: TM 3/1960, S. 3 Obložka.

[181] [Teščenko, Ju. (chudožnik)]: Bip-Bip i Ljuboznajkin v mire „naučnych" sensacij, in: TM 10/1960, S. 40–3 Obložka.

третье измерение.“) Der Gestalter des Journals habe ein dreidimensionales „mechanisches Männchen“ geschaffen, das von nun an jede beliebige Aufgabe erfüllen wolle. Das Foto des „Lieblings der Redaktion“ zeigt ihn in Pullover, mit Hosenträger und immer mit einem Fotoapparat um den Hals, der ihn als Reporter kennzeichnet.[182] Auf diese Weise ist der erste künstliche Erdtrabant auch zum ersten künstlichen Lebewesen geworden, wenn auch nur auf den Seiten dieser Zeitschrift. Doch hat sich seine Rolle wesentlich verändert: So entdeckt er nicht mehr „fantastische“ wissenschaftliche Fortschritte, sondern kümmert sich jetzt um die alltägliche Anwendung technischer Neuerungen. Er führt regelmäßig „Schönheitswettbewerbe“ zwischen neuen Radiomodellen, Fernsehern, Arbeitsgeräten oder –kleidung durch[183] und übernimmt seit der Februarausgabe als „Sonderkorrespondent“ („специальный корреспондент“) die Rubrik „Unser Rundblick“ („Наш обзор“), in der er u.a. von Ausstellungen, Kongressen, Messen, neuen Produkten berichtet, aber auch bspw. zu wenig konsumorientierte Produktionsverfahren oder Fahrlässigkeit auf den Baustellen scharf kritisiert.[184] In den folgenden Jahren entwickelt sich „unser Freund Bip“ – wie er jetzt genannt wird – regelrecht zum Maskottchen der Zeitschrift. Er kommentiert – allerdings dann gezeichnet – alles und bringt dadurch verschiedene Artikel in größere Zusammenhänge. Im Januar 1963 eröffnet er den *Klub „Technika – molodeži“* neu, wo Leser naturwissenschaftliche Probleme und Erfindungen erörtern können,[185] fast monatlich bestreitet er eine Fotostory zu wissenschaftlichen Fragen[186] und schreibt weiterhin Reportagen[187], fliegt auf den Mars, um neue Hypothesen zu überprüfen, oder besucht die sozialistischen Nachbarländer.[188] Ab 1964 bekommt er dann einen Bruder: Kiber, der genauso aussieht wie Bip, nur weiß gekleidet und ohne Fotoapparat ist.[189]

Diese Kariere eines personifizierten Satelliten in einer populärwissenschaftlichen Zeitschrift ist hier deswegen so ausführlich dargestellt worden, weil sie exemplarisch zeigt, wie die Erzählungen vom Kosmos popularisiert wurden.[190] So wird

---

182 [Anon.]: Vtoroe roždenie Bip-Bipa, in: TM 1/1962, S. 28.

183 [Anon.]: Konkurs krasoty, in: TM 1/1962, S. 30–31; 3/1962, S. 28–29; 6/1962, S. 5–6 [Orlov, V.]; 9/1962, S. 5 [Orlov, V.]; 12/1962, S. 22–23.

184 [Bip (zapisal R. Svoren')]: Naš obzor, in: TM 2/1962, S. 15; 4/1962, S. 19; 8/1962, S. 18; 10/1962, S. 34.

185 [Anon.]: Klub TM, in TM 1/1963, S.38.

186 Bspw. in: TM 3/1963, S. 3 Obložka (Rešenie nerešaemogo); 4/1963, S. 3 Obložka (Rekordy tepla i choloda].

187 Bspw. [Bip]: Bip – passažir „Junosti“, in: TM 10/1963, S. 7.

188 Siehe TM 8/1964, S.4, 31, 36, 40f.

189 [Bip i Kiber]: Bip i Kiber v gostjach ... u učenych, in: TM 10/1964, S. 2–3, 9, 31, 32, 33.

190 Es ließen sich noch andere Beispiele nennen. So zeigte Nauka i žizn' das alte Jahr 1957 und neue 1958 zum Jahreswechsel personifiziert als Ded moroz und als winterfest gekleideten Jungen, wie jener diesem sein Weltenbuch überreicht, wo die zwei in der UdSSR „neu geborenen“ Sputniks notiert worden sind. Siehe (Anon.): STARYJ GOD (NOVOMU) – Tak deržat'!, in: NŽ 12/1957, S. 2 Obložka. Auch jener „fantastische Korrespondent“ gehört hierzu, den *Znanie – sila* seit Januar 1959 an Bord des Sputniks in Einsatz hatte. Dieser „vnezemnoj speckor“, der ebenfalls

seine Person nach dem Muster der sowjetischen Helden als „Kind des Volkes“ konstruiert, mit dem Unterschied, daß er im Kosmos das Wissen von der Zukunft erwirbt und zur Erde zurückkehrt, um von neuen wissenschaftlich-technischen Entwicklungen zu erzählen. Gleichzeitig wird aber durch seine Person ein Identifikationsobjekt geschaffen, das Zugang zum Kosmos verschafft. Als ihm nach den ersten Flügen des Menschen ins All diese Funktion nicht mehr zukam, kehrte er 1962 auf die Seiten der Zeitschrift zurück, um mit der Autorität eines „Himmelssohns“ die kosmischen Wunschträume „spielerisch“ an die alltäglichen Fragen zu neuen technischen Geräten anzupassen.

Konstantin Ciolkovskijs wissenschaftliches Erbe: Vater der Raumfahrt

Während Bip-Bip derjenige war, der aus der kosmischen Zukunft der Gegenwart berichten konnte, wußte Konstantin Ciolkovskij schon in der Vergangenheit, wie diese Zukunft aussehen werde. So war der Flug des ersten Sputniks im Oktober 1957 nicht nur ein verfrühtes Geschenk zum 40. Jahrestag der Oktoberrevolution, sondern gleichzeitig auch ein verspätetes Geschenk zum 100. Geburtstag von Ciolkovskij am 17. September. Denn er war gewissermaßen der geistige Vater des Sputniks und damit der Vater der sowjetischen Raumfahrt insgesamt.[191] Als der Präsident der Akademie der Wissenschaften der UdSSR, Aleksandr Nesmejanov, die erste Pressekonferenz Jurij Gagarins nach seinem Flug am 15. April 1961 eröffnete, tat er dies mit den Worten:

> An der Schwelle zum zwanzigsten Jahrhundert, von keinem anerkannt, hat der geniale Ciolkovskij der Menschheit das erste Mal den Weg zu den Sternen gewiesen. In seinen Arbeiten sind die wissenschaftlichen Grundlagen der Kosmonautik gelegt worden, einer Wissenschaft, die einen ihrer glänzendsten Triumphe heute feiert. / Die Worte Konstantin Eduardovič Ciolkovskijs haben sich erfüllt: "Die Erde ist die Wiege der Menschheit, doch man kann nicht ewig in der Wiege leben".“
>
> „На пороге двадцатого века, никем не признанный, гениальный Циолковский впервые указал человечеству дорогу к звездам. В его работах были заложены научные основы космонавтики – науки, один из блистательных триумфов которой мы отмечаем сегодня./ Сбылись слова Константина Эдуардовича Циолковского: «Земля – колыбель человечества, но нельзя вечно жить в колыбели».“[192]

---

wie Bip immer eine Kamera bei sich trug, teilte fünf Monate lang seine neuesten Eindrücke aus dem All mit, die dann in der Zeitschrift wissenschaftlich erläutert wurden. Siehe Astrov, M: „Golos Sputnika“, in: ZS 1/1958, S. 56f. (Vypusk 1ʲ); 2/1958, S. 48f. (Vypusk 2ʲ); 3/1958, S. 56f. (Vypusk 3ʲ) 4/1958, S. 52f. (Vypusk 4ʲ); 5/1958, S. 52f. (Vypusk 5ʲ). 1963 ging sogar ein Kleinwagen mit dem Namen „Sputnik“ vom Band. Siehe Kozlov, N.; Varšavskij, B.: Avtomobil' „Sputnik“ – samyj malen'kij v našej strane, in: TM 1/1963, S. 20–21.

[191] So war von ihm auch der immer wieder bei Erfolgen zitierte Ausspruch überliefert: „Von einem bin ich fest überzeugt – der erste Platz der der Sowjetunion gehören.“ („В одном я твердо уверен – первенство будет принадлежать Советскому Союзу.“) Siehe TM 11/1964, S. 1.

[192] Arlazorov, M.; Vladimirov, L.: Imeni Ciolkovskogo, in: ZS 5/1961, S. 6.

Dieses Zitat Ciolkovskijs wurde in den folgenden Jahren häufig zitiert und war in seiner Metaphorik zentral für die Kosmosbegeisterung, aber auch für die Wissenschaftliche Fantastik. Denn mit der Aussage, daß die Erde lediglich die „Wiege der Menschheit" sei, verschoben sich die räumlichen Dimensionen erheblich, und selbst ein Mondflug erschien in diesem Bild bloß als erster kleiner Schritt auf einem Weg, der nicht nur die Planeten des irdischen Sonnensystems, sondern auch weiter entfernt liegende Sterne in den Bereich des Erreichbaren brachte. War das „Kind" einmal der Wiege „entstiegen" (ins All geflogen), schien der Zeitpunkt, bis es im Weltraum laufen lernte, nicht mehr weit zu sein.

Konstantin Ciolkovskij hatte schon lange vor 1957 einige Publizität erfahren.[193] Seine Rolle als „Vater der Raumfahrt" bekam er endgültig auf einer Sitzung des Präsidiums der Akademie der Wissenschaften der UdSSR im September 1954 zugewiesen, als man die Forcierung der wissenschaftlichen Entwicklung der Raketen- und Raumfahrttechnik beschloß. Dieser Beschluß wurde auf derselben Sitzung kulturpolitisch u.a. in der Entscheidung umgesetzt, alle drei Jahre eine Ciolkovskij-Medaille an sowjetische und ausländische Wissenschaftler für herausragende Arbeiten im Bereich des interplanetaren Verkehrs („в области межпланетных сообщений") zu verleihen.[194] Damit waren die Werke und Taten Ciolkovskijs gewissermaßen zum Kanon der Kosmonautik erklärt worden. Seine diversen wissenschaftlichen, populärwissenschaftlichen, publizistischen und belletristischen Arbeiten bildeten einen überaus vielseitigen Fundus, aus dem sich die Erfolgsgeschichte der sowjetischen Raumfahrt herleiten lies.[195] Als sein zentrales Verdienst galt die Erfindung der Grundgleichung des Raketenantriebs, bildete diese doch die technische Voraussetzung, überhaupt in den Weltraum fliegen zu können. Doch er wurde auch als Vater anderer technischer Entwürfe bezeichnet: So hatte er sich bspw. Gedanken über die Frühgeschichte der Erde,[196] die Unsterblichkeit der Menschheit,[197] über die Besiedelung der Milchstraße,[198] künstliche Planeten oder die Nutzung der Solarenergie gemacht.[199]

Nach dem Flug Gagarins wurde vor allem seine *Voraussicht* hervorgehoben, die ihn zum Propheten der neuen Ära machte.[200] Gagarin schrieb sich nach seinem Flug

---

[193] Gleich nach dem Kriege sind bspw. seine Werke zu Raketentechnik neu aufgelegt worden, 1952 erschien eine Biographie über ihn. Siehe Ciolkovskij, K.: Trudy po raketnoj technike, Moskva 1947; Arlazorov, M.: Konstantin Ėduardovič Ciokovskij. Ego žizn' i dejatel'nost' (Ljudi russkoj nauki), Moskva 1952.

[194] Arlazorov, M.; Vladimirov, L.: Imeni Ciolkovskogo, in: ZS 5/1961, S. 7.

[195] Arlazorov, M.: Put' k zvezdam (V mire knig), in: TM 8/1961, S. 32–33.

[196] Ciolkovskij, K.: Iz prošlogo Zemli (Pervye publikacii), in: TM 10/1963, S. 8–9.

[197] L'vov, Vladimir: Net predela moguščestvu čeloveka (Beseda šestaja), in: VS 3/1962, S. 10.

[198] Mickevič, A.: Put' v kosmos, in: VS 12/1960, S. 1.

[199] Lada, I.: Metaplaneta, in: TM 10/1961, S. 38.

[200] So hieß es bspw. nach dem ersten Sputnikflug: „Vor unseren Augen erfüllt sich die stolze Vorhersage des herausragenden Wissenschaftlers Konstantin Ciolkovskij, und heute klingen sein Worte gewichtig, einprägsam: "Ich glaube, daß viele von ihnen Zeugen der ersten Reise außerhalb der Atmosphäre sein werden"." („На наших глазах сбывается гордое предсказание

ins Notizbuch: „Ich bin einfach frappiert, wie richtig unser bemerkenswerter Wissenschaftler Konstantin Ciolkovskij alles das vorhersehen konnte, dem ich erst jetzt begegnet bin, das ich an mir selber erlebt habe." („Я просто поражаюсь, как правильно мог предвидеть наш замечательный ученый К. Э. Циолковский все то, с чем только что довелось встретиться, что пришлось испытать на себе.")[201] Der zweite Kosmonaut German Titov sagte auf einer Tagung der Fantastik-Schriftsteller: „Ich denke häufig darüber nach, wie Konstantin Ciolkovskij, der niemals im Kosmos gewesen ist und nie die Schwerelosigkeit erlebt hat, sich so genau diese Erscheinung vorstellen konnte." („Я задумываюсь часто над тем, [...] как мог К. Э. Циолковский, который никогда не был в космосе и не ощущал невесомости, так четко представлять себе это явление.")[202]

Doch Konstantin Ciolkovskij war nicht nur Vater der Raumfahrt, sondern gleichzeitig auch *Sohn* der Oktoberrevolution und des sowjetischen Volkes.[203] In den biographischen Details, die immer wieder kolportiert wurden, bildete die Revolution den entscheidenden Wendepunkt, der seinen Wunschträumen die konkrete Perspektive verlieh, sie auch umsetzen zu können. Zwar habe der 1857 geborene Ciolkovskij sich schon seit Mitte der 80er Jahre des letzten Jahrhunderts Gedanken über Raketentechnik gemacht und seit 1903 seine ersten diesbezüglichen Arbeiten veröffentlicht. Doch unter dem Zustand des geistigen Niedergangs im Zarismus habe er kaum Möglichkeiten gehabt, sich schöpferisch zu entfalten. Erst seit 1917 sei dies der Fall gewesen, so daß er noch bis kurz vor seinem Tode 1935 als kühner Denker und Ideengeber habe wirken können.[204]

Welche exzeptionelle Rolle ihm in der populärwissenschaftlichen Literatur beigemessen wurde, zeigt das Januar-Titelbild von *Technika – molodeži* von 1963, das

---

выдающегося ученого К. Э. Циоловского, и сегодня весомо, зримо звучат его слова: «Я верю, что многие из вас будут свидетелями первого заатмосферного путешествия».") Siehe [Anon.]: K novym pobedam truda i nauki, in: ZS 11/1957, S. 1.

[201] [Gagarin, Jurij]: Letopis' utra kosmičeskoj ėry. Iz bloknota pervogo letčika-kosmonavta, in: TM 5/1961, S. 15.

[202] [Anon.]: Živoj geroj fantastičeskich proizvedenij v gostjach u pisatelej, in: TM 10/1962, S. 7.

[203] So hieß es in der Erklärung des ZK der KPdSU, des Präsidiums des Obersten Sowjets der UdSSR und des Ministerrats der UdSSR an die ganze progressive Menschheit aus Anlaß des Fluges von Gagarin in den Kosmos: „Das, wovon in der Vergangenheit die herausragenden Vertreter der russischen und weltweiten Wissenschaft und Technik geträumt haben, dem der geniale Sohn unseres Volkes, Konstantin Ėduardovič Ciolkovskij sein ganzes Leben gewidmet hat, ist heute Wirklichkeit geworden, es ist die Realität unserer heroischen Tage geworden." („То, о чем в прошлом мечтали выдающиеся представители русской и мировой науки и техники, чему посвятил свою жизнь гениальный сын нашего народа Константин Эдуардович Циолковский, превратилось сегодня в живую действительность, стало явью наших героических дней.") Siehe Komanovskij, B.: Mečta i jav' (Sredi knig), in: VS 7/1961, S. 61.

[204] Exeplarisch für diese beinahe hagiographische Darstellung ist der Film über Ciolkovskijs Leben und Werk „Doroga k zvezdam" von 1957, zu dem Boris Ljapunov u.a. das Drehbuch schrieb. Siehe auch Borisov, V: „K kakim novym vyvodam ja prišel". K 25-letiju so dnja smerti K. Ė. Ciolkovskogo (Stranicy iztorii, in: NŽ 9/1960, S. 57–59; B. Vorob'ev, B.: Naidennaja rukopis', in: Ebd., S. 59.

unter der Bezeichnung „Zu den Höhen der Wissenschaft" („К вершинам науки") in dem Dunstwasserschweif eines Sputniks die großen Namen der wissenschaftlichen Entwicklung zeigt. Sie reichen vom ersten Menschen, der einen Blick jenseits der Himmelskuppel geworfen hat, über Demokrit, Ptolemäus, Kopernikus bis zu Bor, Einstein und als Letztem und eben Höchstem: Ciolkovskij.[205] Diese Kanonisierung als einer der größten russischen Wissenschaftler[206] von internationaler Bedeutung führte dazu, daß selbst kleinere Schriften aus dem Nachlaß und alle Personen, die mit ihm Zeit seines Lebens zu tun hatten, der Aufmerksamkeit würdig waren.[207] So gerieten bspw. sein Schüler Fridrich Cander[208] oder sein in der Stalinzeit zumeist verschwiegener Lehrer und „Gleichgesinnter", der „seltsame und wunderliche" Nikolaj Fedorov,[209] ins Blickfeld.[210]

---

[205] [Pobedinskij, A. (chudožnik)]: K veršinam nauki, in: TM 1/1963, S. 1 Obložka.

[206] Die Hervorhebung der „russischen" Herkunft und des „russischen Patriotismus" ist ein Produkt der Stalinzeit, findet sich aber auch noch Ende der 50er Jahre. Siehe hierzu bspw. Vladimir L'vov: „Wir können mit Stolz sagen, daß diese wissenschaftliche Bewegung keine kurze Geschichte hinter sich hat und daß sie hauptsächlich eine russische Wissenschaft darstellt. Seitdem unserer großer Ciolkovskij die Geschichte der Sternenschiffahrt begann, begannen russische Wissenschaftler (...) mit den ersten Forschungsarbeiten zu vielen Problemen der kommenden kosmischen Ära." („С гордостью мы можем сказать, что это научное движение имеет уже немалую историю и что зачинателем его является русская наука. С тех пор как наш великий Циолковский начал историю звездоплавания, русские ученые [...] приступили к предварительному изучению многих проблем грядущей космической эры.") L'vov, Vladimir: Geografija i biologija vychodjat v kosmos, in: VS 11/1959, S. 6. Zur Stalinzeit siehe Arlazorov: Konstantin Ėduardovič Ciolkovskij, S. 106ff., S. 120.

[207] Als Valentina Tereškova ins All geflogen war, stellte ein kurzer Bericht ihre Vorgängerinnen als Fliegerinnen dar. Selbst hier wurde Ciolkovskij erwähnt, indem man den Brief einer Frau zitierte, die ihm 1927 schrieb, sie könne sich nun einen Flug zum Mond vorstellen, nachdem sie einige seiner Bücher gelesen habe. Siehe [Anon.]: Ee predšestvennicy, in: ZS 7/1963, S. 5.

[208] Bspw. Cander, Fridrich Arturovič: Iz avtobiografičeskich materialov, in: TM 7/1962, S. 27; Cander, A. (doč' izobretatelja): Na blago čelovečestva, in: Ebd., S. 28–29.

[209] Bspw. L'vov, Vladimir: Geografija i biologija vychodjat v kosmos, in: VS 11/1959, S. 6; Siehe auch Ders.: Na zare kosmičeskoj ėry (Malaja kosmičeskaja ėnciklopedija), in: VS 10/1961, S. 5f. Die in der Forschung immer wieder aufgestellte Behauptung, Fedorov habe erst ab Mitte oder Ende der 60er Jahre erwähnt werden können (so bspw. Howell: Apocalyptic Realism, S. 112; Hagemeister: Der „russische Kosmismus", S. 184), ist im übrigen falsch. Er konnte bereits zu Lebzeiten Stalins genannt werden, wie bspw. in Michail Arlazorovs Ciolkovskij-Biographie von 1952. Siehe Arlazorov: Konstantin Ėduardovič Ciolkovskij, S. 12.

[210] Erst nachdem am 14. Januar 1966 Sergej Pavlovič Korolev starb, der als „Chefkonstrukteur" der ersten sowjetischen Raumschiffe die Hauptverantwortung fürs Gelingen der Weltraumflüge trug, wurde Ciolkovskij diese herausragende Rolle nach und nach streitig gemacht. Denn Korolevs Name galt, wie diejenigen aller am Raketenprogramm beteiligter Wissenschaftler, als Staatsgeheimnis und kam daher erst posthum in die Presse (am 16. Januar 1966 wurde das „Geheimnis" gelüftet, welcher Name sich hinter dem schon „legendären" Titel „Chefkonstrukeur" verbarg). Von da an sollte er aber innerhalb kurzer Zeit die Rolle Ciolkovskijs übernehmen und interessanterweise auch die Bezeichnung „Vater der Kosmonautik" oder „kosmischer Vater" zugewiesen bekommen, dessen erster „kosmischer Sohn" Gagarin gewesen sei. 1975 ist bereits sein Wohnhaus in Moskau als Museum eröffnet worden. Siehe [Anon.]: Dom v Ostankino, in: Solomko, Ju.

Konstantin Ciolkovskij kam demnach die Rolle zu, die vielfachen, zum Teil „fantastisch“ anmutenden Projekte zur „Erkundung des Weltalls“ (siehe hierzu Kapitel 3.2) durch seine Autorität als „Vater der Raumfahrt“ zu „legitimieren“.[211] Er nahm damit für die Wissenschaften eine vergleichbare Rolle ein, wie sie seinerzeit Stalin nicht nur für die Politik gespielt hatte. Doch im Unterschied zu diesem gab er nicht nur eine Wegstrecke in der nahen Zukunft vor, sondern eröffnete scheinbar unbegrenzte Möglichkeiten zur Erfüllung der kosmischen Wunschträume.

Jurij Gagarin: Ikonographie eines Kosmonauten und seiner Nachfolger

Als am Morgen des 12. April 1961 ein ganz „normaler Arbeitstag“ in „unserer Heimat“ begann, wußte die Welt noch nicht, was ihr bevorstand. Erst als um 10 Uhr alle Radiosender ihr Programm unterbrachen und Radio Moskau um Aufmerksamkeit bat, „erstarrte die Welt.“ Niemand anderer als Jurij Levitan, Stalins Lieblingsradiosprecher und die „Stimme der Heimat“ im Zweiten Weltkrieg,[212] verlas die TASS-Meldung, daß sich der erste Mensch im Weltraum befinde. Um 9.07 Uhr Moskauer Zeit war die *Vostok* mit Jurij Gagarin an Bord gestartet, um 10.55 Uhr landete die Kapsel erfolgreich, nachdem sie einmal die Erde umkreist hatte. Zuerst gratulierte Nikita Chruščev per Telegramm, dann folgten „eine Lawine“ weiterer Gratulationen und Extraausgaben der Zeitungen mit Überschriften in so großen Lettern „wie noch nie zuvor“.

Zwei Tage später am 14. April in Moskau folgte dann die Kür zum Helden. Um zwölf Uhr fanden sich die Spitzen aus Regierung, Partei, Militär und Gesellschaft auf dem Moskauer Flughafen Vnukovo ein, um 12.30 Uhr traf Chruščevs Flugzeug aus Soči ein, sieben Minuten später „erschien“ die IL-18 mit Gagarin an Bord an Moskaus Himmel, drehte eine Ehrenrunde über der Hauptstadt und landete. Major Gagarin erstattete noch auf der Landebahn dem Generalsekretär Rapport, „Chruščev nahm die Mütze ab und küßte den Helden sehr, umarmte ihn und küßte ihn immer und immer wieder.“ („Хрущев снял шляпу и крепко поцеловал героя, обнял его и снова, снова целовал.“) Dann fuhren beide im offenen „himmelblau-

(Hg.): Memorial'nyj muzej kosmonavtiki, Moskva 1994, S. 49; Belocerkovskij, S.: Pervoprochodcy Vselennoj. Zemlja–kosmos–zemlja, Moskva 1997, S. 65ff.; Kluge: Der sowjetische Traum, S. 157. Romanov, Aleksandr: Korolev (Žizn' zamečatel'nych ljudej, Bd. 735), Moskva 1996, S. 536ff.

[211] Damit kam ihm eine ähnliche Funktion zu, wie sie Sheila Fitzpatrick für „nicht-kommunistische Autoritätsfiguren“ bei der Etablierung „kultureller Orthodoxien“ in der Stalinzeit feststellt, allerdings mit dem Unterschied, daß „Ciolkovskij“ in der „Chruščev-Ära“ sehr viel größere Freiräume gewährte. Siehe Dies.: The Cultural Front. Power and Culture in Revolutionary Russia, Ithaca u.a. 1992, S. 239, 248ff.

[212] Levitans Stimme muß so eine suggestive Kraft gehabt haben, daß Hitler geäußert haben soll, dieser werde der erste sein, den er erhängen lasse, wenn Moskau eingenommen worden sei. Siehe Stites: Russian Popular Culture, S. 83, 109; Geldern, James von: Radio Moscow. The Voice of the Center, in: Stites, Richard (Hg.): Culture and Entertainment in Wartime Russia, Bloomington 1995, S. 54f.

en“ Wagen zum Kreml, während Hunderttausende auf den Straßen, in den Fenstern und auf Häuserdächern den Weg jubelnd säumten und Hubschrauber „bunte Blätter“ über Moskau verstreuten. Um 14.30 Uhr gab es ein „Meeting“ auf dem Roten Platz mit Reden Gagarins und Chruščevs, es folgte eine „nicht enden wollende“ Demonstration, ehe die beiden „zusammen mit Familie“ Lenin im Mausoleum besuchten. Abends wurden dann zu Ehren Gagarins ein Empfang im großen Kremlpalast gegeben und ihm der Titel „Held der Sowjetunion“ sowie die neu geschaffene Auszeichnung „Flieger-Kosmonaut der UdSSR“ verliehen. In allen Republikhauptstädten und „Heldenstädten“ wurden 20 Salutschüsse zu seinen Ehren abgefeuert und:

> „Moskau ging auf die Straßen und Plätze. Es schien, als habe es noch nie eine solche heiße, alles übertönende, ehrliche Freude gegeben. Über den Himmel streuten sich Tausende Lichter. Das war der 556. Siegessalut Moskaus.“

> „Москва вышла на улицы и площади. Казалось, никогда еще не было такой горячей, всепоглощающей, искренней радости. В небе рассыпались тысячи огней. Это был 556-й победный салют Москвы.“[213]

Dieser „fröhlichste“ Siegestag Moskaus zeigte, daß das Muster der großen Familie mit einigen Modifikationen noch funktionierte und gleichzeitig aus der Fassung geriet: Der neue Held war als Sohn nicht mehr ganz in die Gesellschaft zu integrieren. Denn zwar bekam Gagarin genauso wie die Schöpfer des Sputniks und der wiedergeborene Bip die Rolle des Sohnes des sowjetischen Volkes zugewiesen. Auch stattete er Chruščev (als politischem Vaterrepräsentanten) am 14. April „persönlich“ Bericht seiner Taten ab und zollte Ciolkovskij (als wissenschaftlichem Vater) in vielfachen Äußerungen seine Hochachtung. Aber der Flug hatte den „einfachen russischen Menschen“ nicht wie seine Vorgänger als Helden bloß zu einem veränderten, besseren Menschen gemacht, sondern zu einem wesentlich *anderen*, hatte er doch „ein Wunder“ und „das goldene Märchen“ der Menschheit Wirklichkeit werden lassen.[214]

Damit vollzog Gagarin genau den Schritt in eine andere „kosmische Welt“, der im personifizierten Sputnik angelegt und in unzähligen Äußerungen der populärwissenschaftlichen Publizistik zum Kosmosthema angeklungen war. Der „Kolumbus unserer Tage“[215] überschritt die Grenze zwischen alter und neuer Welt, in seiner Person wurde der „größte aller größten Wunschträume des Menschen“ Realität, wie es Chruščev in seiner Rede zu Ehren Gagarins auf dem Roten Platz am 14. April formulierte:

> „Der Wunschtraum der Erstürmung des Kosmos ist wirklich der allergrößte der größten Wünsche des Menschen. Wir sind stolz, daß diesen Wunschtraum, dieses Märchen sowjetische Menschen Wirklichkeit haben werden lassen.“

---

213 Alle Angaben siehe [Anon.]: Načalo ėry, in: Junost’ 5/1961, S. 3–10; [Anon.]: Čelovek na orbite, in: TM 5/1961, S. 16–17; [Anon.]: Krugosvetnyj pryžok, in: Sovetskij čelovek v kosmose (V poslednij čas) [vierseitige Extrabeilage ohne Seitenzahlen zu ZS 4/1961].

214 [Anon.]: Načalo ėry, in: Junost’ 5/1961, S. 5, 9.

215 Zum Kolumbus-Vergleich siehe bspw. L’vov, Vadim [beseda, zapisana V. Smirnovym]: Vselennaja – naša masterskaja, in: VS 11/1961, S. 4.

„Мечта о покорении космоса – действительно величайшее из величайших мечтаний человека. Мы гордимся тем, что эту мечту, эту сказку сделали былью советские люди.“[216]

Das Ereignis schien aber auch die Systemgrenzen, die schon die Politik der friedlichen Koexistenz durchlässig gemacht hatte, für den Augenblick der Flüge der ersten beiden Kosmonauten zum Fallen zu bringen:

„Es scheint, als ob die Menschen – fast die ganze drei Milliarden zählende Bevölkerung der Erde – niemals so einmütig in ihren Gefühlen gewesen sind wie in den Tagen des 12. Aprils und des 6. Augusts 1961.“

„Кажется, никогда люди – почти все трехмиллиардное население земли – не были так единодушны в своих чувствах, как в дни 12 апреля и 6 августа 1961 года.“[217]

So war es nicht erstaunlich, daß sich fast gleichzeitig mit dieser doppelten Grenzüberschreitung ins Land der Wunschträume (des Kosmos und der vereinten Menschheit) im Sommer desselben Jahres „die Erfüllung“ eines weiteren „großen Wunschtraums“ ankündigte.[218] Denn der im Juli veröffentlichte Entwurf des neuen Parteiprogramms der KPdSU versprach noch dieser Generation, im Kommunismus zu leben.[219] Das Programm sollte die Grundlage für den „großen Kampf“ des Aufbaus des Kommunismus bilden, den man in zwanzig Jahren abgeschlossen haben wollte.[220] Um dieses Versprechen zu erreichen, sollten die „glänzenden Erfolge“ im Kosmos die „sowjetischen Menschen beim kommunistischen Aufbau“ bestärken.[221] Der „Flieger-Kosmonaut 2“, German Titov, flog denn auch zur selben Zeit „im Dienst des Friedens“ und „zum Wohl aller Menschen“ ins All.[222] Diese Verknüp-

---

216 Chruščev, N.: Velikij podvig budet žit' v vekach! (Reč' N. S. Chruščeva na mitinge trudjaščichsja Moskvy 14 aprelja 1961 goda), in: NŽ 4/1961, S. 3. Gleich anschließend an den diesen Worten folgenden Applaus fährt Chruščev fort: „Bürger der Sowjetunion – das klingt stolz. Es gab eine Zeit, als im Ausland, aber auch von einigen Leuten innerhalb des Landes man sich mit Geringschätzung über uns äußerte. Doch schon damals sagte Vladimir Majakovskij mit Stolz: "Lest es,/ beneidet mich,/ ich – bin/ ein Bürger/ der Sowjetunion" **[anhaltender Applaus]**. / Mit was für einer Kraft klingen diese Worte heute. Mit welch einem tiefen Sinn sind sie erfüllt!“ („Гражданин Советского Союза – это звучит гордо. Было время, когда за рубежом, да некоторые люди и внутри страны с пренебрежением отзывались о нас. Но еще тогда Владимир Маяковский с гордостью говорил:/ «Читайте,/ завидуйте,/ я –/ гражданин/ Советского Союза»./ **[Продолжительные аплодисменты]**./ С какой силой звучат эти слова сегодня. Каким глубоким смыслом наполнены они!“) Damit machte Chruščev Majakovskij nicht nur gewissermaßen zum Propheten Gagarins, ähnlich wie der Dichter 1957 zum Propheten des Sputniks gemacht worden ist, sondern stellte den Kosmonauten auch in dessen direkte Nachfolge als stolzer Bürger der Sowjetunion. Siehe Ebd. (Hervorhebungen und eckige Klammern so im Original, Schrägstriche markieren vom Verf. ausgelassene Zeilenwechsel).

217 Češkova, L.: Pervootkryvateli kosmosa, in: VS 4/1962, S. 13.

218 Titarenko, S.: Voploščenie velikoj mečty, in: NŽ 9/1961, S. 1.

219 „Die Partei verkündet feierlich: Die heutige Generation sowjetischer Menschen wird im Kommunismus leben“ („Партия торжественно провозглашает: нынешнее поколение советских людей будет жить при коммунизме“), siehe bspw.: Ebd.

220 [Anon.]: Ėto – naše buduščee!, in: ZS 9/1961, S. 1.

221 Titarenko: Voploščenie velikoj mečty, S. 1

222 [Obraščenie Central'nogo Komiteta KPSS, Prezidiuma Verchovnogo Soveta SSSR i Pravi-

fung der gegenwärtigen Erstürmung des Kosmos mit dem absehbaren Erreichen einer kommunistischen Zukunft wurde bis zum Oktober desselben Jahres immer enger gezogen, so daß der 22. Parteitag der KPdSU ganz unter dem Eindruck der Kosmos-Euphorie abgehalten werden konnte.[223] Wie eng diese Verknüpfung war, zeigte die Oktobernummer 1962 von *Znanie – sila*, die sich den zwanzig Jahren („Двадцатилетие") des Aufbaus des Kommunismus widmete. Deren Anfang wurde mit drei Daten markiert: Dem Flug Gagarins (12. April 1961), dem Flug Titovs (6. August 1961) und der Präsentation des Projekts des neuen Programms durch Chruščev auf dem 22. Parteitag (18. Oktober 1961).[224] Demnach hatte erst der „Weg in den Kosmos" es ermöglicht, das Ziel des Kommunismus in zwanzig Jahren zu erreichen. Daraus folgte, daß, solange die Erfolge im All anhielten, auch das kommunistische Ziel immer näher rückte. Gagarin und Titov verkörperten gewissermaßen diese Verknüpfung von Kosmos und Kommunismus.

So war es auch kein Zufall, daß man Titov, nachdem er im Kosmos gewesen war, als Gagarins „Zwillingsbruder" bezeichnete.[225] Diese Bezeichnung, die eine gleichzeitige Geburt der beiden „Himmelsbrüder"[226] behauptete, hob den viermonatigen Abstand zwischen ihren Flügen auf. Doch nicht nur dieser Abstand, sondern auch derjenige zum ersten Sputnikflug wurde vielfach dadurch aufgehoben, daß man wie damals vom „Anfang der kosmischen Ära" sprach.[227] Es schien, als ob beim Anblick von Gagarin und Titov die irdische Zeit zugunsten einer anderen „kosmischen Zeit" aufgehoben wurde: Vier Jahre verkürzten sich zu einem Anfangsmoment, vier Monate zum Augenblick der Geburt.[228] Sie waren durch den Kosmos unzertrennlich geworden:

> „Auf der ganzen Erde gibt es keine Menschen, die einander besser verständen als sie, in deren Augen ein und derselbe Widerschein der Sterne sich spiegelt, die den kosmischen Weg bereitet haben.

---

tel'stva Sovetskogo Sojuza]: Na službu miru, na blago vsech ljudej, in: VS 9/1961, S. 2–3; In der Nummer, die Titovs Flug vermeldete, zeigte *Technika – molodeži* in einer Montage auf dem Titelblatt das Foto von Gagarins lächelndem Profil, das von der rechten oberen Hälfte des Bildrandes (eingerahmt in einem abstrakt angedeuteten Raumanzug) aus dem Kosmos auf die leicht gewölbte Erdoberfläche vor einem leuchtenden Sternenhimmel schaute. In dem Bild stand das Zitat von ihm „Красота необычайная!..." Hier war er nicht nur in einer Position dargestellt, die er sitzend in seiner Raumkapsel nie eingenommen haben konnte, sondern symbolisch auch überhöht zu demjenigen, der wußte, wie außergewöhnlich schön (kommunistisch) der Kosmos die Erde machte. Siehe TM 8/1961, S. 1 Obložka.

[223] Der Titel von *Nauka i žizn'* trug bspw. in großen Lettern die Aufschrift: „XXII съезд КПСС" vor dem Hintergrund eines vom Kosmos aus fotografierten Ausschnitts der Erde, siehe NŽ 10/1961, S. 1 Obložka.

[224] [Anon.]: Tak načinaloc' Dvadcatiletie, in: ZS 10/1962, S. 2.

[225] Borzenko, S.; Denisov, N.: Kosmonavt Dva, in: Junost' 9/1961, S. 2.

[226] Ebd, S. 3.

[227] Siehe bspw. NŽ 4/1961, S. 1; [Anon.]: Načalo ėry, in: Junost' 5/1961. S. 3.

[228] Dieses Außerkraftsetzen der alltäglichen Zeit ließe sich mit Katerina Clark in Anlehnung an Mircea Eliade auch als Übergang von der „profanen" in eine andere „Große Zeit" beschreiben, der in dem Moment geschieht, als die beiden den „kosmischen Weg" (in den Kommunismus) betreten. Siehe hierzu Clark: The Soviet Novel, S. 46ff.

„На всей Земле нет таких людей, которые бы ближе, чем они, понимали друг друга, в чьих глазах отсвечивает один и тот же отблеск звезд, которыми выложена космическая дорога."[229]

In der Ikonographie oder auch Alltagsmythologie sind in der Person Gagarins und auch Titovs demnach mehrere Elemente angelegt: Sie blieben zum einen zwar noch irdische Söhne des sowjetischen Volkes, wurden aber gleichzeitig im Himmel zu Brüdern. Auf der metaphorischen Ebene läßt sich diese Verschiebung auch als eine „Erhebung" der Helden zu Göttern nach antikem, aber auch christlichem Vorbild interpretieren, die dadurch die Fähigkeit erlangt haben, auf der Erde wundertätig wirken zu können.[230]

Als solche „menschlichen Götter" repräsentierten sie durch ihr „irdisches Dasein" ein „glückliches, unbeschwertes Leben", das die kommunistische Zukunft mit sich bringe und in „Gagarins Lächeln" gewissermaßen seinen kongenialen Ausdruck fand. Entsprechend wurde in den Jahren 1961 und 1962 auch über Gagarin und Titov berichtet. Sie waren nicht nur im Kosmos gewesen, sondern sie konnten überall hin auf Erden reisen und brachten bis in den „letzten Winkel" der Welt „die in allen Sprachen bekannten russischen Wörter" *Mir (Мир, Frieden)* und *Družba (Дружба, Freundschaft)*.[231] Sie galten als „einfache, bescheidene" und „gleichzeitig außergewöhnliche" Menschen, deren Eltern die Revolution mitgemacht hatten und die unter der faschistischen Besatzung zu zukünftigen Helden erwachsen sind.[232] Sie erzählten von ihrer Familie, ihrer Kindheit, Schulzeit, Ausbildung, der Komsomolzenzeit, Lieblingslektüre, Freunden, Hobbys und ihren Reisen um die Welt[233] in Tagebüchern, in autobiographischen Schriften[234] und anderen Büchern.[235] In Briefen an ihre Verehrer und Zeitschriftenleser verknüpften sie immer wieder das Verspre-

---

[229] Borzenko, S.; Denisov, N.: Kosmonavt Dva, in: Junost' 9/1961, S. 3.

[230] Darin erinnern sie an die „himmlischen Zwillinge" Kastor und Polydeukes (die „Dioskuren"), die nach der antiken Überlieferung nach einem tödlichen Streit mit dem Zwillingspaar Idas und Lynkeus von Zeus zu „Gottheiten erhoben" und von Poseidon dann zu Schutzherrn schiffbrüchiger Seeleute erklärt wurden. Siehe Ranke-Graves, Robert von: Griechische Mythologie. Quellen und Deutung, Bd. 1 (¹1955), Reinbeck 1960, S. 222ff.; Ziegler, Konrat; Sontheimer, Walther: Der Kleine Pauly. Lexikon der Antike, München 1979, Bd. 2, S. 92ff.

[231] Revič, Vsevolod: 19-j vitok. K godovščine poleta kosmonavta-2, in: VS 8/1962, S. 3.

[232] Siehe bspw. auch die Autobiographie Gagarins, Gagarin, Ju.: Doroga v kosmos, Moskva 1961.

[233] 17 ½ Mal hatte Titov die Erde mit der Vostok umrundet, ein Jahr später hatte er schon 19 Erdumrundungen hinter sich, wie Vokrug Sveta in der dem 1. Jahrestags seines Fluges gewidmeten Nummer ausrechnete, siehe Revič, Vsevolod: 19-j vitok. K godovščine poleta kosmonavta-2, in: VS 8/1962, S. 1–3.

[234] [Titov, German]: Pust' orientirom budet solnce (Iz perepiski Germana Titova), in: Junost' 10/1961, S. 81–84; Titov, German: Semnadcat' kosmičeskich zor' (Avtobiografičeskaja povest'), in: Junost' 12/1961, S. 3–29.

[235] Schon am 15. April 1961 ging das erste Buch über Gagarin in Druck: Garbuzov, S.; Gol'cev, V. (Hg.): Sovetskij čelovek v kosmose (Special'nyj vypusk), Moskva 1961. Im selben Jahr erschien seine Autobiographie: Gagarin, Jurij: Doroga v kosmos, Moskva 1961. Siehe auch die Rezension: Komanovskij, B.: Mečta i jav', in: VS 7/1961, S. 61–62. Auch eine Dokumentation der Reden, Artikel, Stellungnahmen u.a. von Gagarin und Titov und zu ihnen wurde publiziert: Utro kosmičeskoj ėry, Moskva 1961.

chen, daß sich „die Wunschträume durchaus erfüllen" ließen, mit dem Aufruf, beim Aufbau des Kommunismus mitzuwirken.[236]

Ähnliche Rezeptionsmuster fanden sich auch bei den Nachfolgern der ersten beiden Kosmonauten, jedoch mit einem entscheidenden Unterschied. Zwar flogen auch noch Andrijan Nikolaev als „Sohn des tschuwaschischen Volkes", Pavel Popovič als „Sohn des ukrainischen Volkes"[237] oder der „Kosmonaut-5" Valerij Bykovskij[238] auf „Wunderschiffen" und vollbrachten „märchenhafte" Taten. Sie wurden bis zu Valentina Tereškova von Chruščev persönlich unter dem „Jubel der Maßen" in Vnukovo empfangen und standen zum Feiertag der Oktoberrevolution mit ihm auf dem Leninmausoleum.[239] Doch mit ihnen verband sich kein *Wunschtraum* mehr, der sich auf Erden in Gestalt des Kommunismus verwirklichen könnte.[240] Sie reihten sich zwar noch in die „Chronologie der kosmischen Ära"[241] ein, doch sie wurden nicht mehr als „göttliche" Boten aus dem Kosmos rezipiert. Am deutlichsten läßt sich das an dem – schon in dem Abschnitt „Der Weg in den Kosmos" (Kapitel 2.2) genannten – Beispiel Aleksej Leonovs zeigen, der am 18. März 1965 den ersten Ausstieg eines Menschen ins All vollbrachte, über den *Technika – molodeži* schrieb:

> „... Von dieser Sekunde an ist der Mensch ein selbständiger "`Himmelskörper" geworden. Er schwebte in einer Höhe mit den Sputniks, er war auf "Du" mit den Asteroiden, mit jedem Stern, mit der Sonne. Jetzt war nicht mehr nur ein Sohn der Erde, sondern auch ein Himmelssohn..."

> „... С этой секунды человек стал самостоятельным «небесным телом». Он парил вровень со спутниками, он стал на «ты» с астероидами, с каждой звездой, с Солнцем.. Теперь он был не только Сыном Земли, но и Сыном Неба..."[242]

Auf diese Metaphorik folgt jedoch nicht mehr wie bei seinen Vorgängern eine entsprechende Popularisierung in den Zeitschriften. Die Schlüsselwörter *Wunschtraum*, *Zukunft, Morgen*, *Kommunismus* werden im Zusammenhang mit seinem Flug kein einziges Mal erwähnt, sie scheinen nichts mehr mit der Erschließung des Kosmos zu tun zu haben.[243] Auch seine Apostrophierung als „selbständiger «Himmelskörper»"

---

[236] Bspw. Gagarin, Jurij: Čitateljam žurnala „Znanie – sila", in: ZS 7/1961, S. 11–13; German Titov – Čitateljam „Junosti", in: Junost' 9/1961, S. 1; Siehe auch [Titov, German]: [Dorogie druz'ja, čitateli žurnala „Junost'"!], in: Junost' 12/1961, S. 3.

[237] Central'nyj komitet KPSS; Prezidium verchovnogo soveta SSSR; Sovet ministrov SSSR: Geroi kosmosa – geroi naroda, in: VS 9/1962, S. 2.

[238] [Anon.]: Okno v kosmos, in: TM 7/1963, S. 11.

[239] Bspw. das Foto vom 45. Jahrestag mit Chruščev zwischen Gagarin, Titov, Nikolaev und Popovič auf dem Leninmausoleum, siehe VS 11/1962, S. 1.

[240] Einige Tage nach dem Flug Nikolaevs und Popovičs erschien immerhin mit einer Auflage von 400 000 Exemplaren: Mamleev, D. (Hg.): V kosmose dvoe (Special'nyj vypusk), Moskva 1962.

[241] Wie eine 1962 eingeführte Rubrik in *Nauka i žizn'* hieß.

[242] (Anon.): Syn neba!, in: TM 4/1965, S. 1.

[243] Schon bei der Nachricht von der ersten Frau im Weltall, Valentina Tereškova, kamen diese Begriffe nicht vor. Nur im Vergleich mit den amerikanischen Raumschiffen hieß es, diese könnten vom Komfort der sowjetischen nur träumen (мечтать). Siehe: [Anon.]: Prodolžaja delo otcov, in: ZS 7/1963, S. 1; Gil'berg, L.: C kosmodroma Bajkonur i s mysa Kanaveral, in: Ebd., S. 4. Als

läßt sich einerseits dahingehend interpretieren, daß der Mensch jetzt tatsächlich seine „Wiege“ verlassen habe, aber andererseits gleichfalls als eine Perspektivverschiebung, die in den Jahren bis 1965 stattgefunden hat: Es ist nicht mehr das „stolze“ Subjekt „Mensch“, das dem Kosmos sein „Geheimnis“ entreißen und ihn nach seinem Willen „umgestalten“ will,[244] sondern der Mensch ist selber zu einem Objekt am Sternenhimmel unter unendlich vielen geworden.

3.2. Die Erkundung des Weltalls

Die „Erfindung der kosmischen Ära“ war eng mit bestimmten „künstlichen“ (Sputnik) und menschlichen (Ciolkovskij, Gagarin, Titov) Personen verbunden, die alle „die Erfüllung eines Wunschtraums“ versprachen. Dieses Versprechen richtete sich insbesondere auf die kommunistische Zukunft, für die wiederum die „wissenschaftlich-technische Revolution“ die Grundlage bildete. Eine solche Konstellation ermöglichte es eine Zeitlang, bislang jenseits des sowjetischen Horizonts liegende Themenfelder und phantasmatische Räume zu eröffnen. Wie sich diese „Erkundung des Weltalls“ entwickelte, bis sie ca. 1962/1963 in eine Phase der Desillusionierung eintrat, soll im folgenden Abschnitt gezeigt werden.

Raketentechnik, Raumflüge und Aneignung der Galaxis

Schon zu Lebzeiten Stalins hatte sich die sowjetische Wissenschaft im Zusammenhang mit der Fortentwicklung der Raketentechnik ausdrücklich der Erschließung des Weltraums zugewandt.[245] Sowohl vor als auch nach seinem Tod

---

Wunschträume wurden zu dieser Zeit bereits andere, allgemein zugänglichere Ziele bezeichnet, wie z. B. ein Flug mit dem neuen Flugzeug „TU-104“, in dem sich jeder einmal ein wenig „wie ein Kosmonaut“ fühlen könne, wie die an diese Artikel anschließende Glosse berichtete, siehe: Voroncov, L.: Mečtaet passažir..., in: Ebd., S. 5.

[244] So schrieb der Schriftsteller Vadim L’vov unter dem Eindruck der Flüge Gagarins und Titovs 1961 im Zusammenhang mit der Umgestaltung des Mondes: „Es vergehen vielleicht keine fünfzig Jahre seit dem Tag, als der menschliche Fuß den Mond betrat, und allein das Aussehen des nächtlichen Leuchtkörpers über unseren Köpfen wird eine märchenhafte Verwandlung erleben. (...) Glücklich ist der, der diese Tage noch erleben wird. Und das wird ein neues Beispiel dafür, wie die Aufbietung menschlicher Arbeit zum "Umbau des Himmels" führt, zur Schöpfung eines neuen Himmels über einer neuen Erde (...).“ („Не пройдет, может быть, и пятидесяти лет с того дня, когда ступит на Луну нога человека, и самый вид ночного светила над нашей головой претерпит сказочное превращение. [...] Счастлив тот, кто доживет до этих дней. И это будет новым примером приложения человеческого труда к «переделке неба», к созданию нового неба над новой Землей [...].“) (Gesperrt im Original, d. Verf.) Statt Himmelskörper zu werden, besteht hier noch die konkrete Aussicht, daß der Mensch noch in diesem Leben sich einen neuen Himmel schaffen kann. Siehe L’vov, Vadim [beseda, zapisana V. Smirnovym]: Vselennaja – naša masterskaja, in: VS 11/1961, S. 4.

[245] Šternfel’d, A.: Nakanune kosmičeskogo poleta, in: TM 2/1953, S. 31–35; Kondratjuk, Ju.: Zavoevanie mežplanetnych prostranstv, Moskva 1947. Siehe die Literaturangabe TM 8/1953, S. 38.

wurden Satelliten- und Raumflüge des Menschen[246] oder astronomische Fragen[247] in den populärwissenschaftlichen Journalen erörtert. Das Thema fand jedoch gegenüber anderen Bereichen keine exzeptionelle Resonanz.[248] Eine Ausnahme bildete diesbezüglich die Novemberausgabe 1954 von *Znanie – sila.* Denn ihr lag neben einem Aufruf für eine neue Blüte der „wissenschaftlich-fantastischen und Abenteuerliteratur" aus Anlaß des Zweiten Schriftstellerkongresses der UdSSR im Dezember eine 20seitige Novembernummer aus dem Jahre 1974 bei, die fiktiv vom ersten bemannten Weltraumflug auf den Mond berichtete. In dieser Beilage erzählten die vier Besatzungsmitglieder, versehen mit Porträt und Kurzbiographie, anschaulich von ihren wissenschaftlichen Erkenntnissen und Vorbereitungen zum Mondflug, von Flugrouten, atmosphärischen Hindernissen, medizinischen Implikationen der Schwerelosigkeit oder der Raketentechnik. Fiktive Ingenieure, Professoren, Astronomen legten ihr mit anschaulichen Grafiken und Skizzen illustriertes Wissen dar und eine in letzter Minute vom „Sonderkorrespondenten" der Zeitschrift – einem Mitglied der Besatzung – eingegangene Meldung berichtete von der ersten Stunde auf dem Mond.[249]

1956 begannen dann auch in *Nauka i žizn', Technika – molodeži* und *Znanie – sila* vermehrt Berichte aufzutauchen, die sich dem Kosmos widmeten. Aber erst mit der Jahreswende 1956/1957 und den publizistischen Vorbereitungen des ersten Internationalen Geophysischen Jahres, das vom 1. Juli 1957 bis Ende 1958 andauern sollte, entwickelte sich die Frage der Erforschung des Kosmos zum zentralen Thema.[250] Denn die Flüge der Sputniks sollten bedeutende Erkenntnisse zur Klimaentwicklung und zu den höheren Schichten der Atmosphäre liefern, über die man bisher so gut wie nichts wußte.[251] Doch die Neugierde richtete sich schon bald in größere Entfernungen, man öffnete das „Fenster in die Zukunft" („Окно в будущее")

---

246 Ljapunov, B.: Laboratorija v kosmose, in: TM 8/1953, S. 33–37. Dieser Artikel war sogar die Titelgeschichte der Nummer, wobei das Titelbild Menschen auf dem Mond darstellt, wohingegen der Text selber die Errichtung eines um die Erde kreisenden astronomischen Labors vor allem als Kampf des Menschen gegen die widrige Natur beschreibt. In einer zugehörigen, kommentierten Illustration wird das Projekt einer nach Vorschlägen Ciolkovskijs entwickelten bemannten Raumstation dargestellt. Siehe ebd., S. 34–35.

247 Über das Observatorium in Pulkovo, siehe: Volodin, V.; Ivanovskij, M.: Pulkovo, 1953 god, in: TM 11/1953, S. 31–34; Über die Kosmogonie als einem Wissenschaftszweig der Astronomie, der die Entstehung der Welt erforscht, siehe Kikarkin,B.: Nauka o proischoždenii mirov, in: TM 5/1953, S. 11–14; [Anon.]: Observatorija zavtrašnego dnja, in: Ebd., S. 14. Hier geht es um Theorien zur Weltentstehung seit dem 18. Jahrhundert und die Astronomie der Zukunft, die bei der Beobachtung von Planeten durch kosmische Raketen und Farbfernseher unterstützt wird. Erwägungen zu außerirdischem Leben finden hingegen keine Erörterung.

248 Die relativ seltenen Berichte hatten sicher auch mit der überaus strengen Geheimhaltung des sowjetischen Weltraumprogramms durch das MVD bzw. ab 1954 den KGB zu tun. Siehe Kowalski: Die Gagarin-Story, S. 169ff.

249 [Gil'zin, K; Chlebcevič, Ju. u.a.]: Znanie – Sila 11/1974, in: ZS 11/1954, S. 14–32.

250 Kasatkin, A.: U vorot v kosmos, in: TM 7/1957, S. 18–19.

251 Siehe bspw. Belousov, V.; Troickaja, V.: Meždunarodnyj geofizičeskij god, in: NŽ 7/1957, S. 27–30; Gorelov, A.: Iskusstvennye sputniki (kritika i bibliografija), in: Ebd., S. 60–61.

immer weiter – wie eine neue Rubrik sowohl in *Nauka i žizn'* als auch *Technika – molodeži* hieß. So veröffentlichte *Znanie – sila* schon im Februar 1957 eine fiktive Reportage eines Korrespondenten, den sie im November 1954/1974 auf den Mond geschickt hatte „Aber was geschah weiter?" („Что же было дальше?"),[252] um anschließend im Namen der Redaktion festzustellen, daß diese Fantastik wohl sehr viel eher als in 20 Jahren Wirklichkeit werden werde. Auch sei damals noch kein künstlicher Sputnik und kein unbemannter Mondflug absehbar gewesen, denn:

> „Drei Jahre sind keine lange Frist, und wieviel näher sind wir schon der Verwirklichung des uralten Wunschtraums der Menschheit gekommen!"
>
> „Три года – срок небольшой, а насколько ближе мы стали к осуществлению давней мечты человечества!"[253]

Noch in derselben Nummer ist eine Bildreportage „Auf dem Mund im Jahre 2001" („На луне в 2001 году") abgedruckt, in der lustige Alltagsbegebenheiten vom Leben auf dem Mond dargestellt werden.[254] Gerade Projekte zur Besiedelung des Monds, zu regelmäßigen Linienflügen dorthin und zu seiner Nutzung regten seit Ende der 50er Jahre die Fantasie an und wurden verschiedentlich erörtert.[255] Der sich regelmäßig zur Weltraumerschließung äußernde Doktor der technischen Wissenschaften („Кандидат технических наук"), Ju. Chlebcevič, entwickelte im Dezember 1958 einen Dreistufenplan, wie man schon in zehn Jahren den Mond zum „siebten Kontinent" der Erde machen könne.[256] Der ebenfalls viel zu diesem Thema publizierende Schriftsteller Vladimir L'vov stellte Ende 1961 einen Plan zur Erschließung des Kosmos für die nächsten 150 Jahre auf, der für die Jahre 1970 – 1980 die menschliche Mondlandung und die ersten ständig besetzten Stationen auf dem Mond vorsah, 1990 – 2000 die ersten Siedlungen und 2090 – 2100 seine vollständige Besiedelung und „Verwandlung" in einen „blühenden siebten Kontinent des Erdballs."[257] Auch auf dem Mars sollte nach L'vov im Laufe des 21. Jahrhun-

---

[252] (Reportaž našego korrespondenta]: Čto že bylo dal'še?, in: ZS 2/1957, S. 23, 26.

[253] (Ot redakcii), in: Ebd., S. 26.

[254] Fridman, N. (risunki): Na Lune v 2001 godu, in: ZS 2/1957, S. 24–25.

[255] Šternfel'd, A.: Put' k lune, in: VS 7/1958, S. 1–8; Gonfalon'eri, Luidži: Soveršim putešestvie po lune, in: TM 11/1962, S. 20–22.

[256] Chlebcevič, Ju: Sed'moj kontinent, in: ZS 12/1958, S. 7; Pokrovskij, G.: Stupeni ovladenija kosmosom (ėto predstoit delat' vam!), in: VS 10/1058, S.11.

[257] L'vov, Vladimir: Put' v kosmos: Nauka operežaet kalendar'. Beseda tret'ja (Malaja Kosmičeskaja Ėnciklopedija), in: VS 12/1961, S. 38. Auch Jurij Gagarin schrieb 1961: „Ich glaube, wir müssen nicht lange warten, bis man zum und auf den Mond fliegt." („Я думаю, не так долго нам придется ждать, чтобы лететь к Луне и на Луну.") Siehe Komanovskij, B.: Mečta i jav' (Sredi knig), in: VS 7/1961, S. 62. Auch Dmitrij Bilenkin vermutete noch ein Jahr später für 196... die erste Mondlandung des Menschen (der hier als erstes, weswegen auch immer, das „Meer der Krisen" erkunden werde), denn: „(...) davon, daß das so sein wird, kann man schon nicht mehr nur träumen, sondern schon sprechen wie von einer Sache, die in naher Zukunft bevorsteht." („[...] о том, что это будет, можно уже не только мечтать, но и говорить как о деле, предстоящем в недалеком будущем.") Sieh Bilenkin, Dmitrij: Čelovek idet po lune (Naučno-fantastičeskij očerk/Malaja Kosmičeskaja Ėnciklopedija), in: VS 12/1962, S. 28.

derts „dessen Atmosphäre rekonstruiert" werden, so daß sich bis 2090 einige hunderttausend Menschen auf ihm ansiedeln könnten.[258]

Gerade die astrophysischen und technischen Schwierigkeiten bei Raumflügen zu anderen Planeten waren ein beliebtes Thema. Bereits vor dem Sputnikflug erschienen die ersten Aufsätze über Flüge zur Venus und zum Mars, danach auch zu immer ferneren Gestirnen.[259] Man erörterte mögliche Flugrouten durch den Kosmos,[260] Fragen des Raketenantriebs,[261] die optimale äußere Form der Raumschiffe,[262] die Sicherheit bestimmter Trassen vor Meteoriten und kosmischen Magnetfeldern[263] oder Möglichkeiten, den Funkkontakt über größere Distanzen aufrechtzuerhalten.[264] Auch durchaus fantastische Projekte wurden diskutiert, wie bspw. dasjenige eines amerikanischen Wissenschaftlers, den Jupiter zu demontieren und als eine kuppelförmige Schale näher an der Sonne wieder zusammenzusetzen,[265] oder ein Plan Ciolkovskijs, aus Asteroiden einen künstlichen „Metaplaneten" zu schaffen, den die Menschen als ihre Orangerie nutzen könnten.[266] Bemerkenswert war an all diesen Projekten, daß sie für durchaus realisierbar gehalten wurden. So hieß es anläßlich eines von jungen Technikern entwickelten automatischen Mondmobils: „Wichtig ist, daß in unserem Land jeder beliebige Wunschtraum der Jugend Wirklichkeit werden kann!" („Важно то, что в нашей стране любая мечта молодежи может превратиться в действительность!")[267]

Die Flüge Gagarins und Titovs verstärkten das Interesse für den Kosmos dann noch einmal. So eröffnete *Vokrug Sveta* aufgrund der „gestiegenen Lesernachfrage" im Oktober 1961 eine Rubrik: „Kleine Kosmische Enzyklopädie" („Малая Космическая Энциклопедия"), die vor allem populärwissenschaftliche Texte, aber

---

258 Ebd.

259 Bspw. Chlebcevič, Ju.: Tajny Venery budut raskryty, in: ZS 7/1957, S. 20.; Ders.: Polet na veneru (okno v buduščee), in: NŽ 8/1957, S. 53–56; (Reut, N: Beseda s Ju. Chlebcevičem): Ėkipaž mežplanetnogo korablja... ostaetsja na zemle, in: ZS 2/1957, S. 27–28; Kučerov, N.: Čto obnaruženo na Marse, in: NŽ 10/1957, S. 53–55; Nevskaja, N.: Atmosfera na Jupitere, in: NŽ 5/1962, S. 43.

260 Bspw. Šternfel'd, A.: Sutki v kosmose – put' k planetam, in: TM 11/1961, S. 14–15. Es gab nicht nur Vorschläge zu möglichen Linienflügen, sondern bspw. auch zu einer Trolleybuslinie durch den Kosmos, siehe: Tobolev, V.: Trollejbusnaja linija v kosmose (V bloknot fantasta), in: ZS 2/1964, S. 47f.

261 Bspw. Korop, P.: Atom v kosmičeskoj uprjažke (po materialam žurnala „Voprosy raketnoj techniki), in: TM 1/1963, S. 3–6; Michajlov, V.; Vasil'ev, R. (inženery): Dvigateli mašin, šturmujuščich nebo, in: TM 2/1963, S. 4–5.

262 Bspw. Šibanov, A.: Kosmos diktuet novye formy korablej, in: TM 5/1962, S. 2–4.

263 Bspw. Ščerbakov, V.: Besopasnost' kosmičeskich trass, in: TM 12/1961, S. 12–13.

264 Bspw. Makoveckij, P.: Radioluč kosmičeskogo korablja iščet zemlju, in: TM 6/1962, S. 3–4.

265 L'vov, V.: Zvezdnymi trassami. Beseda četvertaja (Malaja Kosmičeskaja Ėnciklopedija), in: VS 1/1962, S. 13f.

266 Lada, I.: Metaplaneta, in: TM 10/1961, S. 38. Ein weiterer, für realisierbar gehaltener Vorschlag bestand darin, einen „Lift" in den Kosmos zu bauen, und zwar einen 160 km hohen Turm, dessen Sockel einen Radius von 50 km haben sollte, wodurch man all die technischen Schwierigkeiten bei Kosmosflügen sparen könnte. Siehe Pokrovskij, G.: „Lift" v kosmos, in: TM 4/1959, S. 29–30.

267 Stoljarov, Ju.; Caricyn, G.: Samochodnaja laboratorija „Luna-1", in: TM 7/1960, S. 17.

auch wissenschaftlich-fantastische Erzählungen enthielt.[268] Ein Jahr später veröffentlichte *Znanie – sila* ein von „Anabiose" bis „Jupiter" reichendes „kleines Sputnik-Wörterbuch".[269] Doch die Euphorie, daß zumindest eine Landung auf dem Mond bald vollbracht werden könnte, ließ merklich nach. Nach den Weltraumflügen von Bykovskij und Tereškova im Juni 1963 war in einer dem Mond gewidmeten Ausgabe von *Technika – molodeži* nirgends mehr die Rede davon, daß der Mensch in naher Zukunft den „kosmischen Nachbarn" betreten werde.[270] Nach dem Flug Beljaevs und Leonovs im März 1965 war lediglich noch von „irdischen Wesen" die Rede: „Der Flug von Beljaev und Leonov hat uns selbstverständlich denjenigen Tagen näher gebracht, wenn ein irdisches Wesen den Grund fremder Planeten betritt, wenn über der Erde mächtige Orbitalstationen erscheinen." („Полет Беляева и Леонова, разумеется, приблизил нас к тем дням, когда земное существо ступит на почву чужих планет, когда появятся над Землей мощные орбитальные станции [...]")[271] Als „ohne Zweifel" nächste Etappe wurde der „Bau einer Orbitalstation", nicht mehr die Mondlandung bezeichnet.[272]

Sicher hatte diese Desillusionierung zuallererst damit zu tun, daß in dem Bestreben, spektakuläre Erfolge im Kosmos zu erzielen, vermehrt massive technische Schwierigkeiten auftraten, die auch eine Mondlandung in absehbarer Zeit immer unwahrscheinlicher machten. Doch da von solchen Problemen bei der Raumfahrt in den populärwissenschaftlichen Zeitschriften – schon aus Geheimhaltungsgründen – nur sehr mittelbar die Rede sein konnte, waren es eher gewisse Verschiebungen im Diskurs, die auf eine erhebliche Abkühlung der anfänglichen Euphorie hinwiesen. Hierzu zählte das oben genannte Verschwinden bestimmter Schlüsselworte genauso wie bspw. die Verknüpfung der Figur Bip-Bip mit technischen Alltagsfragen. Symptomatisch hierfür war aber auch ein offener Brief vom Mai 1962, in dem sich eine anonyme „Gruppe der Kosmonauten" an die Leser von *Technika – molodeži* wandte:

> „SOWJETISCHE MENSCHEN – OB DAS MIT DEN JAHREN WEISE GEWORDENE SPEZIALISTEN ODER ERSTMALS IN DIE PRODUKTION GEHENDE JUNGEN UND MÄDCHEN SIND – EILEN ALLE MIT IHRER BEMERKENSWERTEN ARBEIT DER ZUKUNFT ENTGEGEN: MÖGE DAS GLÜCKLICHE MORGEN – DER KOMMUNISMUS – DOCH SCHNELLER AUF DER ERDE ANBRECHEN. (...) WIR SIND DURCH NICHTS BERÜHMT. UNSER STARTTERMIN LIEGT NOCH VOR UNS. (...) ABER JEDER

---

[268] L'vov, Vladimir: Na zare kosmičeskoj ėry (Malaja kosmičeskaja ėnciklopedija), in: VS 10/1961, S. 4–8. Von Oktober 1961 bis Ende 1963 erschien die Rubrik fast ausnahmslos monatlich, oft mit mehreren Texten, 1964 erschienen in ihr nur noch acht Aufsätze, sie umfaßte allerdings bezeichnenderweise keine NF-Erzählungen mehr. 1965 erschien sie nur noch dreimal.

[269] Es handelte sich um eine auszugsweise Vorveröffentlichung des bei Molodaja Gvardija erscheinenden Buchs „Kosmičeskaja azbuka", die in der Zeitschrift um einige Artikel ergänzt wurde, siehe: [Anon.]: Slovarik-Sputnik, in: ZS 9/1962, S. 6–7, 11–13, 15, 17, 19, 21, 25, 30–31, 35, 37–40, 43, 45.

[270] Varvarov, N.: Kogda čelovek poletit na lunu, in: TM 7/1963, S. 22.

[271] Michajlov, M.: Čelovek vychodit... v pustotu, in: TM 4/1965, S. 29.

[272] Ebd.

VON UNS WIRD NICHT WENIGER TUN MÜSSEN ALS DIE ERSTEN KOSMONAUTEN. DENN VON FLUG ZU FLUG WIRD DIE AUFGABE SCHWIERIGER UND SCHWIERIGER. DARUM GLAUBT JEDER VON UNS, DER ZUM START AUFBRICHT, TIEF DARAN, DASS SEINE ARBEIT (...) UNS DER SCHÖNEN ZUKUNFT NÄHER BRINGT (...) JA, FÜR DAS ERREICHEN DIESES ZIELS MÜSSEN WIR ALLE VIEL TUN. DOCH DAFÜR SIND WIR JA AUCH JUNG, UM DIE ZUKUNFT AUFZUBAUEN."

„СОВЕТСКИЕ ЛЮДИ – БУДЬ ТО УМУДРЕННЫЕ ГОДАМИ СПЕЦИАЛИСТЫ ИЛИ ВПЕРВЫЕ ПРИШЕДШИЕ НА ПРОИЗВОДСТВО ЮНОШИ И ДЕВУШКИ – ВСЕ СВОИМ ЗАМЕЧАТЕЛЬНЫМ ТРУДОМ ТОРОПЯТ БУДУЩЕЕ: ПУСТЬ СКОРЕЕ НАСТУПИТ НА ЗЕМЛЕ ЧУДЕСНОЕ ЗАВТРА – КОММУНИЗМ. [...] МЫ НИЧЕМ НЕ ЗНАМЕНИТЫ. ЧАС СТАРТА ЕЩЕ ВПЕРЕДИ. [...] НО И КАЖДОМУ ИЗ НАС ПРЕДСТОИТ СДЕЛАТЬ НЕ МЕНЬШЕ, ЧЕМ ПЕРВЫМ КОСМОНАВТАМ. ВЕДЬ ОТ ПОЛЕТА ДО ПОЛЕТА ЗАДАНИЕ БУДЕТ ВСЕ СЛОЖНЕЕ И СЛОЖНЕЕ. ПОЭТОМУ КАЖДЫЙ ИЗ НАС, ВЫХОДЯ НА СТАРТ, ГЛУБОКО ВЕРИТ, ЧТО ЕГО ТРУД [...] ПРИБЛИЖАЕТ ТО ПРЕКРАСНОЕ БУДУЩЕЕ [...] ДА, ДЛЯ ДОСТИЖЕНИЯ ЭТОЙ ЦЕЛИ ВСЕМ НАМ ПРЕДСТОИТ МНОГОЕ СДЕЛАТЬ. НА ТО МЫ И МОЛОДЫ, ЧТОБЫ СТРОИТЬ БУДУЩЕЕ."[273]

In der Folgezeit wurden Sätze aus diesem Brief noch häufig – ähnlich wie Aussagen von Chruščev, Ciolkovskij oder Gagarin als Artikeln voranstehende Mottos –, insbesondere bei neuen Erfolgen im Kosmos zitiert. Immer dabei war der Satz, daß die Aufgabe mit jedem Flug schwieriger werde.[274] Dies unterstreicht die symptomatische Bedeutung des Briefes, stellte er doch eine mehrfache Akzentverschiebung gegenüber der bisherigen Kosmosbegeisterung dar. Zum einen waren es nicht die berühmten ersten beiden Helden des Kosmos oder Bip-Bip, die etwas zu erzählen hatten, sondern eine Gruppe unbekannter und nicht mit Namen genannter Kosmonauten, die sich noch im Training befanden und – ohne etwas geleistet zu haben – anmahnten, daß es noch viel zu tun gebe. Zum zweiten betonte der Brief deutlich die allgemeine „Eile", mit der man dem „wundervollen Morgen" entgegen strebte, und stellte fest, daß diese „schöne Zukunft" mit jedem Schritt schwerer und schwerer zu erreichen sei, auch wenn man tief glaube, sich ihr zu nähern.[275] Von der Ge-

---

[273] Großschreibung im Original. Siehe Gruppa kosmonavtov: Sovetskie kosmonavty – otkryvateli trass vselennoj – čitateljam našego žurnala, in: TM 5/1962, S. 1.

[274] Zitiert wurde der Brief z.B. aus Anlaß des ersten Parallelflugs zweier Raumschiffe – von Andrijan Nikolaev auf „Vostok 3" und Pavel Popovič auf „Vostok 4", siehe [Anon.]: Ot poleta do poleta..., in: TM 8/1962, S. 13; aus Anlaß der ersten Frau im Weltall, Valentina Tereškova, siehe [Anon.]: Material'no-techničeskaja baza kommunizma – vot osnova grjaduščich uspechov v osvoenii kosmosa!, in: TM 7/1963, S. 1.

[275] Auch in der Rede Chruščevs zum 45. Jahrestag der Oktoberrevolution 1962 war diese die Schwierigkeiten betonende Rhetorik zu erkennen. So hieß es in ihr: „Der sehnlichste Wunschtraum der Menschheit, der Kommunismus, ist unser nahes, reales Ziel. "Auf dem ganzen Weg unseres zwanzigjährigen Kampfes für den Aufbau des Kommunismus, – sagt Genosse Nikita Chruščev, – muß man hart arbeiten, jeden Tag und jede Stunde schuften. Durch Arbeit und nur durch Arbeit kann man die materielle und technische Grundlage des Kommunismus schaffen (...)"."(„Заветная мечта человечества – коммунизм – наша близкая, реальная цель. «На всем пути двадцатилетней борьбы за построение коммунизма, – говорит товарищ Н. С. Хрущев, – надо упорно работать, трудиться каждый день и каждый час. Трудом и только трудом

wißheit, die noch ein Jahr zuvor mit der Erstürmung des Kosmos verbunden war, ist auch am Ende des offenen Briefes nichts zu spüren, wo es heißt:

„WIR HOFFEN, DASS WIR UNS AUF DEN SEITEN DER ZEITSCHRIFT NOCH EINMAL WIEDERSEHEN (...) UND ÜBER DAS IM KOSMOS GESEHENE ERZÄHLEN KÖNNEN."

„НАДЕЕМСЯ, ЧТО МЫ ЕЩЕ ВСТРЕТИМСЯ С ВАМИ НА СТРАНИЦАХ ЖУРНАЛА [...] И РАССКАЖЕМ ОБО ВСЕМ УВИДЕННОМ В КОСМОСЕ".[276]

Anstelle der „Gewißheit" ist lediglich die „Hoffnung" geblieben.

Bezieht man die in den zitierten Sätzen formulierte Skepsis auf den Wunschtraum von einer mit dem Kosmos verknüpften *kommunistischen Zukunft*, von der Gagarin und Titov die Mensch gewordenen Vorboten waren, dann läßt sich der Brief als eine Distanzierung von diesem Wunschtraum lesen.[277] Die Erhebung der ersten beiden Kosmonauten zu „göttlichen" Himmelssöhnen, aber auch die oben dargestellten Allmachtsfantasien, nach denen der Mensch auch den Himmel neu erschaffen könne, waren damit wenn nicht ganz aufgegeben, so doch in Frage gestellt worden. Nichtsdestotrotz blieben die Fantasien von nahezu unbegrenzten Möglichkeiten natürlich als Faszination fortbestehen. Sie konnten jedoch ab 1962/1963 nur noch in dem seit 1957 neu konstituierten Genre der Wissenschaftlichen Fantastik entfaltet werden, während sich in der populärwissenschaftlichen Publizistik eine deutliche Desillusionierung abzeichnete. Sie erklärt auch, weswegen man die Nachfolger Gagarins und Titovs nicht mehr mit *Wunschträumen* und *Geheimnissen* assoziierte, wurden diese doch zu jener Zeit mehr und mehr ins „Reich der Fantastik" verwiesen, wie noch zu zeigen sein wird.

Betrachtet man die populärwissenschaftliche Publizistik seit der zweiten Jahreshälfte 1962, dann läßt eine solche Desillusionierung auch an anderen Merkmalen feststellen. Die Texte zum Kosmos wurden weniger, über Großprojekte zur Umgestaltung der Erde wurde seltener berichtet und Vorausschauen auf eine baldige kommunistische Zukunft erschienen kaum noch. Sie läßt sich auch an der Art und Weise ablesen, wie vom Kosmos und der möglichen Zukunft berichtet wurde. So verglich bspw. Viktor Komarov Ende 1963 die Schwierigkeiten und Hindernisse bei der Erforschung der Galaxis mit der „Legende vom König", der seinen Weisen eine ungewöhnliche Aufgabe stellte:

можно создать материально-техническую базу коммунизма [...]") Eine solche Hervorhebung der Arbeit hatte es bei ähnlichen Anlässen die letzten Jahre nicht gegeben. Siehe [Anon.]: 1980 god, in: ZS 10/1962, S. 12.

276 Gruppa kosmonavtov: Sovetskie kosmonavty – otkryvateli trass vselennoj – čitateljam našego žurnala, in: TM 5/1962, S. 1.

277 Der Wunschtraum selber zerplatzte dann symbolisch endgültig, als das neue Raumschiff „Voschod" im Oktober 1964 erstmals drei Menschen gleichzeitig ins All transportierte. Denn zur gleichen Zeit wurde unten auf Erden Chruščev aller seiner Ämter enthoben: Als die Kosmonauten zurückkehrten, gab es denjenigen, der noch dieser Generation den Kommunismus auf Erden versprochen hatte, in der Öffentlichkeit nicht mehr.

„Der König zeigte ihnen eine große steinerne Kugel und verlangte von ihnen zu enträtseln, was sich in ihr befände. Die Weisen versuchten ein Antwort zu finden mit Hilfe von spitzfindigen logischen Erörterungen, konnten aber keinen Erfolg erzielen. Nur einer von ihnen ging anders vor. Er befahl, um die Kugel ein Feuer zu legen. Der erhitzte Stein zersprang und fiel in einzelne Teile. Und da konnten alle sehen, daß er kompakt sei und sich in ihm nichts befinde."

„Король показал им большой каменный шар и потребовал отгадать, что находится внутри. Мудрецы попытались найти ответ с помощью хитроумных логических рассуждений, однако успеха не достигли. Лишь один из них поступил иначе. Он велел разложить вокруг шара огонь. Нагретый камень треснул, шар распался на части. И тогда все увидели, что он сплошной и внутри ничего нет."[278]

Den Vergleich oder auch nur die Vermutung, daß der Kosmos einfach nur wie ein Stein beschaffen sein könne, der kein zu enträtselndes Geheimnis enthalte, hätte in der populärwissenschaftlichen Publizistik nur zwei Jahre vorher noch niemand zu äußern gewagt.[279]

Mit diesem Abschied von einem Wunschtraum ging gleichzeitig eine Historisierung der *kosmischen Ära* einher. Eine Ausgabe nach Erscheinen des Briefs der Kosmonauten führte *Technika – molodeži* die Serie „Начало космической эры" ein, in der die Entwicklung des Raketenbaus in Rußland im näheren und weiteren Umfeld Ciolkovskijs seit Anfang des Jahrhunderts dargestellt wurde.[280] 1963 eröffnete man die Rubrik „Первые публикации", in der fast nur ältere Texte von und zu Fantasten und von mit der Raumfahrt beschäftigten Forschern abgedruckt wurden.[281]

---

[278] Komarov, Viktor: Zvezdnye ostrova, in: VS 10/1963, S. 34.

[279] Aleksandr Kazancev hatte den Weg in den Kosmos und in den Kommunismus 1960 bspw. noch als eine „Geographie des Wunschtraums" bezeichnet, den er ebenfalls versuchte mit Hilfe einer Legende zu beschreiben: „Eine alte Legende erzählt von einem indischen Weisen, der für die jeden Weise machende, größte Verstandesleistung – die Erfindung des Schachspiels – , eine Bolohnung ausgesetzt hatte. Auf das erste Feld des Schachbretts mußte man ein Stück Korn legen, auf das zweite zwei, auf das dritte vier und auf jedes folgende immer doppelt soviel wie auf das vorige. Und es fanden sich im ganzen Reich des östlichen Herrschers nicht genug Vorräte, um sie auf das Brett zu legen und nach dem Willen des Weisen dem Volk zu geben. Hier [in dieser Legende] findet man sie, die Poesie des Wunschtraums des Volkes, hier ist es, das schwindelerregende Wachstum des geometrischen Fortschritts." („Старинная легенда рассказывает об индийском мудреце, назначившем награду за величайшее достижение ума, делающего мудрым каждого, – за изобретение шахмат. На первую клетку шахматной доски нужно было положить одно зерно, на вторую два, на третью четыре и на каждую следующую – вдвое больше зерна. И не нашлось во всем царстве восточного владыки запасов, чтобы насыпать их на доску и отдать по воле мудреца народу. Вот она, поэзия народной мечты, вот оно, головокружительное нарастание геометрической прогрессии.") Hier ist die Geometrie des mit jedem Feld doppelt so weit fortschreitenden Wunschtraums zwar „schwindelerregend", ihre Umsetzbarkeit steht aber außer Frage. Siehe Kazancev, Aleksandr: Velikaja geografija, in: Na suše i na more, Bd. 1/1960, S. 332.

[280] Korneev, L.: Načalo kosmičeskoj ėry, in: TM 6/1962, S. 10–11; 8/1962, S. 22–23; 9/1962, S. 28–29; 12/1962, S. 37–38.

[281] Siehe z.B. Fersman, Aleksandr: Konstatin Ėduardovič Ciolkovskij (Geroi nauki/Pervye publikacii), in: TM 3/1963, S. 8–9; 4/1963, S. 24–25; Morozov, Nikolaj: Lunnye kratery i cirki

Relativitätstheorie, Quantenphysik und Reisen durch die Raumzeit

Die oben angedeutete Historisierung der *kosmischen Ära* verschob auch die Zeitdimensionen erheblich: Bis ca. Ende 1962 hatte man noch ohne Probleme 100 bis 150 Jahre voraus geblickt, wobei vor allem die Jahrtausendwende 2000/2001 eine erhebliche Faszination ausstrahlte.[282] Schon 1958 führte *Znanie –sila* eine Rubrik mit dem Titel „Dem 21. Jahrhundert entgegen" („Навстречу XXI веку") ein, in der kurze Berichte von neuen in die Zukunft weisenden technischen und wissenschaftlichen Erkenntnissen und Errungenschaften abgedruckt wurden.[283] Zum 100. Geburtstag von *Vokrug sveta* 1961 sendete der „Sonderkorrespondent von Bord eines kosmischen Zuges" eine Reportage aus dem Jahr 2061 auf die Erde.[284] Zurück reichte der Blick hingegen nur selten weiter als bis zu Ciolkovskijs Studien um die Jahrhundertwende, eigentlich aber nur bis zur Revolution, die erst die uneingeschränkte Erforschung des Kosmos ermöglicht habe. Man interessierte sich kaum für die Vergangenheit, da die Gegenwart ungeahnte Perspektiven ins Morgen eröffnete.[285]

Als diese Zukunftspläne als unrealisierbar verworfen wurden, vollzog sich merklich ein Perspektivwechsel: nicht mehr das laufende Jahrhundert (von 1917 bis zum Anbruch des Kommunismus in Jahr 1980 bzw. bis zur Jahrtausendgrenze) bildete den Zeitrahmen der Betrachtung, sondern die ganze Geschichte der Menschheit. Anstatt sich aufgrund der zunehmenden Schwierigkeiten bei der Erschließung des Kosmos zu verlangsamen, kam die Entwicklung desto schneller voran, je größer man den Zeitrahmen faßte:

> „Die Evolution schreitet immer schneller voran. Einstmals vor langer langer Zeit hat sich der Mensch aufgerichtet und begann, auf beiden Beinen zu gehen. Der Mensch flog in die Höhe, anfangs mit dem Flugzeug, dann mit der Rakete... Mit diesen Meilensteinen der Geschichte der Menschheit muß man den Flug der „Voschod II" vergleichen, die Heldentat der sowjetischen Helden-Kosmonauten Pavel Beljaev und Aleksej Leonov!"

(pervye publikacii), in: TM 7/1963, S. 12 –14; 8/1963, S. 30–31; Mendelevič, G.: Uėlls govorit o Pavlove (Pervye publikacii), in: TM 9/1963, S. 8–9; [Straut, E.]: Neizvestnaja rabota Ciolkovskogo (Pervye publikacii), in: TM 10/1963, S. 8–9; Brjusov, Valerij: Ne voskrešajte menja! (Pervye publikacii, ¹1918), in. TM 12/1963, S. 16–18.

282 Bspw. Fridman, N. [risunki]: Na Lune v 2001 godu, in: ZS 2/1957, S. 24–25; Ardenne, Manfred von: Technika v 2000 godu (Vyderžki iz stat'i, opublikovannoj v gazete „Neues Deutschland"), in: NŽ 10/1962, S. 68–69.

283 Navstreču XXI veku, in: ZS 5/1958, S. 2–3; 6/1958, S. 44–45; 8/1958, S. 6–7.

284 Šternfel'd, A.: Skvoz' zemlju v kosmos (naučno-fantastičeskij reportaž), in: VS 1/1961, S. 38–40.

285 Natürlich gab es auch davor schon weiter zurückreichende Artikel zur Geschichte der Erforschung des Weltraums und der Entwicklung der NF, sie behandelten diese jedoch immer als Vorgeschichte der neuen Ära, nicht als Bestandteil einer kontinuierlichen Entwicklung. Siehe zur Zeit vor 1962/1963 bspw. Šišakov, V.: Kak otkryli lunu, in: TM 1/1960, S. 28–30, 32, wo die Monderforschung bis zu Lukian zurückverfolgt wird. Eine Chronik zur Raketentechnik, die bis ins 17. Jahrhundert reicht, siehe: [Anon.]: Po stupenjam istorii, in: TM 5/1961, S. 14–16.

„Эволюция идет все быстрее. Когда-то давным-давно человек выпрямился и твердо стал на обе ноги. Человек добыл огонь. Человек взлетел ввысь сначала на аэроплане, потом на ракете... Вот с какими вехами в истории человечества можно сравнить полет «Восхода II», подвиг советских героев-космонавтов Павла Беляева и Алексея Леонова!“[286]

Auch der Blick in die Zukunft veränderte sich mit der „Historisierung“ des Gegenstands, wobei sicher auch die ständig in den Zeitschriften offerierten heterogenen Zukunftsentwürfe der NF Einfluß hatten. Als sich bspw. 1964 ein fiktiver Korrespondent von *Znanie – sila* ins „Archiv der Zukunft“ begab, war dies schon kein Blick in eine irgendwie mögliche *kommunistische Zukunft* mehr, sondern eine humoristische Kritik an den gängigen Klischees von der Zukunft. Denn die zwei fiktiven Korrespondenzen und ein Interview aus dem Jahr 2064 berichteten einzig von den Klagen über die mehr als sechs Millionen Zeitreisenden, die allein 1974 (als man eine entsprechende Technik für den Massenbedarf eingeführt habe) in der Gegenwart von 2064 gelandet seien, und dem Schrecken vor weiteren Reisewellen. So überlegt man, diese gleich weiter in eine fernere Zukunft zu verschicken, denn eine Technik, in die Vergangenheit zu reisen, habe man noch nicht entdeckt. Doch da man noch keine Gäste aus der Zukunft empfangen hat, scheinen auch spätere Generationen diese nie erfunden zu haben.[287]

Es gab jedoch noch einen weiteren Grund für die veränderte Zeitwahrnehmung, der sich aus den Entwicklungen in der theoretischen Physik im 20. Jahrhundert ergab. Insbesondere die Schlußfolgerungen der allgemeinen Relativitätstheorie und der Quantenphysik hatten die Vorstellungen von Zeit und Raum beeinflußt. Diese Theorien waren zwar in wissenschaftlichen Kreisen in der Sowjetunion schon seit ihrem Bestehen eingehend rezipiert und diskutiert worden und fanden ungeachtet heftiger Kritik schon in der Ždanovzeit Eingang in Lehrbücher.[288] Doch erst im Zuge der verstärkten politischen Propagierung wissenschaftlicher Erkenntnisse Ende der 50er Jahre wurden sie auch ausführlich in der populärwissenschaftlichen Publizistik erörtert.[289] Die Zeit wurde zu einem Objekt der Erforschung:

„Wir haben gelernt, in den Dunstwolken der Zukunft die Früchte unserer Arbeit zu sehen und diejenigen von ihnen zu züchten, die uns gefallen. Doch wir haben nicht die Macht, den Fluß der Zeit zu ändern. (...) Doch was sagt die moderne Wissenschaft über die Zeit? Oder sind die Ansichten über

---

[286] [Anon.]: Syn neba, in: TM 4/1965, S. 1.

[287] Podl'nyj, Roman: V našem žurnale – čerez 100 let («Znanie – sila», № 8, avgust 2064), in: ZS 8/1964, S. 48.

[288] Selbst unmittelbar nach Ždanovs berühmten Verdikt gegen die Relativitätstheorie 1947 ist in *Voprosy filosofii* noch eine Debatte über die philosophischen Implikationen u.a. dieser Theorie geführt worden. Siehe hierzu ausführlich Graham: Dialektischer Materialismus und Naturwissenschaften, S. 127ff. Zu den astrophysikalischen Debatten in der Sowjetunion im Rahmen der internationalen Entwicklung siehe die entsprechenden Abschnitte bei Thorne: Gekrümmter Raum und verbogene Zeit.

[289] Grigor'jan, A.: Tvorec kvantovoj teorii (Pamjatnye stranicy), in: NŽ 5/1958, S. 72–73; Širokov, M.; Brodovskij, V.: Paradoksy vremeni, in: TM 6/1960, S. 10–14. Hierzu auch Josephson: Rokkets, Reactors, S. 170ff.

die Unveränderlichkeit der Zeit mit dem Fortschritt der Naturwissenschaften unverändert geblieben? Es zeigt sich, daß das nicht so ist."

„Мы научились в дымке будущего предвидеть плоды своих трудов и выращивать те из них, которые нас привлекают. Но мы не властны изменить течение времени. [...] Что говорит о времени современная наука? Или взгляды на неизменность времени не переменились с прогрессом естествознания? / Оказывается, это не так."[290]

Die allgemeine Relativitätstheorie hatte mit ihrer Grundannahme, daß Bewegung im Raum und Verlauf von Zeit nichts Absolutes oder Objektives, sondern nur in Relation von Körpermassen und Kräftefeldern zueinander und zur Lichtgeschwindigkeit zu bestimmen seien, verschiedene Tempi von Zeit theoretisch möglich gemacht.[291] Diese Annahme hatte für die Kosmosrezeption weitreichende Konsequenzen, eröffnete sie doch ungeahnte Möglichkeiten für Flüge zu anderen Planeten und Galaxien. Denn würde ein Raumschiff mit annähernder Lichtgeschwindigkeit fliegen können, verliefe die Zeit an Bord im Verhältnis zur irdischen Zeit sehr viel langsamer. Zeitreisen viele Jahrhunderte in die Zukunft schienen durchaus möglich zu sein.[292] Die technischen Voraussetzungen, daß Flüge mit solchen Geschwindigkeiten denkbar waren, lieferte wiederum die Atomphysik. Insbesondere die Entdeckung von Anti-Teilchen bzw. Anti-Materie (Антивещество) spielte hierbei eine Rolle, setzte deren Kollision mit Materie doch Energiemengen frei, die diejenigen aus einer gewöhnlichen Kernspaltung um ein Vielfaches überstiegen.[293] Diese riesigen Energiemengen wollte man beim Bau von sogenannten „Photonen-" bzw. „Mesonenraketen" nutzen, deren Triebwerke auf Spaltung von Elementarteilchen basieren sollten.[294]

Auch die Mikrobiologie trug ihren Teil zu einer Revision der Zeitvorstellungen bei. So berichtete man, daß es gelungen sei, Mikroorganismen aus der Steinzeit wieder zu beleben, und man hielt es für nicht ausgeschlossen, daß dies auch beim Menschen gelingen könnte. Wenn es gelänge, ihn in Anabiose, d.h. künstlich in einen schlafähnlichen Zustand zu versetzen, glaubte man, ihn Jahre oder auch Jahrhunderte lang „lebend" aufbewahren zu können, ohne daß er alterte.[295] Die immer präziser werdenden astronomischen Beobachtungsinstrumente und die Sputnikflüge

---

[290] [Anon.]: Ob-ekt issledovanija – vremja, in: TM 6/1960, S. 10.

[291] Bspw. Landau, L.; Rumer, Ju: Otnositel'nost' vremeni, in: ZS 11/1958, S. 4–5; [Blochincev, Dmitrij; Dirak, Pol' u.a.]: Ėlementarny? Net, neisčerpaemy! (Čelovek stučitsja v dveri neizvedannogo), in: TM 2/1964, S. 22–26.

[292] Erst 1963/1964 geriet die Annahme dieser Möglichkeit auch theoretisch in die Kritik, als man die Thesen eines amerikanischen Physikers diskutierte, der die spezielle Relativitätstheorie verwarf, siehe: Zajcev, V.: Nužno li proverjat' Ėjnštejna, in: TM 5/1963, S. 6–7; Timofeef, M.: Replika čitatelja, in: TM 9/1964, S. 30.

[293] Bspw. Anfilov, G.: Veščestva – antipody, in: ZS 1/1958, S. 21ff.; Serge, Ėmilio: Novye vidy atomov i antimaterija (U nas v gostjach učenye planety), in: TM 8/1965, S. 1–2.

[294] Bspw. Gadomskij, Ja.: Fotonnaja raketa, in: TM 7/1957, S. 33; Bronštejn, V.; Novikov, I.: Polet k zvezdam (Okno v buduščee), in: NŽ 4/1960, S. 58–64.

[295] Dmitriev, A.: Kosmos – vremja – čelovek (Malaja Kosmičeskaja Ėnciklopedija, in: VS 4/1963, S. 4–8; [Anon.]: Anabioz (slovarik-sputnik), in: ZS 9/1962, S. 6.

eröffneten ebenfalls ständig neue Geheimnisse des Weltalls.[296] So erörterte man die Entstehung des Weltalls, von „Supernovae", „weißen Zwergen" oder galaktischen „Nebeln".[297] Aufgrund der 1955 in der „kosmischen Strahlung" festgestellten sog. Anti-Materie-Teilchen[298] kam man zu dem Schluß, daß es ganze Sterne und Galaxien, die aus Anti-Materie bestanden, eine ganze „Antiwelt" („Антимир") geben könne.[299] Bestimmte astronomische Beobachtungen führten andere Wissenschaftler zu der Annahme, daß neben der „Mikro- und Makrowelt" noch eine „Metawelt" existieren müsse, die ihre eigenen besonderen physikalischen Gesetze habe und in der es bspw. keine Schwerkraft gebe.[300]

So entdeckte man ständig neue Phänomene, von denen man bisher nichts wußte, die man mit den gängigen Theorien nur annäherungsweise erklären konnte und die man in keinem Fall mit bloßem Auge am Sternenhimmel oder sonstwo *sehen* konnte. Durch ihre „Unsichtbarkeit" bildeten diese Makro-, Mirko-, Meta- und Antiwelten ein ideales Feld für die Imagination. Und tatsächlich nahm die NF die hier angedeuteten naturwissenschaftlichen Diskurse auf verschiedene Weise auf und verarbeitete sie.

Wo gibt es intelligentes Leben in der Milchstraße?

Die zentrale Frage bei den oben genannten astrophysikalischen und astronomischen Auseinandersetzungen lautete, ob und wo es außerhalb der Erde noch Leben – womöglich intelligentes – im Weltraum geben könnte. Hierbei spielte die zunehmende Kooperation und der „friedliche Wettbewerb" mit dem westlichen Ausland insoweit eine entscheidende Rolle, als die dort aufgestellt Hypothesen oft zum Anlaß genommen wurden, diese ebenfalls zu diskutieren. Dabei handelte es sich oft um reine Spekulationen. So hielt man anfangs sogar noch Leben auf dem Mond für möglich, wie in der schon erwähnten fiktiven Reportage in *Znanie – sila* vom Mond aus dem Jahr 1974, in der die Forscher moosähnliche Gewächse entdeckten, die

---

[296] Ginzburg, V.: Iskusstvennye sputniki i teorija otnositel'nosti, in: NŽ 2/1958,S. 7–12, 16.

[297] Bspw. Agekjan, T.: Galaktika i metagalaktika, in: NŽ 9/1957, S. 28–31; Samsonenko, L.: Tajna stalkivajuščichsja galaktik, in: TM 7/1958, S. 4–5; Rydnik, V.: Sverchnovye zvezdy, in: ZS 8/1958, S. 17–18.

[298] Gladkov, K.: Antiproton ostavil pervyj sled na fotoplastinke, in: TM 4/1956, S. 23.

[299] Keler, Vl.: „Antimir" – suščestvuet li on?, in: TM 9/1957, S. 24; Ders.: Putešestvie v antimir, in: TM 1 / 1958, S. 9–14; Ladin, Vitalij: Zov antimira, in: ZS 7/1965, S. 25–29.

[300] Keler, Vl.: Putešestvie v megamir, in: TM 2/1960, S. 34–35; Voroncov-Vel'jaminov, B.: Vsemiren li zakon vsemirnogo tajgotenija, in: TM 9/1960, S. 10–13. Die Vorstellung der Schwerelosigkeit übte allgemein eine große Faszination aus und wurde vielfach in der Publizistik ernsthaft erörtert, aber auch früh ironisiert. Auf sie wird hier nicht näher eingegangen, da die „Schwerelosigkeit" in der Wissenschaftlichen Fantastik weder als literarisches Verfahren noch als Sujet eine große Rolle spielte. Bspw. Borisov, E. [chudožnik]: Posle otkrytija AGV (antigravitacionnogo veščestva), in: TM 1/1959, S. 3 Obložka; Gorovskij, N.: V nevesomosti, in: NŽ 11/1961, S. 86–91.

ohne Sauerstoff, Wasser und Sonnenlicht leben konnten.[301] Tatsächlich war das zu diesem Zeitpunkt jedoch kaum mehr zu vermuten, denn auch die immer genauer werdenden astronomischen Beobachtungen gaben diesbezüglich keine Hinweise.[302] Daher wandte sich das Interesse sehr bald den neben dem Mond der Erde am nächsten befindlichen Gestirnen zu – dem Mars und der Venus. Man wußte über diese beiden Planeten bis Anfang der 60er Jahre wenig, ihre Entfernung zur Sonne ließ aber einzig hier Leben möglich erscheinen (da es auf dem Merkur zu heiß, auf den anderen Planeten des Sonnensystems zu kalt sei). Wegweisend für diese Debatte war die These eines amerikanischen Astronomen, der aufgrund seiner Beobachtung 1956 bis 1958 behauptete, daß es in jedem Fall organisches Leben auf dem Mars gebe.[303]

In diesem Zusammenhang erregten vor allem die schon 1877 auf dem Mars entdeckten sog. Marskanäle die Aufmerksamkeit und gaben Anlaß zu der Hypothese, daß sie künstlich angelegt worden sein könnten. Denn diese Formationen auf der Planetenoberfläche verliefen nicht nur gerade und waren außergewöhnlich lang, sondern sie bildeten auch geometrische Formen. Der 1960 verstorbene Begründer der sowjetischen „Astrobiologie“ Gavriil Tichov äußerte gar die Vermutung, daß die Kanäle Bestandteil eines gigantischen landwirtschaftlichen Systems seien.[304] Der Moskauer Astronom Feliks Zigel’ leitete von ihrer den ganzen Planeten umfassenden einheitlichen Struktur noch 1961 die Hypothese ab, daß es auf dem Mars demnach keine „nationalen Grenzen“ gebe und die Marsianer eine keine Privatinteressen kennende „freundschaftliche Familie“ bildeten.[305] Diese Überlegungen waren umstritten und wurden in kontroversen Beiträgen diskutiert.[306] Viktor Komarov vom Moskauer Planetarium vertrat 1960 in einem Diskussionsforum „Leben im Umfeld der Sonne“ („Жизнь вокруг солнца“) von *Technika – molodeži* die Ansicht, daß auf dem Mars zweifellos eine hohe Zivilisation bestanden habe, diese aber durch eine unvorhergesehene Katastrophe zerstört worden sei oder sich zurückgebildet habe.[307]

---

301 [Reportaž našego korrespondenta]: Čto že bylo dal’še?, in: ZS 2/1957, S. 26.

302 Marks, A.: Most i tonnel‘ na lune? (Vokrug zemnogo šara), in: TM 8/1959, S. 28

303 Rall’, Ju: Razumnye obitateli vselennoj, in: NŽ 11/1960, S. 32ff.

304 Cicin, F.: Žizn’ vo Vselennoj, in: NŽ 1/1957, S. 47f.

305 Zigel’, F.: Na Marse – razum?, in: ZS 2/1961, S. 22. Zigel’ vertrat noch 1965 die allerdings sehr viel vorsichtiger formulierte These, daß die Kanäle auf dem Mars künstlichen Ursprungs seien, fand aber kaum noch Zustimmung. Siehe Zigel’, F.: Kanaly Marsa (Gipotezy, predpoloženija, dogadki), in: NŽ 4/1965; Ljubarskij, K.: Kanaly Marsa: iskusstvennye ili estestvennye? (Gipotezy, predpoloženija, dogadki), in: NŽ 11/1965, S. 139–144.

306 Denn man wußte zu dieser Zeit schon aufgrund jüngster astronomischer Beobachtungen (Erde und Mars stehen sich alle 18 Monate am dichtesten gegenüber, wodurch genauere Beobachtungen möglich sind; das war am 30. Dezember 1960 der Fall), daß die Atmosphäre sehr dünn sein müsse, hielt aber Wasser und eine sich entwickelnde Vegetation noch für denkbar. Siehe hierzu auch Bronštejn, V.: Progulki po Marsu, in: TM 1/1961, S. 33.

307 [Guljaev, A.; Komarov, V. u.a.]: Žizn’ vokrug solnca, in: TM 1/1960, S. 36; Siehe auch [Alpatov, V.; Tichov, G. u.a.]: Žizn’ vokrug solnca, in: TM 2/1960, S. 31–32; Kozakov, V.: Marsiane

Nicht weniger „geheimnisvoll“ als die Kanäle waren die beiden Monde des Mars, der Phobos und der Deimos. Der Umfang dieser kleinsten Gestirne des Sonnensystems war so gering (1961 errechnete man einen Durchmesser von 16 bzw. 8 km), daß ihre Herkunft bisher nicht erklärt werden konnte. So stellte 1951 erneut ein amerikanischer Astronom die These auf, sie seien künstlich hergestellt, die der sowjetische Astronom Iosif Šklovskij 1958 weiterentwickelte.[308] Bis 1961/1962 verwarf man aber mehrheitlich diese Thesen[309] und ging davon aus, daß es im Sonnensystem der Erde kein intelligentes Leben gebe.[310] Allerdings führten unerklärliche Funksignale vom Jupiter, die amerikanische Astronomen aufgefangen hatten, noch im Herbst 1961 zu der Annahme, es könne sich um eine Radarstation handeln, die womöglich Lebewesen aus anderen Galaxien oder ganz anders strukturierte Lebewesen dort installiert hätten.[311] Was blieb, war die immer wieder aufgestellte Vermutung intelligenten Lebens in anderen Galaxien,[312] doch zu ihnen schien noch nicht einmal theoretisch unter astrophysikalischen Gesichtspunkten eine Kontaktaufnahme möglich zu sein.[313] Nichtsdestotrotz kam im Mai 1964 die erste Allunionsversammlung zum Problem „Außerirdische Zivilisationen“ in Bjurakan zusammen, wofür sich die populärwissenschaftliche Publizistik jedoch kaum noch interessierte.[314]

---

byli. Gde že oni teper'? (Žizn' vokrug solnca), in: TM 10/1960, S. 19

[308] Einer der entschiedensten Vertreter der These vom künstlichen Ursprung der Marsmonde war Feliks Zigel', der diese These gegen alle Kritik verteidigte, siehe Zigel': Na Marse – razum?, S. 20ff; Ders.: Neprodumannaja kritika, in: ZS 11/1961, S. 48. *Technika – molodeži* druckte schon im Juli 1957 zum Festival der Jugend zwei fiktive Artikel von zwei Wissenschaftlern vom Mars ab, von denen der erste naturwissenschaftlich bewies, daß es auf der Erde kein Leben geben könne, wohingegen der zweite astrophysikalisch belegen konnte, daß es nicht nur Leben, sondern intelligente Wesen auf der Erde geben müsse. Im anonymen Vorspann zu den Artikeln hieß es, bei den Aufsätzen handele es sich um Radiosendungen, die man vom Marsmond Phobos abgefangen habe. Diese beiden Artikel lassen sich zwar auch als Parodie auf die Debatte um die Marsmonde und die Frage intelligenten Lebens im All lesen, zielten aber wohl zuvorderst auf diejenigen, die von vornherein „wissenschaftlich objektiv“ die Möglichkeit von intelligentem Leben auf dem Mars auschließen wollten. Siehe [Or, Feti]: Feti Or obraščaetsja k Marsianam (Est' li žizn' na Zemle?), in: TM 7/1957, S. 28–29; Vag, Da: Ob-ektivnoe dokazatel'stvo suščestvovanija žizni na Zemle (Est' li žizn' na Zemle?), in: Ebd., S. 29, 33.

[309] So bspw. [Slovarik-sputnik]: Sputniki planet, in: ZS 9/1962, S. 37.

[310] Gadomskij, Ja.: Zony žizni v kosmose, in: NŽ 5/1961, S. 33–35; L'vov, V.: Sodruženstvo mirov. Beseda pjataja (Malaja Kosmičeskaja Ėnciklopedija), in: VS 2/1962, S. 37–40; Pfanzliches Leben vermutete man hingegen weiterhin, z.B. auf dem Mars, siehe: Pekelis, V.: Da, žizn' na Marse!, in: TM 1/1964, S. 16–18.

[311] Mišel', Ėmė: Tainstvennyj peredatčik na Jupitere, in: ZS 9/1962, S. 26–27; Kalinin, Ju: Slovo sovetskomu učenomu, in: Ebd., S. 27.

[312] Bspw. L'vov, V.: Sodruženstvo mirov. Beseda pjataja (Malaja Kosmičeskaja Ėnciklopedija), in: VS 2/1962, S. 38. Golubev vermutete intelligente Wesen im Sternbild des Großen Bären, mit denen man vielleicht bald in Funkkontakt treten könne, siehe Golubev, G.: Kosmičeskoe zrenie (Malaja Kosmičeskaja Ėnciklopedija), in: VS 6/1962, S. 2–6.

[313] Bspw. Soročenko, R.: Razgovor čerez 100 svetovych let, in: ZS 8/1960, S. 6–7.

[314] Und falls sie sich für diese Frage interessierte, dann schon häufig innerhalb des „Landes der Fantasie“, wie eine Mitte 1965 von *Znanie – sila* eingeführte Rubrik hieß, siehe Zigel', F.: Vnezem-

Aus allen drei hier vorgestellten Themenfeldern der populärwissenschaftlichen Publizistik – die Überlegungen zur praktischen Aneignung des Weltalls, deren theoretische Grundlagen und die Frage nach intelligentem Leben – läßt sich eine Faszination für die Entdeckung in jeder Hinsicht „anderer" Welten herauslesen. Diese „Kosmosbegeisterung" ist politisch offensichtlich gewollt und wird 1961 eng mit dem Weg in den Kommunismus verbunden. Damit werden die „Wunschträume" und die anhaltende Produktion neuer „kosmischer Geheimnisse" allerdings wieder an den „diesseitigen" Weg in die „eigene" sowjetische Welt gebunden. Neben den oben genannten Gründen war diese erneute Einbindung wahrscheinlich ein weiterer Faktor, der zu einer gewissen „Desillusionierung" in den populärwissenschaftlichen Zeitschriften geführt hat, was sich sowohl in der Anzahl der Texte zum Kosmos als auch in den Begriffen, besonders aber darin niederschlug, daß ab 1962/1963 sehr viel weniger „fantastisch" anmutende Vorschläge debattiert wurden. Die phantasmatischen Räume, die die *Erkundung des Weltalls* eröffnet hatte, blieben der Wissenschaftlichen Fantastik vorbehalten, die – wahrscheinlich – nicht ganz zufällig genau in diesem Zeitraum begann, sich von ihrer „wissenschaftlichen" Einbindung zu lösen, wie noch dargestellt wird.

3.3. Die Grenzen des Möglichen

Die im folgenden vorgestellten Themenfelder: Kybernetik, Telepathie und „Götterglauben" haben auf den ersten Blick kaum etwas mit der „Erfindung der kosmischen Ära" zu tun, auf den zweiten aber beschreiben sie drei Bereiche, die für diese „Ära" konstitutiv waren. So war der Roboter TUM das Vorbild für „Bip-Bip", während die Kybernetik-Debatte um künstliche Intelligenz das Muster für die in der Wissenschaftlichen Fantastik geführte Auseinandersetzung über außerirdische Intelligenz bildete. Die Telepathie wiederum korrespondierte mit den neuen kosmischen Sende- und Beobachtungstechniken. Das dritte Thema, „Menschen wie Götter" zu betrachten bzw. die „Helden" nach antikem Vorbild zu diesen zu erheben, war schon in den Personen Gagarins und Titovs angelegt. Sie hatten aber noch einen

---

naja civilizacija vozmožna? (Klub mečtatelej. Strana fantazija/Terra phantasia), in: ZS 6 /1965, S. 39; Siehe auch Komarov, V.: Gde ty, syn neba?, in: VS 11/1965, S. 1–3. Dieser Artikel stützte sich auf die Beobachtung zweier Radiowellen-Quellen („STA-21" und „STA-102"), von denen die zweite aufgrund der sich periodisch wiederholenden Frequenzfolgen (alle 100 Tage) von sowjetischen Forschern für ein Signal von intelligenten Wesen gehalten wurde, während amerikanische Wissenschaftler sie zur gleichen Zeit als „Quasare" (das sind „quasistellare Objekte" mit einer gigantischen Energiemenge, die bei einem Gravitationskollaps einer galaktischen Zentralregion freigesetzt wird) interpretierten. Die Veröffentlichung der intergalaktischen Kontaktaufnahme in der *Pravda* vom 12. April 1965 führte zur sog. „STA 102-Affäre", die darin bestand, daß Frankreichs Präsident De Gaulle auf die Meldung mit einer diplomatischen Warnung reagierte, der Westen lasse sich „von Behauptungen nicht einschüchtern, die Russen hätten außerirdische Verbündete." Siehe Kirchner, Barbara; Dath, Dietmar: Fermis Paradox, in: Diederichsen, Diedrich (Hg.): Loving the Alien. Science Fiction, Diaspora, Multikultur, Berlin 1998, S. 93.

weiteren Bezug zum „Altertum" und standen zudem im Zusammenhang mit der populärwissenschaftlichen Rezeption der aktuellen Kirchenpolitik. Die „Grenzen des Möglichen" zeigten sich bei diesen Themenfeldern deutlicher noch als „im Kosmos" Anfang der 60er Jahre.

Kybernetik: Roboter als Helfer, Kameraden, intelligente Wesen?

Der Kybernetik[315] erging es in der Stalinzeit ähnlich wie manchen anderen naturwissenschaftlichen Bereichen auch,[316] noch 1952 war sie als „Wissenschaft der Obskuranten" abgetan und konnte nicht offiziell betrieben werden. Man beschäftigte sich statt dessen mit „Industrietechnik", „elektrischen Rechenmaschinen" und „Automatisierungsprozessen".[317] Erst 1956 war es soweit, die neuen Entwicklungen beim Namen zu nennen, und wie beim Mondflug 1954 war es *Znanie – sila*, die sich mit der ausschließlich der Kybernetik gewidmeten Juli-Ausgabe zuerst an die Leser wandte:

> „Von Zeit zu Zeit hat die Zeitschrift "Znanie – sila" Ihre Aufmerksamkeit auf die wichtigsten, revolutionären Richtungen der modernen Wissenschaft und Technik gelenkt. (...) Wir haben Ihnen von der Geburt der Radartechnik erzählt, über ihre Geschichte und Perspektiven, vom Eindringen des Menschen in das tiefe Innere des Atoms und von den Halbleitern, von den Entwicklungswegen der Reaktortechnik, davon, wie sowjetische Menschen einen künstlichen Trabanten [Sputnik] der Erde steigen lassen und auf dem Mond landen werden (...) usw. / Diese Nummer der Zeitschrift ist einer neuen Richtung der Wissenschaft und Technik gewidmet, die neue Möglichkeiten zum Verständnis der Phänomene der uns umgebenden Welt eröffnet."

> „Время от времени журнал «Знание – сила» сосредотачивал ваше внимание на главных, революционных направлениях современной науки и техники. [...] мы рассказывали вам о рождении радиолокации, ее истории и перспективах, о проникновении человека в глубокие недра атома и о полупроводниках, о путях развития реактивной техники, о том, как советские люди запустят искусственный спутник Земли и высадятся на Луне [...] и т.п. / Этот номер

---

[315] Als Bezeichnung einer neuen wissenschaftlichen Disziplin, die sich mit der Steuerung und Verbindung von lebenden Organismen und Maschinen beschäftigt, ist der Begriff das erste Mal in diesem Sinne 1948 von dem Mathematiker Norbert Wiener von der Massachusetts University gebraucht worden. Die Begriffsgeschichte selber ist älter, siehe: Solodovnikov, V.: Kibernetika, in: NŽ 6/1957, S. 18. Allgemein zur Geschichte der Kybernetik in der Sowjetunion, siehe die hervorragende Studie von Gerovitch, Slawa: From Newspeak to Cyberspaek. A History of Soviet Cybernetics, Cambridge Mass. 2002.

[316] Wie bspw. der Genetik, siehe Graham, Loren R.: Science, Philosophy, and Human Behavior in the Soviet Union, New York 1987, S. 102–156.

[317] Noch im März 1956 publizierte *Technika – molodeži* einen Artikel über die „Umwälzung in der Wissenschaft" (переворот в науке), die durch superschnelle „elektronische Rechenmaschinen" („быстродействующие электронные счетные машины») mit „Magnetgedächtnis" ausgelöst worden sei, und druckte im Anschluß an den Bericht einen Comic mit einem Schach spielenden Roboter ab, gebrauchte den Begriff Kybernetik aber kein einziges Mal. Mel'nikov, V.; Pozdnjakov, S.: BĖSM, in: TM 3/1956, S. 30–32.

журнала посвящен новому направлению в науке и технике, которое [...] открывает новые возможности познания явлений окружающего мира."[318]

Die Ausgabe eröffnet eine Erzählung, die die nächtliche Rückkehr eines Wissenschaftlers aus dem Krankenhaus in sein Labor beschreibt, das er sechs Jahre nicht gesehen hat:

> Auf einem Schreibtisch liegen deutschsprachige Zeitschriften, die von der Modellierung des Gehirns, Synapsen und Neuronen handeln, und der Heimkehrer entdeckt eine Tastatur mit blau schimmerndem Bildschirm. Als er beim Lesen der Journale ins Stocken gerät, springt ihm eine kühl und klar sprechende Stimme mit der Übersetzung zur Seite, mit der er zu diskutieren beginnt. Sie vermag aber nur logisch-mathematisch zu argumentieren, auf dem Bildschirm Zahlenreihen und Graphiken zu malen, ist nicht aus der Ruhe zu bringen, und ihr Sprecher ist nicht zu finden, so daß der Rückkehrer an seinen Klinikaufenthalt denken muß und Zweifel bekommt, ob er tatsächlich genesen sei. Die Nacht schläft er unruhig und träumt vom Tod seines seltsamen Gesprächspartners – einer „Puppe". Am nächsten Tag klärt sich das Mißverständnis auf: Es handelt sich bei der rätselhaften Stimme und dem Bildschirm um Teile einer Rechenmaschine, die das Produkt einer neuen Wissenschaft ist: der *Kybernetik*.[319]

Auf diese Erzählung folgen einführende Aufsätze, die sowohl einen „Aufstand der denkenden Maschinen", welche die Menschen als „höchste Rasse" einholen könnten, als unrealistisch verwerfen, da man das Gehirn bisher nicht nachbauen könne, als auch die bisherige Verurteilung der Kybernetik als „Pseudowissenschaft" kritisieren. Schuld daran sei jedoch vor allem die amerikanische Rezeption, welche die neuen Maschinen als denkende Gehirne ohne Seele beschrieben hätte, die sich den Menschen zum Untertan machen würden.[320] Dieses Bild stimme nicht, denn die Kybernetik sei vielmehr die Wissenschaft der Steuerung von biologischen Organismen und von Maschinen.[321]

Schon diese wenigen Beispiele zeigen, wie sehr die Einführung der Kybernetik in den populärwissenschaftlichen Diskurs phantasmatisch aufgeladen war. Das fängt an mit dem Titel der genannten Eröffnungsgeschichte „Wer ist DORT?" („Кто ТАМ?"), der die Frage nach dem Unbekannten wohl nicht zufällig mit *nächtlichen*, *deutschen*, potentiell *kranken*, *toten* Erscheinungen assoziiert. Faszinierend war anscheinend nicht die Möglichkeit der Ausbeutung der Maschinen durch den Menschen, sondern die Vermutung, daß es DORT etwas Fremdes, Bedrohliches, aus dem Ausland Kommendes, nicht zu Kontrollierendes geben könnte, noch ehe man beschrieben hatte, wie und ob die neuen Maschinen überhaupt funktionierten. Denn an der Funktionstüchtigkeit solcher Apparate „an der Grenze zur Fantastik" („На грани фантастики") gab es 1956 keinen Zweifel, sei es das Schachspiel, die Wettervorhersage, Verkehrsregelung, Simultanübersetzung, Flugsimulation oder Fließbandproduktion, alles schien bei diesen kybernetischen Mechanismen möglich,

---

318 [Anon.]: K čitateljam, in: ZS 7/1956, S. 1.

319 Žigarev, L.: Kto TAM?, in: ZS 7/1956, S. 2–6.

320 Vladimirov, A.: „Bunt mašin" i Kibernetika, in: ZS 7/1956, S. 7–9.

321 Kol'man, É.: O Kibernetike, in: Ebd., S. 8–9.

soweit es sich um „logisch aufgebaute Prozesse" handelte.[322] Gleichzeitig war der Gegenstand der neuen Wissenschaft – und das stellte sicherlich einen weiteren Faszinationsmoment dar – aber das eigene menschliche Gehirn (die „biologischen Organismen"), das man sich als eine gigantische durch elektrische und biochemische Prozesse gesteuerte Maschine vorstellte. Waren alle diese inneren und äußeren „Bioströme" meßbar, mußten auch die scheinbar irrationalsten menschlichen Gedankengänge letztlich nachvollziehbar und damit reproduzierbar sein.[323] Genau in dieser nicht zu verwerfenden Möglichkeit, intelligente Wesen künstlich herzustellen, die sich unabhängig vom Menschen machen könnten, bestand das „Bezaubernde": „Seit dem Altertum war die Menschheit von dem Gedanken bezaubert, ein Gebilde mit menschlichen Funktionen zu schaffen" („С древности человечество пленяла мысль создать устройства с функциями человека.")[324]

Die Möglichkeit künstlicher Intelligenz konnte jedoch in der populärwissenschaftlichen Publizistik 1956 noch nicht weiter diskutiert werden. Erst nachdem 1958 die ersten kybernetischen NF-Erzählungen erschienen waren[325] und der erste Mensch 1961 in den Kosmos geflogen war, kam zur Sprache, was die Kybernetik neben dem Kosmos zum beliebtesten Thema der populärwissenschaftlichen Zeitschriften machte.[326] Bis dahin beschäftigte man sich in der populärwissenschaftlichen Rezeption entweder mit praktischen Fragen[327] oder nur theoretisch mit „geschlossenen" (Maschinen) und „offenen Systemen" (Menschen), Informationstheorien (zum Austausch von Informationen zwischen Systemen bzw. Organismen)

---

[322] Pekelis, V.: Molnienosnyj sčet, in: ZS 7/1956, S. 10–16; Petrovskij, Ju.: Na grani fantastiki, in: Ebd., S. 17–24; Bachmet'ev, M.: O nekotorych problemach kibernetiki, in: Ebd., S.. 28–32.

[323] Rusinov, A.; Žirmunskaja, E.: Biotoki mozga, in: ZS 7/1956, S. 33–36; Bruk, I.: Mašina i organizm, in: Ebd., S. 37–38.

[324] Bruk, I.: Mašina i organizm, in: ZS 7/1956, S. 37. Hierzu bspw. auch folgende Äußerung: „Seit den ältesten Zeiten schien der Roboter – ein Mechanismus in Gestalt des Menschen, der sich bewegen, arbeiten und reden kann – die größte aller möglichen Errungenschaften der Mechanik zu sein." („С древнейших времен робот – человекообразный механизм, который мог бы двигаться, работать и говорить, – казался величайшим из возможных достижений механики.") Siehe [Anon.]: Čto takoe robot?, in: TM 4/1957, S. 33.

[325] 1963 erinnert sich der kybernetische Wissenschaftliche Fantastik schreibende Fantast Anatolij Dneprov an die Schwierigkeiten, seine ersten Erzählungen zu publizieren: „Die Meinung, daß die Kybernetik eine "Pseudowissenschaft" sei, steckte weiterhin wie ein rostiger Nagel im Bewußtsein der gegenüber der Wissenschaft und der Wissenschaftlichen Fantastik gleichgültigen Redakteure und Literaten." („Мнение о том, что кибернетика – «лженаука» продолжало торчать ржавым гвоздем в сознании равнодушных к науке и научной фантастике редакторов и литераторов.") Dneprov, Anatolij: Gde načinaetsja fantastika?, in: ZS 11/1963, S. 4.

[326] 1960 vermutete eine Rezensentin des Buches von L. Teplov, „Očerki o kibernetike" (Moskva 1959), sogar, die Kybernetik habe „wohl" bei „den breiten Massen des Volkes" die größte Popularität unter den Wissenschaften, was vor allem an den „fantastischen Perspektiven" liege, die ihre Anwendung in verschiedenen Bereichen eröffne, siehe Radunskaja, I.: Kibernetika (Sredi knig), in: NŽ 6/1960, S. 74.

[327] Zu in einer Nähfabrik geplanten Automaten, bspw. Arlazorov, M.: Nam povinujutsja roboty, in: ZS 2/1958, S. 28–30; Siehe auch Machonin, V.: Televidenie i kibernetika, in: ZS 6/1958, S. 10.

oder biochemischen Prozessen.[328] Das Ideal dieser intelligenten Mechanismen war der dem Menschen jederzeit zur Verfügung stehende Helfer, sei es in der Fabrik, beim Arzt oder beim Komponieren.[329] Nicht steuerbare Helfer schienen hingegen kulturpolitisch nicht durchsetzbar zu sein, wie das Schicksal des Roboters TUM zeigt.

Sein Foto war das erste Mal im September 1956 auf Seite 1 von *Technika – molodeži* als „Beitrag zu einem Wettbewerb" mit dem Zusatz zu sehen: „Er heißt Tum" („Его зовут Тум").[330] Das war zum einen die regelgerechte Abkürzung für Tumannost'[331] und verwies somit unmittelbar auf den Titel von Ivan Efremovs ab Anfang des nächsten Jahres in der selben Zeitschrift erscheinenden Roman „Andromedanebel" („Туманность Андромеды"). Zum anderen war es groß geschrieben die Abkürzung für „Telegesteuerter Mechanismus" („Телеуправляемый механизм").[332] Dieser von einem gigantischen Rechner – seinem „Gehirn" – aus über Funksignale ferngesteuerte Roboter erlebte über das Jahr hinweg einige „ungewöhnliche Geschichten unserer Tage", die mit Fotos von ihm bei seinen Abenteuern illustriert waren.

> In der zweiten Fotogeschichte beobachten zwei Geologiestudenten im Norden Kasachstans während der Marsopposition im Januar 1957 eine Rakete, die in ihrer unmittelbaren Nähe niedergeht. Sie vermuten sofort, daß sie vom Mars komme, und sprechen den vierbeinigen Marsianer, der der Rakete entsteigt, unwillkürlich „auf Deutsch" an. Dieser antwortet jedoch nicht. Ihm folgt ein dem Menschen ähnlicheres Wesen, ein Roboter, ehe drei Hubschrauber mit Mitgliedern der Kommission für Astronautik der Akademie der Wissenschaften am Ort des Geschehens landen und die beiden Studenten aufgeklärt werden, daß es sich bei dem Raumschiff um einen „künstlichen Sputnik der Erde" handele, bei dem Marsianer um einen Versuchshund und bei dem Roboter um „unseren TUM", der als Versuchsperson bei diesem ersten Weltraumflug den Menschen ersetzt habe.[333]

Diese „ungewöhnliche Geschichte" zeigt erstens, wie eng die Kybernetik von Anfang an mit dem Kosmos verbunden war. Zweitens wird ersichtlich, wie präsent das kosmische Thema schon mehr als ein halbes Jahr vor dem ersten Sputnikflug in den Zeitschriften gewesen ist. Drittens macht sie deutlich, wie spielerisch mit dem Thema nicht erst seit Bip-Bip umgegangen worden ist: Die fantastische Vermutung der Geologiestudenten, daß es sich um Marsianer handeln könnte, wird zwar aufgeklärt, jedoch durch eine nicht weniger fantastische Variante: Nämlich daß ein Robo-

---

[328] Bspw. die Rezension zu dem von M. Arlazorov herausgegebenen Sammelband zu Kybernetik und Automatik „Buduščee načinaetsja segodnja", siehe Gorin, G.: Buduščee načinaetsja segodnja (Vyšli iz pečati), in: ZS 2/1960, S. 28; Askinadze, Ja.: Poznanie i kibernetika (Filosofskie voprosy estestvoznanija), in: NŽ 2/1960, S. 39–42.

[329] Bspw. Kol'man, Ė: Kibernetika stavit voprosy, in: NŽ 5/1961, S. 42–45; Anfilov, Gleb: Robot slagaet muzyku, in: NŽ 11/1961, S. 54–59.

[330] Naumov, S. (Foto): „Ego zovut Tum" (Iz fotografij, prislannych na konkurs), in: TM 9/1956, S. 1.

[331] Siehe Scheitz, Edgar: Technik-Wörterbuch. Russische Abkürzungen, Berlin 1985, S. 611.

[332] [Anon.]: Neobyknovennaja istorija našich dnej. TUM i RUM. Proisšestvie bez svidetelej, in: TM 4/1957, S. 33.

[333] Naumov, S. (Fotomontaž): Neobyknovennaja istorija našich dnej. Gost' iz kosmosa, in: TM 2/1957, S. 36–38.

ter eine kosmische Rakete steuern und sogar landen könnte.[334] Denn auch wenn die „aufklärerische" und erzieherische Funktion der Geschichten immer anwesend blieb, war es nicht sie, die die Faszinationen ausmachte. Vielmehr ging sie, wie in der Erzählung „Wer ist DORT?" („Кто TAM?"), von etwas anderem, Fremdem aus, das (verkleidet) als Deutsche, Roboter oder Außerirdische in die sowjetische Wirklichkeit eindringen könnte – eine Faszination, die in den NF-Geschichten noch stärker sichtbar werden sollte.

In den anderen Geschichten mit TUM ging es insbesondere um „Kontrollverluste", die auftraten, wenn er als „telegesteuerter Mechanismus" außer Funkreichweite seines „Gehirns" geriet bzw. dieses „ausfiel" und er dann selbständig aus dem Labor ausbrechen, aus einem fliegenden Flugzeug ins Meer springen oder mit seinem „stählernen Bruder" RUM (Abk. für „Radiogesteuerter Mechanismus"/„Радиоуправляемый механизм") über seine Erlebnisse plaudern konnte.[335] Als er wegen dieser eigenwilligen Taten auf die weiter reichende „Ultraschallsteuerung" umgerüstet und somit dem Menschen ganz untertan gemacht worden war, war dies TUMs letzte Geschichte, obwohl eine Fortsetzung angekündigt wurde.[336]

1961 kam dann die Frage „wer ist DORT?" („кто TAM?") nochmals zur Sprache, als die Ausführungen des Mathematikers Andrej Kolmogorov aus seinem Vortrag „Automaten und Leben" publik gemacht wurden. In ihm hatte er schon im April 1960 dargelegt, daß es nicht nur prinzipiell möglich sei, künstliche intelligente Wesen zu produzieren, sondern auch denkbar, daß bspw. denkende Spinnen existierten.[337] Damit kündigte er einen Paradigmenwechsel an, den ein Rezensent in einem Paradoxon formulierte:

> „In der Geschichte der Menschheit existiert ein interessantes Paradoxon: Je entschiedener der Mensch sich von den Vorstellungen von seiner "Einmaligkeit", von seiner Allmacht und "Göttlichkeit" lossagt, desto stärker wird er. So war es nach Kopernikus, der die Jahrtausende alte Vorstellung von der Erde als Zentrum der Welt verwarf. So war es nach Darwin, der die Verwandtschaft des Menschen mit den Tieren bewies. So war es nach Pavlov, der mit der wissenschaftlichen Erforschung dessen begann, was man gewohnt war, "unsterbliche Seele" zu nennen. Jedoch den wohl letzten und entschiedensten Schlag gegen die religiöse Vorstellung vom Menschen als Zentrum des Weltalls, von einem einzigartigen und einzigen Besitzer des Bewußtseins (oder der "Seele") versetzt die Kybernetik."

---

[334] Das Problem der Landung von Raumschiffen hat die sowjetische Raumfahrt bis zu ihrem Ende nicht gelöst: Die Kosmonauten segeln immer noch mit Kapseln an Fallschirmen auf die Erde. Die amerikanische Raumfahrt nahm erst in den 80er Jahren mit dem Space Shuttle eine „kosmische Landefähre" in Betrieb. Siehe zu den technischen Problemen Mielke, Heinz: Rund um die Raumfahrt, Berlin 1979, S. 141ff.

[335] Naumov, S. (Fotomontaž): Neobyknovennaja istorija našich dnej, in: TM 1/1957, S. 38–39; [Anon.]: Neobyknovennaja istorija našich dnej. TUM i RUM. Proisšestvie bez svidetelej, in: TM 4/1957, S. 33. RUM war wie TUM ein von Lesern der Zeitschrift – in diesem Fall von „jungen Technikern" aus Čkalov – zusammengebautes Robotermodell. Siehe Ebd., S. 32. Der Name RUM verweist natürlich noch deutlicher als derjenige TUMs auf die prototypische Geschichte über die Emanzipation künstlicher Lebewesen von den Menschen, auf Karel Čapeks „R.U.R." von 1920.

[336] [Anon.]: Neobyknovennaja istorija našich dnej. Tainstvennyj vodolaz, in: TM 8/1957, S. 38.

[337] Kolmogorov, A.: Obsuždaem problemy kibernetiki segodnja, in: TM 11/1961, S. 30–31.

„В истории человечества существует любопытный парадокс: Чем решительнее человек отказывается от представлений о своей «исключительности», о всемогуществе и «божественности», тем сильнее он становится. Так было после Коперника, опрокинувшего тысячелетние представления о Земле – центре мира. Так было после Дарвина, доказавшего родство человека и животных. Так было после Павлова, начавшего научное изучение того, что было принято именовать «бессмертной душой». Но, пожалуй, последний и решительный удар религиозному представлению о человеке – центре Вселенной, неповторимом и единственном обладателе сознания (или «души»), наносит кибернетика.“[338]

Dieser *letzte Schlag* der Kybernetik, den Kolmogorov vollzog, wurde Ende 1961 in zwei Ausgaben von *Technika – molodeži* abgedruckt und löste damit eine ein Jahr lang andauernde, nicht nur hier geführte, kontroverse Diskussion aus.[339] In ihr wurde der Paradigmenwechsel jedoch nur bedingt oder gar nicht nachvollzogen. Entweder verwarf man Kolmogorovs Thesen, da die lange Geschichte seiner Entwicklung hinter dem Menschen stehe und diese nicht mit einem Schlag hinfällig gemacht werden könne. Auch perfekte Maschinen würden nie „mehr als Helfer und Diener des Menschen“ sein, die dessen physische und intellektuelle Macht unbegrenzt erweiterten.[340] Sie hätten das Programm des 22. Parteitags zu erfüllen und dem Kommunismus zu dienen, wie der Vorsitzende des Wissenschaftlichen Rats für Kybernetik der Akademie der Wissenschaften erläuterte.[341] Oder aber man lobte Kolmogorovs Überlegungen zur Reproduzierbarkeit des Menschen ausdrücklich – wie es die Mehrzahl der Beiträge tat –, verlegte die Debatte jedoch auf Fragen der Definition (was Leben, Intellekt, Psyche u.a. bedeute)[342] und der praktischen Umsetzung (chemische Kybernetik, Grenzen des Machbaren)[343] und Anwendbarkeit (bspw. von Lehrmaschinen im Unterricht).[344] Für das theoretisch Mögliche und Denkbare erklärte man hingegen die Wissenschaftliche Fantastik zuständig.[345] Da-

---

338 Kondratov, A.: Avtomaty, myšlenie, žizn’ (O poslednich rabotach akademika A. N. Kolmogorova), in: ZS 6/1961, S. 16.

339 [Anon.]: Zaveršaem diskussiju po vystupleniju akademika Andreja Nikolaeva Kolmogorova „Avtomaty i žizn“‘ (Obsuždaem problemy kibernetiki segodnja), in: TM 8/1962, S. 29.

340 Gluškov, V.: Sdelat’ kibernetiku podlinnym pomošnikom umstvennoj dejatel’nosti (Obsuždaem problemy kibernetiki segodnja), in: TM 6/1962, S. 30.

341 Berg, A.: Kibernetiku – na službu kommunizmu (Obsuždaem problemy kibernetiki segodnja), in: TM 3/1962, S. 24–26; TM 4/1962, S. 30–32.

342 Kol’man, Ė.: Mogut li mašiny obladat’ psichikoj? (Obsuždaem problemy kibernetiki segodnja), in: TM 1/1962, S. 24–26; Artoboleveskij, I.; Kobrinskij, A.: Živoe suščestvo i techničeskoe ustrojstvo (Obsuždaem problemy kibernetiki segodnja), in: TM 2/1962, S. 22–26; Ross Ėšbi, R.: Čto takoe intellektual’naja mašina? (Obsuždaem problemy kibernetiki segodnja), in: TM 6/1962, S. 31–32.

343 Kuznecov, P.: Chimičeskaja kibernetika (Obsuždaem problemy kibernetiki segodnja), in: TM 2/1962, S. 22–26; Gurevič, G.: V poiskach predela (Obsuždaem problemy kibernetiki segodnja), in: TM 7/1962, S. 28–30.

344 Lande, L.: Kibernetika i pedagogika (Slovo dlja predloženija), in: NŽ 3/1962, S. 80ff; Napalkov, A.: Kibernetika i mozg (učenye obsuždajut), in: NŽ 6/1962, S. 48–49. Zu anderen Bereichen siehe z.B. Ivachnenko, A.: Kibernetika i nadežnost’ sistem upravlenija kosmičeskogo korablja, in: NŽ 11/1962, S. 30–31.

345 Pekelis, V.: Obzor statej i pisem (Obsuždaem problemy kibernetiki segodnja), in: TM 8/1962, S. 27–29.

mit fand auch in Hinsicht auf die Kybernetik eine Verlagerung der Diskussion statt: Was noch bis Ende 1962 in populärwissenschaftlichen Texten als ernsthafte Frage diskutiert werden konnte, war danach nur noch in den NF-Geschichten als fantastische Spekulation verhandelbar. Allerdings kreiste die Frage nach intelligenten (Steuerungs-)Mechanismen als Debatte um den „Anthropozentrismus" hier interessanterweise nicht vornehmlich um künstliche, sondern um außerirdische Intelligenz. Es war die *Erfindung des Kosmos*, die eine solche Problematisierung in der NF ermöglichte. In der populärwissenschaftlichen Rezeption setzte sich in bezug auf kybernetische Maschinen hingegen das Bild vom guten Helfer und Kameraden durch, wie ihn von 1964 an Bips Kamerad Kiber verkörperte.

Telepathie: Wissenschaft und Aberglaube

Ein weiteres Feld neuer Möglichkeiten eröffnete sich im Bereich der Psychiatrie und Parapsychologie, das wiederum eng mit den in der Kybernetik und Kosmonautik entwickelten Theorien zusammenhing.[346] Funktionierte doch bspw. ein Mensch in Hypnose wie eine perfekte kybernetische Maschine: seine Gedanken und Handlungen ließen sich durch das Gehirn eines anderen programmieren und „steuern".[347] Außerdem schien sich diese Technik, die sehr bald relativ unumstritten als Wissenschaft etabliert war, hervorragend als therapeutische Methode zur Heilung psychischer Krankheiten zu eignen. Deren Verlaufsformen versprachen wiederum – innerhalb der von Ivan Pavlov abgesteckten Diskursgrenzen – Aufschluß über die Funktionsweisen des „offenen Systems" menschliches Gehirn geben zu können,[348] wobei man insbesondere der Schizophrenie,[349] aber auch Drogentrips bspw. mit LSD Aufmerksamkeit widmete.[350] Gleichzeitig bot die „Entzauberung" der Hypnose plausible Argumente für den Kampf der Wissenschaft gegen Aberglaube und religiöse Kulte.[351]

Sehr viel umstrittener war die nonverbale Informationsübertragung zwischen „menschlichen Systemen" – die Telepathie. Das galt vor allem für die Gedanken-

---

[346] Zu den Veränderungen in der sowjetischen Psychologie Ende der 1950er Jahre allgemein, siehe Kozulin, Alex: Psychology in Utopia. Toward a Social History of Soviet Psychology, Cambridge Mass. u.a. 1984.

[347] Levi, Vladimir (Psichiatr): V kabinete gipnologa (Protiv religii – za nauku), in: ZS 5/1964, S. 19.

[348] So vermutete das korrespondierende Mitglied der Akademie der Medizin, V. Vasil'ev, zum Beispiel, daß es sich bei der Fähigkeit des Menschen, Gedanken lesen zu können, um Relikte aus der Zeit seiner zoologischen Vorfahren handelte. Heute kämen sie insbesondere bei psychisch Kranken zum Ausbruch. Siehe Vasil'ev, V.: Biologičeskaja radiosvjaz' – otgolosok prošlogo (Čto dumajut ob ėtom sovetskie učenye), in: ZS 12/1960, S. 22–23.

[349] Levi, Vladimir: Šizofrenija: ponjat', čtoby pobedit', in: ZS 1/1965, S. 18–21.

[350] Ašer, Garri: LSD vzryvaet psichiku, in: ZS 1/1965, S. 22.

[351] Rožnova, M.; Rožnov, V.: Legendy i pravda o gipnoze (Protiv religii – za nauku), in: ZS 5/1964, S. 18–23; Siehe auch die Rezension des gleichnamigen Buches derselben Autoren [Anon.]: Kniga o gypnoze (Knižnyj magazin), in: ZS 2/1965, S. 53.

übertragung über größere Entfernungen. Das Gedankenlesen bspw. bei öffentlichen Veranstaltungen ließ sich noch als Technik erklären, unbewußte Reizreaktionen und äußere Muskelregungen des anderen lesen zu können.[352] Das angeblich zu 70 % erfolgreich verlaufene, 1959 von französischen Forschern durchgeführte Experiment, Gedankenübertragungen über eine Entfernung von 2000 km vom Festland zu einem einige hundert Meter unter Wasser befindlichen U-Boot festzustellen, rief hingegen Ende 1960 eine heftige Kontroverse hervor.[353] In Analogie zum irdischen Magnetfeld und zu den kosmischen Strahlen hatte man bisher versucht, durch das Magnetfeld des menschlichen Gehirns entstandene Radiowellen nachzuweisen, was aber mißlang.[354] So mußten die „neuen Wissenschaften" Parapsychologie und Bioelektronik sich auf die bloße Hypothese stützen, daß es sich bei der Telepathie um mit den derzeitigen Meßgeräten nicht erfaßbare „Bioströme" oder andere Informationsträger handeln könnte.[355] Da man jedoch weder bei der experimentellen Forschung noch betreffs möglicher Erklärungsmodelle weiter kam,[356] setzte sich Mitte der 1960er Jahre die Einsicht durch, daß nicht alle theoretisch möglichen „Wunder", nur weil ihr Eintreffen wissenschaftlich nicht ganz ausgeschlossen werden könne, für wahr genommen werden müssen:

> „Nicht selten glaubt der Mensch ehrlich an die Möglichkeit einer Einmischung des "göttlichen Willens" in unsere Welt. Gebildetere Leute glauben an Wunder mit wissenschaftlicher Begründung".
>
> „Нередко человек искренне верует в возможность вмешательства «божьей воли» в наш мир. Более образованные люди верят в чудеса с научным обоснованием."[357]

Fragt man nach den hinter den Phänomenen Telepathie und Hypnose stehenden Faszinationsmomenten, dann lassen sie sich sicherlich zum einen als Ausdruck einer Angst interpretieren, wie sie insbesondere zur Stalinzeit durch die zunehmende

---

352 [Vol'f Messing otvečaet na voprosy P. Oreškina]: „Čtenie muskulov", a ne myslej (Peredača mysli na rasstojanii ?/Podborka), in: TM 1/1961, S. 32.

353 Das U-Boot war nach demjenigen aus Jules Vernes Roman „Zwanzig tausend Meilen unter dem Meer", „Nautilus" benannt, siehe [Diverse]: Peredača myslej – vozmožna li ona? (Čto dumajut ob ėtom sovetskie učenye), in: ZS 12/1960, S. 18; [Anon.]: Novaja nauka – bioėlektronika (Čto dumajut ob ėtom sovetskie učenye), in: Ebd

354 Siehe bspw. Fadeev, E.: Tak čto že takoe telepatija?, in: NŽ 6/1961, S. 60f.

355 Siehe die Beiträge zur Debatte von G. Anfilov, F. Astratjan, D. Birjukov, P. Guljaev, L. Krajzmer, L. Vasil'ev, I. Kljackin in: Peredača myslej – vozmožna li ona? (Čto dumajut ob ėtom sovetskie učenye), in: ZS 12/1960, S. 19–23; Tugarinov, V.: Ešče raz o peredače myslej, in: ZS 7/1961, S. 22.

356 Siehe auch die Debatte in *Technika – molodeži*, die ohne eindeutiges Ergebnis und mit der Aufforderung, weiter zu forschen, abgebrochen wurde, [Div.]: Čitateli sprašivajut nas: Suščestvuet li peredača mysli na rasstojanii? Na ėtot vopros otvečajut matematiki, fiziologi, biofiziki, psichiatry, inženery, in: TM 1/1961, S. 28–31; [Div.]: Suščestvuet li peredača mysli na rasstojanii? (Prodolženie), in: TM 2/1961, S. 30–33; Dass. (Okončanie), in: TM 3/1961, S. 30–31.

357 Kitajgorodskij, A.: Čego na svete ne byvaet, in: ZS 6/1965, S. 7. Die Thesen dieses Artikels hatte der Doktor der Physik und Mathematik, Professor Kitajgorodskij, das erste Mal in einem Grundsatzartikel, „Plody prosveščenija", in der *Literaturnaja Gazeta* im Herbst 1964 dargelegt, siehe: [Anon.: Osen'ju prošlogo goda...], in: Ebd., S. 6

staatliche Überwachung und die permanenten Aufrufe zur Wachsamkeit gegen innere und äußere Feinde produziert worden ist. Zum anderen können sie aber auch als Produkt des Wunsches gelesen werden, eine Empfangs- und Sendetechnik des menschlichen Körpers zu erfinden, die analog zu den Möglichkeiten, die Teleskope und Satelliten für den Kosmos eröffneten, Fluchtwege in andere Welten denkbar machte. Eine solche Interpretation legte auch die Äußerung eines Psychiaters von 1965 nahe, daß die „häufigsten Themen" psychischer Erkrankungen die Telepathie sowie kosmische Reisende und Erfinder seien, die zweifellos Ängste und Wünsche der heutigen Zeit widerspiegelten:

> „In unserer Zeit stellt die Telepathie nicht selten ein Thema des Wahns dar. Unlängst kam ein gesunder junger Bursche aus Sibirien ins Physikalische Institut in Moskau gefahren und begann den Mitarbeitern zu drohen, sie gewalttätig dafür zu bestrafen, daß sie im Laufe von zwei Jahren seine Gedanken gelesen und ihm ihre eigenen eingeflößt haben. (...) Es sind auch viele "Erfinder" und "kosmische Reisende" aufgetaucht. Ein mir bekannter Kranker hat den Mars unter der Telefonnummer 7-77 mit der Durchwahl 7-77 angerufen. Ein anderer bestürmte die Akademie der Wissenschaften mit Projekten zur Vervollkommnung kosmischer Raketen – wobei er die lediglich sieben Jahre Schulbildung besaß."

> „В наше время темой бреда нередко служит телепатия. Не так давно в один физический институт в Москве приехал из Сибири здоровенный молодой парень и стал угрожать сотрудникам расправой за то, что они в течение двух лет читали его мысли и внушали свои. [...] Появилось много «изобретателей», «космических путешественников». Один из известных мне больных звонил на Марс по телефону 7-77, добавочный 7-77. Другой беспрерывно осаждал Академию наук с проектами усовершенствования космических ракет – у него было семиклассное образование."[358]

Religion: Kosmonauten des Altertums

Nachdem in den 1930er Jahren religiöse Organisationen massiver staatlicher Unterdrückung ausgesetzt gewesen waren, hatte sich seit 1941 das Verhältnis zur russisch-orthodoxen Kirche verändert. Angesichts des deutschen Überfalls auf die Sowjetunion rief die russisch-orthodoxe Kirche jetzt zur Unterstützung des Vaterlandes und des „Führers Stalin" auf. In der Folgezeit gab es mehrere Treffen der Spitzen von Kirche und Staat, und nach einem Treffen mit Stalin 1943 wurde der Metropolit Sergij offiziell zum Patriarchen des ganzen sowjetischen Einflußbereichs erklärt.[359] Diese enge Verbindung der Kirche zum Staat hatte sich auch nach dem Krieg und in der „Ždanovzeit" nicht geändert, vielmehr konnten die russischen Orthodoxen und andere religiöse Bewegungen ihren Einfluß erheblich ausbauen. Gegenüber 4225 orthodoxen Kirchengemeinden 1939 lag deren Zahl Mitte der 50er Jahre schon bei über 20.000. Der Patriarch Aleksij trat auf staatlichen Kundgebun-

[358] [Anon.]: 12 voprocov professoru V. M. Banščikovu, in: ZS 10/1965, S. 39.
[359] Hierzu bspw. Anderson, John: Religion, State, and Politics in the Soviet Union and the Successor States 1953–1993, Cambridge 1994, S. 6ff.; Rauch: Geschichte der Sowjetunion, S. 382f.

gen auf und die Kirche half, die heimkehrenden Soldaten beim Wiederaufbau zu motivieren. Erst mit dem 19. Parteitag 1952 begann man den Kampf gegen die Religion in der Presse wieder aufzunehmen, da nicht nur bei vielen Kolchosvorsitzenden, sondern selbst in der Partei- und Komsomolführung das „religiöse Gefühl" immer größere Verbreitung finde.[360] Nach dem 20. Parteitag, der das kulturpolitische Tauwetter einleitete, verstärkte man die Propaganda gegen Religion und Aberglauben erheblich,[361] ehe die Repressionen 1959 bis 1964 dazu führten, daß die Zahl der orthodoxen Gemeinden bis Mitte der 60er Jahre auf 7500 zurückging.[362]

Diese Wende in der Religionspolitik spiegelte sich auch in *Nauka i žizn'* wieder. Die Zeitschrift druckte unter der Rubrik „Wissenschaft und Religion" („Наука и религия") bis 1959 zwei bis drei Texte im Monat mit wissenschaftlichen Argumenten gegen den Glauben an Götter, Wunder und übersinnliche Kräfte. Ab 1960 hieß die Rubrik „Wissenschaft gegen Religion" („Наука против религии") mit durchschnittlich zwei Texten, ab 1964 dann „Atheistische Lektüren" („Атеистические чтения") mit im Schnitt einem Text im Monat. Auch *Znanie – sila* publizierte ab Januar 1958 eine Artikelfolge darüber, wie der Mensch in unterschiedlichen Geschichtsepochen sich seine Götter erfunden habe.[363] Diese Serie trug den bezeichnenden Titel „Wie ~~Gott~~ der Mensch ~~den Menschen~~ Gott erschaffen hat" „Как ~~бог~~ человек создал ~~человека~~ бога", der nicht nur auf die Vergangenheit bezogen, sondern auch als Muster für die weitere populärwissenschaftliche Rezeption des Themas gelesen werden kann. Denn ansonsten[364] kam in den ausgewerteten Zeitschriften kaum direkte antireligiöse Agitation vor.[365] Statt dessen boten sie aber in ihrem Vokabular und den Vergleichen einen „ehrlichen Glauben" an „Wunder mit wissenschaftlicher Begründung" an, dessen Kern die Flüge des Menschen in den Kosmos bildeten.[366]

---

[360] Lazareff; Lazareff: Die Stunde Moskaus, S. 290ff.

[361] Steininger, Alexander: Literatur und Politik in der Sowjetunion nach Stalins Tod, Wiesbaden 1965, S. 133ff.

[362] Simon, Gerhard: Orthodoxe Kirche, in: Torke, Hans-Joachim (Hg.): Historisches Lexikon der Sojwetunion 1917/22 bis 1991, München 1993, S. 231f.

[363] Každan, A.: Kak ~~bog~~ čelovek sozdal ~~čeloveka~~ boga, in: ZS 1/1958, S. 13–17; 2, 22–25; 3, 47–50; 4, 14–17; 6, 34–37.

[364] Daß *Nauka i žizn'* hier eine Ausnahme machte, lag daran, daß die Zeischrift bei der „Allunionsgesesellschaft zur Verbreitung politischer und wissenschaftlicher Kenntnisse" erschien, die ab 1959 auch die Zeitschrift *Nauka i religija* zur Verbreitung atheistischer Propaganda herausgab, siehe Steininger: Literatur und Politik, S. 139.

[365] In *Junost'* wurden allerdings wiederholt Texte abgedruckt, die sich mit dem aktuellen Einfluß der Kirche und anderer religiöser Bewegungen in der Sowjetunion auseinandersetzten, bspw. Krajnov, V.: V Trjasine, in: Junost' 1/1960, S. 92–95; Oder zur orthodoxen Kirche L'vov, Sergej: Spasite naši duši!, in: Junost' 2/1960, S. 5–49. *Znanie – sila* führte 1963 bis 1964 kurzzeitig eine Rubrik unter dem Titel „Wisenschaft gegen Religion" („Наука против религии") bzw. „Gegen die Religion – für die Wissenschaft" („Против религии – за науку") ein, die sich aber weniger mit der orthodoxen Kirche und anderen religiösen Bewegungen als mit Themen wie Hypnose, Telepathie, der Wirkung von Drogen u.a. populärwissenschaftlich auseinandersetzte. Hierzu siehe der vorige Abschnitt. Siehe auch bspw. Kologrivov, R.: Religija i narkotiki, in: ZS 3/1964, S. 56.

schen in den Kosmos bildeten.[366] Der Mensch trat nicht nur an die Stelle des durchgestrichenen Gottes, sondern er erschuf sich selber als Gott neu.[367]

So lautete bspw. ein Artikel in *Znanie – sila* von September 1962 „Zu Gast bei den Göttern" („В гостьях у богов"), der mit einem Gespräch eröffnet wurde, das der Kosmonaut-3, Andrijan Nikolaev, mit seiner Mutter vor seinem Flug geführt haben soll. Als er ihr sagte, daß er sehr hoch fliegen werde, antwortete sie:

> „– Flieg, wer stört dich, bemerkte die Mutter ruhig./ Der Sohn antwortete scherzhaft:/ – Fliegen kann man, aber was sagt der liebe Gott dazu? Plötzlich ist er beleidigt, macht einen Skandal. Denn ich dringe ja in seinen Herrschaftsbereich ein./ Denn Andrijan wußte, daß seine Mutter früher in die Kirche gegangen ist, zu Gott gebetet hat./ Sie schaute den Sohn an und antwortete ruhig:/ – Was hast du mit dem lieben Gott zu tun... Der liebe Gott ist euch kein Befehl. Ihr, ihr Flieger, seid schon im ganzen Himmel rumgeklettert. Seid doch die Herrscher im Himmel... selber wie Götter."

> „– Лети, кто тебе мешает, – спокойно заметила мать./Сын шутливо ответил:/– Полететь можно, но только что мне скажет боженька? Вдруг обидится, начнет скандалить. Ведь я вторгнусь в его владения./Андриян знал, что раньше мать ходила в церковь, молилась богу./Она посмотрела на сына и спокойно ответила:/– Что вам боженька... Боженька вам не указ. Вы, летчики, все небо облазили. Хозяева в небе-то... Сами как боги."[368]

Gagarin und Titov könnten bspw. – hieß an selber Stelle – wie Christus in den Himmel fahren und lebend wieder zurückkommen: „Nein, wir schaffen jetzt selber wirkliche Wunder, von denen die Autoren der biblischen Märchen noch nicht einmal geträumt haben." („Нет, мы сами теперь творим настоящие чудеса, какие даже не снились авторам библейских сказок.")[369] Angesichts der neuesten Errungenschaften, Tote „mit Herzstillstand" medizinisch „wieder auferstehen" lassen, die Atomenergie nutzen oder aus Kohlenstoff chemisch Duftstoffe oder Aspirin herstellen zu können, erblaßten die biblischen Wunder:

> „Wie nichtig sieht im Vergleich zu diesen Maßstäben menschlicher Macht tatsächlich das aus, was in den Mythen und Märchen der Religion Gott zugeschrieben worden ist! Das Ausmaß der göttlichen Heldentaten reichte häufig nicht weiter als bis zu einem dreitätigen Aufenthalt im Bauch eines Wals oder bis zu einer Reise zu Fuß über das Wasser oder zum "Anhalten der Sonne" mit Hilfe von magischen Zaubersprüchen."

> „Как ничтожно, в самом деле, выглядит в сравнении с этими масштабами человеческой мощи то, что приписывалось богу в мифах и сказках религии! Размах божественных подвигов часто

[366] Kitajgorodskij: Čego na svete ne byvaet, S. 7; Auch Chruščev beschrieb im September 1960 in New York eigene wissenschaftlich-technischen Erfolge mit dem Satz:"Der Verstand des Menschen schafft heute Wunder" („Разум человека творит сегодня чудеса.") Zitiert nach L'vov, Vladimir: Na zare kosmičeskoj ėry (Malaja kosmičeskaja ėnciklopedija), in: VS 10/1961, S. 4.

[367] Wobei neben dem biblischen immer auch die antiken griechischen Göttern die Bezugspunkte bildeten, so hieß es bspw. nach Titovs Weltraumflug: „Die Kraft dafür haben nur Titanen oder Herkules, aber German Titov ist ein Titan und ein Herkules der Gegenwart, erzogen von der Kommunistischen Partei." („Такое под силу только Титанам да Геркулесам, а Герман Титов и есть Титан и Геркулес современности, воспитанный Коммунистической партией.") Borzenko, S.; Denisov, N.: Kosmonavt dva, in: Junost' 9/1961, S. 2.

[368] Mezencev, V.: V gostjach u bogov, in: ZS 9/1962, S. 2

[369] Ebd.

не простирался дальше трехдневного пребывания в желудке кита, или путешествия пешком по воде, или «остановки Солнца» посредством магических заклинаний"[370]

Solche Argumentation, die nicht versuchte, materialistisch zu belegen, daß die Geschichten von Göttern und Wundern vom Menschen *ausgedachte* und *frei erfundene* Märchen seien, sondern die statt dessen betonte, daß die heutigen von Menschen geschaffenen „Wunder" sehr viel größer seien als die von der Kirche kanonisierten, ließ jedoch die Frage nach dem Wahrheitsgehalt der „göttlichen Heldentaten" unbeantwortet. Gleichzeitig implizierte sie aber schon eine mögliche Antwort, indem sie die Menschen als intelligente Wesen, die in ihrer höchsten Entwicklungsstufe in den Kosmos fliegen konnten, selber zu „Schöpfern" göttlicher Taten erklärte. Die mögliche Antwort bestand dann darin, daß die religiösen und mythischen Texte tatsächlich einen wahren Kern beinhalteten, und zwar als Berichte von Landungen Außerirdischer auf der Erde. Wenn die Menschen wie Götter waren, konnten auch andere intelligente Wesen als Götter wahrgenommen worden sein. Und tatsächlich wurden ab 1960 populärwissenschaftliche Texte über die „Kosmonauten des Altertums" publiziert, die Vermutungen aufstellten, ob Marsianer schon vor Jahrtausenden in Zentralamerika gelandet seien,[371] ob die Bibel und andere Mythen und Legenden nicht über Besuche von Außerirdischen auf der Erde berichten[372] oder ob nicht im Mittelalter nochmals intergalaktischer Besuch in Südosteuropa gelandet sei.[373]

---

[370] L'vov, Vladimir: Net predela muguščestvu čeloveka (Beseda šestaja/Malaja kosmičeskaja ėnciklopedija), in: VS 3/1962, S. 8.

[371] Anfang 1960 äußerte Viktor Komarov im Zusammenhang mit der These, daß der Mars von intelligenten Wesen besiedelt gewesen sei, die Vermutung: „In Costa Rica und in anderen Regionen Zentralamerikas sind in großer Zahl riesige steinerne Kugeln mit einem Durchmesser von zwei und mehr Metern gefunden worden, mit einer ausnahmslos fehlerlosen geometrischen Form./ Sie sind auf der Erde nach geometrischen Figuren angeordnet, deren Lage vom Lichteinfall abhängt. Wer weiß, vielleicht dienten diese geheimnisvollen Kugeln als eigenartige Landesignale für Raumschiffe vom Mars?" („В Коста-Рике и других районах Центральной Америки были в больших количествах обнаружены огромные каменные шары поперечником около двух и более метров, исключительно правильной геометрической формы./Они располагаются на Земле определенными геометрическими фигурами, расположение которых зависит от стран света. Кто знает, быть может, таинственные шары служили своеобразными посадочными знаками для марсианских космических кораблей?") Siehe [Guljaev, A.; Komarov, V. u.a.]: Žizn' vokrug solnca, in: TM 1/1960, S. 36.

[372] Agrest, M.: Kosmonavty drevnosti, in: Na suše i na more, Bd. 2/1961, S. 528–542; Agrest bezieht sich neben der Bibel auch auf neuere archäologische Funde aus dem Nahen Osten, die verschiedene Landepunkte vermuten lassen und interpretiert bspw. die Überlieferungen vom Untergang Sodoms und Gomorrhas als mögliche Beschreibung einer von Außerirdischen ausgelösten Atomexplosion; Siehe hierzu auch Kazancev, Aleksandr: K stat'e M. Agresta «Kosmonavty drevnosti», in: Na suše i na more, Bd. 2/1961, S. 527; Zajcev, V.: Mify, legendy i kosmos, in: Ebd., Bd. 6/1965, S. 634–639.

[373] Zajcev, V.: „Kosmonavty" s Dečanskich fresok, in: Na suše i na more, Bd. 6/1965, S. 639–643.

Diese Hypothesen fanden sowohl bei Lesern als auch bei Fantasten und Publizisten großen Anklang,[374] doch ließen sie sich als populärwissenschaftliches Thema anscheinend politisch nicht durchsetzen. So sah sich schon Ende 1960 Bip-Bip veranlaßt, sie ins Reich der „‚wissenschaftlichen' Sensationen" zu verweisen.[375] Statt dessen aber tauchten sie vermehrt in der in den populärwissenschaftlichen Zeitschriften publizierten Fantastik auf, worauf noch eingegangen wird. Damit wurde vielleicht auch ein alternatives Angebot formuliert, das versuchte, das „religiöse Gefühl" nicht durch wissenschaftliche Erklärungen (wie bspw. *Nauka i žizn'*), sondern dadurch zu bekämpfen, daß man die heiligen Geschichten und religiösen Wunder, die von der Existenz einer transzendenten und/oder göttlichen Macht zeugten, wortwörtlich nahm und an die Stelle von deren metaphysischem Kern intelligente Wesen aus dem Weltall setzte.

3.4. Exkurs: Die Suche nach den verborgenen Geheimnissen

Befragt man die drei im vorangegangenen Kapitel behandelten Themenfelder nach ihrem gemeinsamen Faszinationsmoment, dann kann man diesen als die Suche nach anderen intelligenten Lebewesen interpretieren, die sich vom Menschen, oder genauer: der bisherigen sozialistischen Konzeption des Menschen unterscheidet: Sei es als ein nicht kontrollierbarer Roboter, ein mit telepathischen und hypnotischen Fähigkeiten ausgestatteter „verrückter" Mensch oder ein „göttlicher" Außerirdischer. Nun war diese Suche aber nicht auf die Kosmosbegeisterung beschränkt, sie

---

[374] So berichtet Tat'jana Černyševa von einer „ganzen Welle an Artikeln in populären Journalen" und „zahlreichen Leserbriefen", nachdem M. Agrest seine Hypothesen im Februar 1960 erstmals in der *Literaturnaja gazeta* vertreten hatte. *Znanie – sila* soll sogar eine inoffizielle „Kommission für Kontakte" mit Außerirdischen eingerichtet haben, die „Spuren möglicher Besuche auf der Erde, darunter auch in der weltweiten Folklore," zusammen suchte. Siehe Černyševa: Priroda fantastiki, S. 267ff. Erich von Däniken erzählt von seiner Moskaureise 1968, daß die hier schon mehrfach zitierten Wissenschaftler Iosif Šklovskij und Vjačeslav Zajcev sowie der Publizist und Fantast Aleksandr Kazancev alle von der Möglichkeit überzeugt gewesen seien, daß archäologische und mythische Überlieferungen von Besuchen von Außerirdischen berichteten. Siehe Däniken, Erich von: Zurück zu den Sternen. Argumente für das Unmögliche (¹1969), Düsseldorf 1972, S. 105ff.

[375] „Verzweifelt stürzte er sich in die Arme der Religion. Bip-Bip und Gott! Was kann es zwischen ihnen Gemeinsames geben? Doch es stellte sich heraus, daß sich unter den Sensationen auch die Version von den BIBLISCHEN KOSMAUTEN befand, welche den biblischen Unsinn mit der Autorität moderner Technik verdeckte. Die kosmische Herkunft (denn Bip-Bip ist ein Bruder der Sputniks) erlaubte es ihm, sich ironisch zu dem unlängst gezeichneten Bild zu äußern: "Außerirdische (sie sind ja Engel!) lehren unseren wilden Vorfahren die Dogmen der jüdisch-christlichen Religion"." („В отчаянии он бросился в объятия религии. Бип-Бип – и бог! Что между ними может быть общего? Но, оказывается, среди сенсаций была версия о БИБЛЕЙСКИХ КОСМОНАВТАХ, которая покрывала библейские нелепости авторитетом современной техники. Космическое происхождение (ведь Бип-Бип – брат спутников) позволило ему иронически отнестись к нарисованной недавно картине: «Инопланетчики (они же ангелы) обучают наших диких предков догматам иудейско-христианской религии».") [Teščenko, Ju. (chudožnik)]: Bip-Bip i Ljuboznajkin v mire „naučnych" sensacij, in: TM 10/1960, S. 40.

fand sich zeitgleich auch in Themenfeldern, die sich ebenfalls mit anderen Lebewesen und ungelösten Geheimnissen beschäftigten, ohne daß diese allerdings mit *uralten Wunschträumen* verknüpft gewesen wären. Auch handelte es sich bei ihnen nicht um exterritoriale Exkursionen in die Welt des Himmels, der Götter oder des kommunistischen Morgens, sondern sie bewegten sich gewissermaßen innerhalb des sowjetischen Horizonts: in die sibirische Taiga, das Hochgebirge von Pamir oder die Tiefen des Meeres. Da diese Themen alle mittelbar oder direkt Eingang in die Wissenschaftliche Fantastik fanden, sollen sie hier im „Exkurs" exemplarisch dargestellt werden. Gemeinsam war ihnen, daß sie ihre Faszination nicht aus überraschenden neuen Funden oder wissenschaftlichen Entdeckungen bezogen, sondern aus mündlichen Erzählungen, Gerüchten, Legenden und Mythen, und daß man, je mehr und intensiver man suchte, desto weniger gesicherte oder desto stärker sich widersprechende Anhaltspunkte fand, auf die sich die Hypothesen stützten konnten. Die Suche nach dem Geheimnisvollen produzierte selber einen „wissenschaftlichen Glauben" an die abenteuerlichsten Geschichten.

Der Schneemensch in den Hochgebirgen von Pamir

Das „Geheimnis"[376] des Schneemenschen tauchte Mitte der 50er Jahre in der sowjetischen Presse auf, nachdem eine von der britischen Tageszeitung *Daily Mail* 1954 in den Himalaja geschickte wissenschaftliche Exkursion einige Spuren und Zeugenaussagen gesammelt hatte, die auf die Existenz eines Anthropoiden (des Tibetanischen Yeti) oberhalb der Schneegrenze hinwiesen.[377] Unter Verweis auf die vielen Presseberichte und Leserbriefe wandten sich ab 1957 die populärwissenschaftlichen Zeitschriften diesem Thema und vor allem der Frage zu, ob es nicht auch in den sowjetischen Hochgebirgen von Pamir und Tienschan solche Schneemenschen geben könnte. Dabei verwies man auf entsprechende Zeugnisse, die sowjetische Geologen erstmals vor dem Krieg gesammelt hätten.[378] Nachdem weitere

---

[376] Bspw. „Der Mensch hat bislang nur die Decke der Geheimnisse gelüftet, die sich auf den höchsten Bergen der Erde verbergen." („Человек лишь чуть приподнял покров тайн, окутывающий величайшие горы земли.") Šalimov, A.: Snežnyj čelovek na Pamire?, in: VS 7/1957, S. 32; „Es besteht keinerlei Zweifel, daß es in naher Zukunft gelingt, das Jahrhunderte alte, aufregende Geheimnis zu enthüllen." („Нет никакого сомнения в том, что в недалеком будущем удастся раскрыть вековечную волнующую тайну.") [Div.]: Kto že on?, in: TM 5/1959, S. 39.

[377] Šalimov: Snežnyj čelovek, S. 32. Wobei das Thema selber natürlich älter ist und hier neu aufgegriffen wird, erste Zeugnisse seiner Existenz gehen auf Spurenfunde von einem englischen Kapitän 1889 zurück, siehe [Anon.]: Iz istorii poiskov zagadočnogo suščestva v gornoj strane v centre Azii, in: TM 4/1959, S. 34; Obručev, S.: Tajna gimalaev (Otvety na voprosy), in: NŽ 6/1957, S. 63. Von dieser Exkursion entstanden zwei Bücher, die beide ins Russische übersetzt worden und 1958 bzw. 1959 erschienen sind. Das von Obručev redigierte Buch von Ralph Izzard (The Abominalbe Snowman Adventure) erschien mit einer Auflage von immerhin 200.000 Exemplaren, siehe Izzard, Ralf: Po sledam snežnogo čeloveka, Moskva 1959.

[378] Šalimov: Snežnyj čelovek, S. 32.

(westliche) Exkursionen in den Himalaja 1957 und 1958 keine neuen Funde gebracht hatten, vermutete der sich schon „seit langem" mit dem Thema beschäftigende Geologe Sergej Obručev sogar, der Schneemensch könnte nach Pamir und weiter nach Tienschan „migriert" sein.[379] Insbesondere der Vorsitzende der *Pamirer biologischen Station*, Konstantin Stanjukovič, vertrat in mehreren Publikationen die Ansicht, daß es ihn gebe.[380] Aber auch die Akademie der Wissenschaften der UdSSR gründete eine *Kommission zur Erforschung der Frage des „Schneemenschen"*, die 1958/1959 eine vierbändige Materialsammlung zu dieser Angelegenheit vorlegte.[381] Erst als Exkursionen nach Pamir keinerlei gesicherte Anhaltspunkte für seine Existenz brachten, ließ man die unentschiedene Frage allmählich fallen, und als Ljuboznajkin Ende 1960 den Schneemenschen in der „Welt der «wissenschaftlichen» Sensationen" besuchte, antwortete dieser:

> „Ich wohne hier nicht schlecht mit meiner Alten (...) und lese mit Vergnügen die verschiedenen erfundenen Geschichten über mich selber."
>
> „Мы неплохо живем здесь с моей старухой [...] и я с удовольствием читаю о себе разные небылицы."[382]

Doch bis zu diesem Zeitpunkt waren die meisten Autoren von seiner Existenz fest überzeugt, man fragte nicht „wer ist DORT?" („кто ТАМ?"), sondern „wer ist er?" („кто же он?"),[383] wobei sowohl ein 1952 in Frankreich gefundenes Skelett eines Neandertalers, Knochenfunde im Himalaja als auch chinesische, nepalesische und tadschikische Überlieferungen vom „wilden Mann" und immer wieder auftauchende Augenzeugenberichte sein Bild prägten: Nach diesen Darstellungen handelte es sich bei ihm zweifellos um einen höher als alle Affen organisierten Primaten, der auf zwei Beinen gehe und womöglich das evolutionäre Übergangsstadium zwischen dem Affen und Menschen darstelle.[384] Andere vermuteten, es könne sich aufgrund

---

[379] Ebd.; Obručev, S.: Ot redakcii, in: Izzard: Po sledam snežnogo čeloveka, S. 8, 9.

[380] So veröffentlichte Konstatin Stanjukovič 1959 das Buch „Po gornym tropam" und eine Artikelserie in der Tageszeitung *Izvestija* über das Thema, siehe Šalimov: Snežnyj čelovek, S. 32; [Anon]: [V redakciju postupajut zaprosy...], in: ZS 1/1960, S. 18. Der Wunsch, daß es ihn geben möge, ging bei Stanjukovič anscheinend so weit, daß er wahrscheinlich unter seinen Initialien auch fiktive Erzählungen über den Schneemenschen veröffentlichte, siehe S., K.: Čelovek, kotoryj EGO videl (rasskaz), in: VS 12/1958, S. 34–39. Allerdings „kühlte er den Enthusiasmus ein wenig ab", indem er zugab, daß „erfahrene Leute" den Schneemenschen oder Spuren von ihm bisher nirgends angetroffen hätten, siehe: [Div.]: Kto že on? (Iz nerešennych problem nauk), in: TM 5/1959, S. 38.

[381] Die in Moskau erschienenen „Informacionnye materialy Komissii po izučeniju voprosa o «snežnom čeloveke»", siehe Poršnev, B.: Dva otkrytija ili odno?, in: ZS 1/1960, S. 19.

[382] [Teščenko, Ju. (chudožnik)]: Bip-Bip i Ljuboznajkin v mire „naučnych" sensacij, in: TM 10/1960, S. 40. Eine endgültige Erledigung des Themas des Schneemenschen als Gegenstand ernsthafter Studien vollzog zweifelsohne Ėl'dar Rjazanovs Komödie „Der Mensch von nirgendwoher" („Čelovek niotkuda") von 1961, die die Moskauer wissenschaftliche Welt buchstäblich auf den Kopf stellte.

[383] [Div.]: Kto že on? (Iz nerešennych problem nauk), in: TM 4/1959, S. 31–34; 5, S. 36–39.

[384] Obručev: Tajna gimalaev, S. 63;

der eisigen Temperaturen im Hochgebirge um einen Marsianer handeln, der ein solches Klima von seinem Planeten her gewohnt sei. Insbesondere die „junge Wissenschaft" der Folkloristik beharrte auf einer wissenschaftlichen Erforschung ihrer ethnographischen und mythischen Texte (vom „wilden Mann" in den Bergen), was hieß, sie nicht nur als fantastische Legenden, sondern auch als Erzählungen mit einem realistischen Wahrheitsgehalt lesen zu können.[385]

Obwohl es gegen solch eine Lesart prominenten Einspruch gab,[386] war sie doch paradigmatisch für das populärwissenschaftliche Herangehen insgesamt, wie schon die Lektüre antiker und biblischer Texte über Götter als Berichte von Außerirdischen gezeigt hat: Auf der Suche nach dem Geheimnis religiöser und mythischer Überlieferungen und Legenden, das man zu lüften versuchte, um die mit ihm verbundenen transzendentalen Begründungen bekämpfen zu können, schrieb man ungewollt dessen Faszinationsgeschichten fort. Denn indem man dieses vermeintliche Geheimnis wortwörtlich nahm und versuchte, die abenteuerlichen Geschichten vom Schneemenschen materialistisch (positivistisch) zu begründen, hatte man schon die Grenze zur Fantastik überschritten. Die Hypothesen und Begründungen gerieten selber zu einer Glaubensfrage, die wissenschaftlich kaum zu verifizieren war: an die Stelle der Götter traten die Außerirdischen, an die Stelle der Berggeister ein Schneemensch oder an die Stelle himmlischer Zeichen bspw. ein *geheimnisvoller* Himmelskörper: der Tungusker Meteorit.

Die Herkunft des Tungusker Meteoriten

> So raste in den frühen Morgenstunden des 30. Juni 1908 ein riesiger Feuerball über den Himmel des mittelsibirischen Berglands und löste an der Stelle, an der er den Horizont berührte, eine gewaltige Explosion aus: Im Umkreis von 2000 Quadratkilometern wurden die Waldbestände verwüstet, während in der Nähe der Einschlagstelle Tausende von Bäumen in Flammen aufgingen. Eine Stoßwelle lief zweimal um die Erde, und noch zwei Tage später war die Atmosphäre dermaßen mit feinem Staub angereichert, daß man im 10 000 Kilometer entfernten London nachts in dem auf der Straße herrschenden diffusen Licht Zeitung lesen konnte.[387]

Dieses Zitat kommt zwar aus keiner sowjetischen Zeitung resp. populärwissenschaftlichen Zeitschrift, faßt aber prägnant den Forschungsstand bis 1949 zusammen und klammert zugleich äußerst elegant das Problem aus, das als Geheimnis die populärwissenschaftliche Publizistik nach 1945 und insbesondere seit 1957 beschäftigt hat. Denn diese „Stelle", an der der „Feuerball" den „Horizont berührte", hing ganz von der Perspektive des Betrachters ab und ließ sich kaum verorten: Man wußte bis dato weder, *wo* genau diese Stelle gelegen haben, noch *was* die Ursache der „gewaltigen Explosion" gewesen sein könnte. Die Suche nach den „verschwinden-

---

[385] Poršnev: Dva otkrytija, S. 18ff; [Div.]: Kto že on?, in: TM 4/1959, S. 32ff.

[386] Bspw. von Ivan Efremov, der die diversen Geschichten vom Schneemenschen alle als „ausgedacht" bezeichnete, siehe Ebd., S. 34; [Div.]: Kto že on, in: TM 5/1959, S. 37.

[387] Sagan, Carl: Unser Kosmos. Eine Reise durch das Weltall (¹1980), München 1989, S. 86.

den Spuren der Tungusker Katastrophe“[388] zeigte gleichzeitig in beispielhafter Weise, wie die sowjetische Populärkultur im hier behandelten Bereich gesellschaftspolitische Themen und Probleme aufnahm und zu Sozialisationsangeboten verarbeitete: Das „Geheimnis“ lieferte das Material, das immer wieder neue Fragen aufwarf und Geschichten hervorbrachte, bei denen eine Grenze zwischen wissenschaftlicher Fantastik und populärwissenschaftlicher Publizistik kaum zu ziehen war.

Kein halbes Jahr nach der ersten Atombombe über Hiroshima im August 1945 erschien in der Januarnummer von *Vokrug sveta* 1946 die wissenschaftlich-fantastische Erzählung „Explosion“ („Взрыв“) von Aleksandr Kazancev, die davon handelte, wie ein mit Kernenergie angetriebenes Raumschiff vom Mars 1908 nach einem Unfall versucht haben könnte, in der Tungusker Steppe notzulanden, dessen Atomreaktor aber kurz vorher in der Luft explodierte.[389] Dieses fantastische Sujet verlagerte nicht nur gewissermaßen die erste Atomkatastrophe auf Erden ins Gebiet der Sowjetunion, sondern bot auch eine Erklärung des riesigen Feuerballs an, die nicht weniger plausibel war als die bisherige Forschungshypothese. Sie war bis 1946 von einem Meteoriteneinschlag ausgegangen, konnte jedoch weder einen Krater oder Überreste des Himmelskörpers als Beleg aufweisen noch die riesige Explosion erklären.[390] Als daher Boris Ljapunov 1950 die These von einem außerirdischen atomgetriebenen Raumschiff auch wissenschaftlich vertrat,[391] soll diese von großen Leserkreisen mit Interesse aufgenommen worden sein und überall – auch unter professionellen Wissenschaftlern – Diskussionen ausgelöst haben.[392] Sie fand jedoch unter Astronomen und Forschern und in den populärwissenschaftlichen Journalen keinen weiteren Anklang.[393] Erst sieben Jahre später entdeckte man das Thema im Zuge der ersten Sputnikflüge wieder. Denn das in der *Akademie der Wissenschaften* eingesetzte *Komitee zur Erforschung von Meteoriten* (in denen man bis dahin das größte Risiko für die Flugsicherheit von Sputniks und Raumschiffen vermutete) begann auch die diesbezüglichen Forschungsergebnisse der Vorkriegszeit auszuwerten, wo-

---

388 Wie der paradigmatische Titel eines Artikels des sich seit den 20er Jahren mit dem Thema beschäftigenden Biologen und Jagdkundlers Konstantin Jankovskij lautete, siehe Jankovskij, K.: Po isčezajuščim sledam tungusskoj katastrofy, in: ZS 2/1960, S. 6–8.

389 Kazancev, A.: Vzryv (rasskaz-gipoteza), in: VS 1/1946, S. 39ff.

390 Eine Zusammenfassung der bisherigen Forschung , die allerdings nicht auf die Thesen von Kazancev und Ljapunov eingeht, sowie eine Bibliographie von populärwissenschaftlichen Büchern finden sich bei Krinov, E.: Tungusskoe divo, in: ZS 8/1951, S. 12–14. Siehe auch hierzu Zigel', F.: Nerazgadannaja TAJNA, in: ZS 6/1959, S. 40.

391 Ljapunov, B.: Iz glubiny Vselennoj, in: ZS 10/1950, S. 4–7; Diese Publikation war sogar die Titelgeschichte, siehe Ebd., S. 1 Obložka.

392 [Anon.]: [Ešče v 1950 godu...], in: ZS 6/1957, S. 40. Brandis spricht sogar von der „Aufmerksamkeit von Millionen von Lesern“, die der Artikel auf sich gezogen habe, bezieht dabei aber auch Übersetzungen des Artikels mit ein. Siehe Brandis, E.: Puti razvitija i problemy, in: Makarova: O fantastike i priključenijach, S. 48.

393 *Znanie – sila* faßt 1951 einige dieser kritischen Stimmen zu Ljapunovs These aufgrund der „vielen Leseranfragen“ zusammen, siehe [Anon.]: Iz glubiny Vselennoj (Nauka i fantastika), in: ZS 8/1951, S. 11.

bei man im Nachlaß des im Krieg gefallenen Meteoritenforschers Leonid Kulik Erdproben von seiner dritten Exkursion nach Tunguska 1929 fand, die sechs Millimeter lange Metallsplitter mit einem außergewöhnlich hohen Nickelanteil von 7 – 10 Prozent enthielten.[394] Ende 1957 erschien diese Entdeckung als Nachricht „Der Tungusker Meteorit ist gefunden" („Тунгусский метеорит найден") in *Znanie – sila*, woraufhin 1958 die Akademie der Wissenschaften erneut eine Exkursion in das Katastrophengebiet schickte.[395] Sie brachte jedoch wiederum keinen Kraterfund, was die Produktion an neuen Hypothesen aber nur beflügelte und bis 1962 zumeist mehrere Exkursionen jährlich nach sich zog.[396] Nachdem schon die ersten Freiwilligengruppen das Gebiet besucht hätten, fand sich in *Znanie – sila* im Februar 1960 der Vorschlag, daß „Enthusiasten" doch „den Urlaub nicht unter der heißen Sonne des Südens, sondern inmitten der großartigen Natur des Nordens" verbringen könnten.[397] Einige Monate später druckte die Zeitschrift „auf vielfachen Wunsch" sogar eine Wanderkarte für Individualtouristen ab.[398]

„Auf der Suche nach dem Unbekannten"[399] kursierten unterschiedliche Erklärungsmodelle, die als ein Experimentierfeld neuer naturwissenschaftlicher Theorien funktionierten. Zum Beleg der Meteoritenthese berechnete man seine mögliche Größe und Fluggeschwindigkeit, die beim Eindringen in die Erdatmosphäre eine Explosion ausgelöst haben könnten, andere berechneten mögliche Flugrouten vom Mars und von der Venus, um nachzuweisen,[400] daß aufgrund der Planetenkonstellation zum bekannten Datum es sich nicht um Raumschiffe von diesen beiden Planeten handeln könne,[401] wiederum andere gingen von Antimaterie aus, die sich im Moment ihres Eindringens in die Atmosphäre durch „Antinihilation" in gewaltige Energiemengen aufgelöst habe.[402] Auch die mündlichen Überlieferungen der in der Gegend nomadierenden Ewenken, die von der „Ankunft des Gottes Ogda" im verbotenen „Toten Wald" ungefähr zu jener Zeit in diesem Gebiet berichteten, wurden auf ihren Wahrheitsgehalt untersucht und führten zum Fund des „falschen" (weil steinernen) „Meteoriten" („лжеметеорит").[403] Kazancevs fantastische Hypothese wurde aus aktuellem Anlaß von Feliks Zigel' wieder aufgenommen, denn:

---

[394] Evgen'ev, I.; Kuznecov, L.: Podvig učenogo, in: ZS 6/1957, S. 30–34.

[395] Evgen'ev, I.; Kuznecov, L.: Tungusskij meteorit najden, in: ZS 12/1957, S. 59–60; Florenskij, K.: Poiski prodolžajutsja (Novaja ėkspedicija k mestu padenija tungusskogo meteorita), in: ZS 4/1959, S. 20–22.

[396] [Ot redakcii]: [Na stranicach našego...], in: ZS 12/1961, S. 24; Zigel', F.: Jadernyj VZRYV, in: Ebd., S. 24f.

[397] Jankovskij: Po isčezajuščim sledam, S. 8.

[398] [Anon.]: Gde iskat' ostatki tungusskogo meteorita, in: ZS 7/ 1960, S. 53.

[399] Jankovskij, K.: V poiskach neizvestnogo, in: ZS 6/1861, S. 16–20.

[400] Vronskij, B.: Kto on, tainstvennyj prišelec? (Literaturnaja zapis' A. Efremova), in: VS 8/1960, S. 1–7; 9, 39–43; 10, 22–25.

[401] Šternfel'd, A.: Astronavty raskrojut tajny Marsa, in: VS 11/1958, S. 10; Ders.: Meteorit ili kosmičeskij korabl', in: VS 10/1959, S. 9ff.

[402] [Anon.]: [Mnogo napisano], in: ZS 6/1961, S. 16.

[403] Jankovskij: Po isčezajuščim sledam, S. 6ff.

„Die Hypothese von Aleksandr Kazancev kann prinzipiell gesehen keinen Widerspruch hervorrufen. Interplanetare Flüge sind heutzutage schon keine Fantastik mehr, sondern Wirklichkeit."

„Гипотеза А. П. Казанцева с принципиальной стороны не может вызвать возражений. Межпланетные перелеты ныне уже не фантазия, а реальность."[404]

Da man aber weiterhin keine Überreste fand, die auf ein Raumschiff oder einen Meteoriten hinwiesen, setzte sich 1961 /1962 allmählich die These durch, daß es sich bei dem Feuerball um einen Kometen gehandelt haben könnte, in dessen Inneren sich ein riesiger „Eisberg" aus zu Schnee und Eis gefrorenen Gasen und Teilchen befand, der einen „leuchtenden Schweif" nach sich gezogen habe und vor dem Aufprall einige Kilometer oberhalb der Erdoberfläche explodiert sei. Wobei man annahm, daß die Erhitzung beim Eintritt in die Atmosphäre womöglich eine den Menschen noch nicht bekannte Kernfusion aus leichteren chemischen Elementen – „mit einer Sprengkraft von mehreren Wasserbomben" – ausgelöst habe.[405]

Am Grunde des Meeres: Der Untergang von Atlantis

Ein weiteres Gebiet, das es zu entdecken galt, waren die Weltmeere, über deren tiefere Bereiche man noch fast gar nichts wußte.[406] Erst mit dem Bau von Atom-U-Booten konnte man zumindest die höheren Meeresschichten systematisch erforschen, und 1960 gelangte ein Mensch erstmals an den tiefsten Punkt des Meeres.[407] Auch bei dieser Entdeckungsreise begab sich die „Realität" auf die Spuren der „Fantastik", nämlich auf derjenigen, die Jules Vernes in seinem Roman „20 Tausend Meilen unter dem Meer" verfolgt hatte, in dem *Kapitän Nemo* mit seinem U-Boot *Nautilus* die Geheimnisse der Tiefsee erkundet.[408] Diese Spuren waren wiederum eng mit dem Weg in den Kosmos verbunden:

---

[404] Zigel' fährt fort: „Doch wenn die irdische Menschheit zur Ära der intergalaktischen Flüge übergegangen ist und in der Zukunft beabsichtigt Photonenrakten zu bauen, um den interstellaren Raum zu überwinden, ist es dann logisch, solche technischen und wissenschaftlichen Erfolge für ein exklusives Privileg der Erdenbewohner zu halten? Umgekehrt ist es nämlich vollkommen natürlich zu denken, daß auch viele andere "Menschheiten" das Niveau kosmischer Flüge erreicht haben und daß ein Flug iher Vertreter zur Erde nicht weniger natürlich und möglich ist als ein Flug der Menschen zu anderen Himmelskörpern." („Но если земное человечество перешло к эре межпланетных полетов и в будущем предполагает создать фотонные ракеты для преодоления межзвездных пространств, то логично ли считать эти успехи науки и техники исключительной привилегией обитателей Земли? Наоборот, вполне естественно думать, что и многие из других «человечеств» доросли до уровня космических полетов и прилет их представителей на Землю не менее возможен и естественен, чем полет людей на другие небесные тела.") Zigel': Nerazgadannaja TAJNA, S. 41.

[405] Krinov, E.; Javnel', A.; Zotkin, I.: Okončena li istorija poluvekovoj zagadki?, in: TM 3/1962, S. 32ff.; Zotkin, I.; Florenskij, K.: Vstreča s kometoj, in: ZS 5/1962, S. 40–43.

[406] [Anon.]: Mir, kotoryj predstoit otkryt', in: TM 6/1957, S. 20–22.

[407] Ljapunov, B.: Pobeda nad glubinoj, in: ZS 11/1960, S. 2 Obložka–4.

[408] Al'tov, G.: Rubeži nauki i fantastiki (V bloknot fantasta), in: ZS 11/1963, S. 55.

Es kommen die Jahre, und der Mensch wird im Skaphander den Grund betreten. Ein menschlicher Fuß wird seine Spuren sowohl im Mondstaub als auch im Sand irgendwo in dem tiefsten Cañon des Meeres hinterlassen (...) Dann, wenn man sich wieder mit Kapitän Nemo trifft, kann man das Gespräch so beenden: Ja, Kapitän, die sowjetische Wissenschaft macht selbst die allerkühnsten Wunschträume zu Wirklichkeit..."

„Пройдут годы, и в скафандре [...] ступит на дно человек. Человеческая нога оставит след и в лунной пыли и на песке где-нибудь в глубочайшем подводном каньоне. [...] Тогда, встретившись снова с капитаном Немо, можно будет закончить разговор: да, капитан, советская наука превращает в реальность самые смелые мечты..."[409]

Eine der von *Kapitän Nemo* gelegten Spuren war die Entdeckung von Atlantis in den Azoren, mit der sich auch die sowjetische populärwissenschaftliche Publizistik beschäftigte. *Znanie – sila* nahm „auf Wunsch der Leser" auch dieses Thema als erste auf, als die Zeitschrift im August 1954 nach der möglichen Existenz jener Stadt oder jenes Kontinents fragte, die Platon in zweien seiner Dialoge beschreibt.[410] *Technika – molodeži* eröffnete 1956 eine vierteilige Diskussion zu dem Thema, denn:

Wie ein märchenhaftes "Sesam" öffnet das Wort "Atlantis" alle Türen, lüftet alle Geheimnisse. Die Einheit der ältesten Kulturen der Menschheit wird verständlich, die Herkunft der ägyptischen und ägäischen Kulturen wird erklärt, das Rätsel der Pyramiden gelöst; das Geheimnis der Analogie zwischen den Kulturen der Alten und Neuen Welt wird gelüftet. Atlantis ist unbedingt für die Geschichte notwendig und muß deshalb entdeckt werden!"

„Как сказочный «сезам», слово «Атлантида» растворяет все двери, раскрывает все тайны. Становится понятным единство всех древнейших культур человечества; объясняется происхождение культур египетской и эгейской, разрешается загадка пирамид; вскрывается тайна аналогий между культурами Старого и Нового Света. Атлантида необходима истории и потому должна быть открыта!"[411]

Diese zu lösenden Geheimnisse erörterten renommierte Geologen, Okeanologen, Paläontologen, Chemiker u.a., wobei die Mehrheit der Beteiligten von der Existenz des Ortes ausging, allein hinsichtlich seiner Lage und der Gründe für seinen Untergang differierten die Arbeitshypothesen erheblich. Manche verlegten seine einstige Existenz ins Mittelmeer,[412] andere auf die Kanarischen Inseln[413] oder das Azoren-

---

[409] Ljapunov, B.: Razgovor s kapitanom Nemo (Fantastika i real'nost'), in: NŽ 9/1961, S. 51. Neben Vernes war es vor allem der 1926 geschriebene und unzählige Male neu aufgelegte Roman „Čelovek-Amfibija" von Aleksander Beljaev, der mit seiner Beschreibung eines Fischmenschen die fantastischen Entwicklungsmöglichkeiten des Lebens unter Wasser aufzeigte. Siehe bspw. Šuršin, V.; Massaev, K.: «Gomo-akvatikus» – čelovek podvodnyj, in: TM 11/1963, S. 18–19, 22; Solov'ev, B.: Sadko v gostjach u Neptuna, in: Ebd., S. 22.

[410] Es handelt sich um Platons Dialoge *Kritias* und *Timaios*, siehe Usin, S.: Atlantida, in: ZS 8/1954, S. 22–27.

[411] [Anon.]: Brjusov soglasen s Platonom (Suščestvovala li Atlantida? / Iz nerešennych problem nauki), in: TM 9/1956, S. 29.

[412] Usin, S.: Atlantida, in: ZS 8/1954, S. 25ff. [Beseda s Ivanom Efremovym]: Suščestvovala li Atlantida? (Iz nerešennych problem nauki), in: TM 11/1956, S. 22ff. Noch 1964 tauchte die Version eines griechischen Wissenschaftlers auf, bei Atlantis könnte es sich um die 1500 v. u. Z. durch einen riesigen Vulkanausbruch zerstörte Stadt Santorin auf der gleichnamigen griechischen Insel des Kykladen-Archipels handeln, siehe: Kuznecov, V.; Plachin, V.: A esli ėto Atlantida?, in: VS

Plateau,[414] wieder andere vermuteten, daß man schon in der Antike den Atlantik überquert habe[415] und es sich um Überlieferungen von der Hauptstadt der Maya gehandelt habe.[416] Als Ursachen für den Untergang der Stadt nahm man zumeist einen enormen Vulkanausbruch an.[417] Dieser sei bspw. in alte Legenden als gigantischer Kampf zwischen Feuer und Wasser eingegangen. Auch die sumerischen und babylonischen Überlieferungen von einer Sintflut führte man auf die Flutwelle zurück, die durch das Versinken des Kontinents ausgelöst worden sei.[418] Andere vermuteten ein Erdbeben als Ursache[419] oder den Einschlag eines Meteoriten.[420]

War die Suche nach dem Schneemenschen und dem Tungusker Feuerball noch mit konkreten Exkursionen verbunden, so ließen sich diese Hypothesen kaum noch in irgendeiner „Realität" wissenschaftlich falsifizieren: Statt dessen hatte das „märchenhafte Sesam" Atlantis aber 1954 bis 1956 den Fantasien gewissermaßen die Türen geöffnet, welche weiteren Schätze die Weltmeere noch bergen könnten.[421] Gleichzeitig war bei diesem Beispiel die populärwissenschaftliche Verknüpfung ökonomischer Interessen mit der fantastischen Wunsch- und Geheimnisproduktion am deutlichsten.[422] So hieß es 1963 zur Entdeckung des „blauen Kontinents"[423]:

> „Der Tag ist nicht allzuweit, wenn Neptuns Reich aus dem ewigen Schlaf durch chemische Kombinate, Atomkraftwerke, Fabriken zur Ölförderung geweckt wird. (...) In der Welt des Schweigens werden lärmende Städte mit Radios, Fernsehern und Presse entstehen. Exotische Unterwassergärten und Zoos übertreffen die schönsten irdischen Naturschutzanlagen (...) Es wird die Stunde schlagen, und der Fuß des Menschen betritt die Ruinen des geheimnisvollen Atlantis.... Der "blaue Kontinent" wartet auf seine Forscher."

> „Не за горами день, когда вечный сон царства Нептуна разбудят химические комбинаты, атомные электростанции, заводы, нефтепромыслы. [...] В мире безмолвия вырастут шумные города с радио, телевидением, прессой. Экзотические подводные сады и зоопарки затмят

6/1964, S. 56–57.

[413] Žirov, Nikolaj: Čto govorit okeanologija, in: TM 9/1956, S. 30.

[414] Chagemejster, Ekaterina: Udivitel'noe schodctvo dat geologičeskoj istorii Atlantidy s novejšimi dannymi o lednikovom periode, in: TM 12/1956, S. 17–18.

[415] [Beseda s Ivanom Efremovym]: Suščestvovala li Atlantida? (prodolženie), in: TM 12/ 1956, S. 16f.

[416] Plam, M.: Atlantida ne pogibla!, in: TM 12/1956, S. 19.

[417] Žirov, Nikolaj: Čto govorit okeanologija (prodolženie), in: TM 10/1956, S. 22f.

[418] Žirov, N.: Net li vospominanij ob Atlantide v drevnich legendach?, in: TM 10/1956, S. 23f.

[419] Usin, S.: Atlantida, in: ZS 8/1954, S. 26f.

[420] Vetčinkin, N.: Otčego pogibla Atlantida?, in: TM 12/1956, S. 18f.

[421] [Beseda s čl.-korr. AN SSSR L. A. Zenkevičem]: Sokrovišča golubogo kontinenta, in: TM 9/1957, S. 14–16.

[422] So gab es beispielsweise „fantastische" Pläne, mit Hilfe von riesigen U-Boot-Tankern Öl vom Grund des Meeres zu holen, siehe Char'kovskij, A.: Neft' iz glubin okeana (V bloknot fantasta), in: ZS 2/1964, S. 43.

[423] So wurden die „geheimnisvollen Welten" der Weltmeere seit Anfang der 60er Jahre vermehrt genannt, siehe bspw. auch Ljapunov, B.: Zavtra – okean! (Govorjat fantasty – razvedčiki buduščego), in: TM 10/1961, S. 20–21.

лучшие земные заповедники. [...] Пробьет час, и нога человека ступит на развалины таинственной Атлантиды... «Голубой континент» ждет своих исследователей."[424]

[424] [Anon.]: Otkrytie novogo kontinenta, in: TM 11/1963, S. 20.

4. Faszinationsgeschichten fantastischer Welten

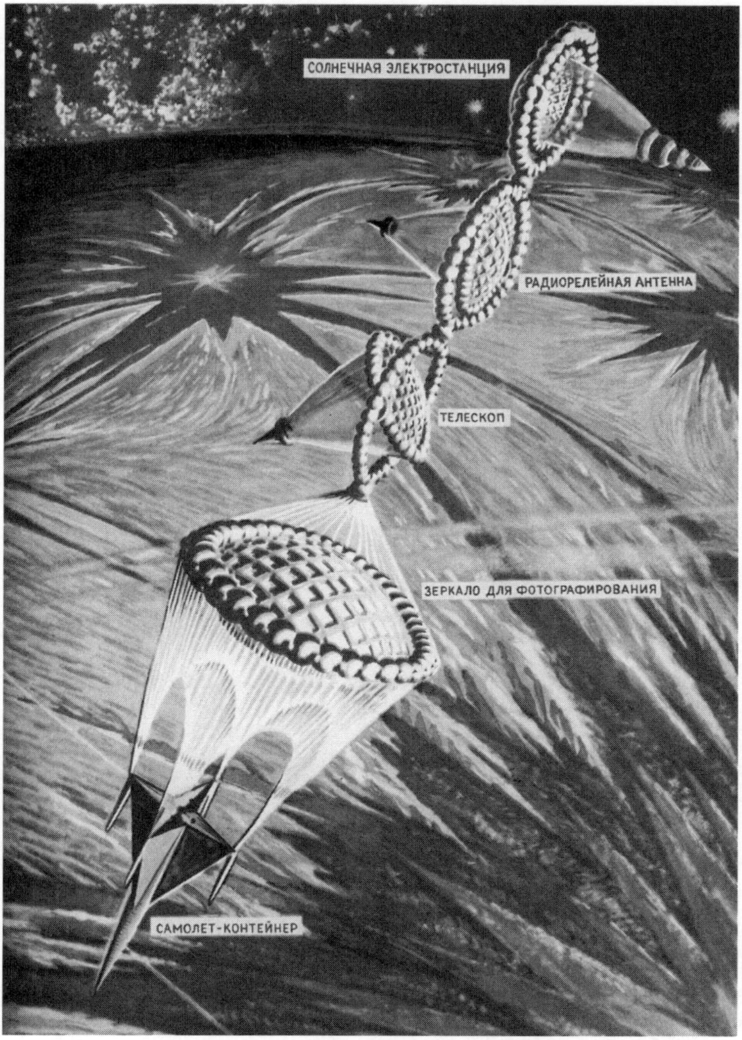

Ja, der Himmel, den er sieht, war demjenigen, den wir gewohnt sind auf der Erde und durch Bullaugen zu sehen, überhaupt nicht ähnlich (...) Ja, ein schrecklicher Himmel... Ich weiß kein anderes Wort dafür. Genau das ist er: schrecklich (...) Und obwohl ich diesen Himmel nicht das erste Mal sah, schien er diesmal besonders bösartig zu sein...

Valentina Žuravleva; Genrich Al'tov

Abbildung: Raumschiff über der Marsoberfläche (mit Marskanälen). Bild von G. Pokrovskij, in: *Technika – molodeži*, Nr. 4/1961, Beilage S. 3.

Zitat: «*Да, небо, которое он видит, нисколько не похоже на то, что мы привыкли видеть на земле или в иллюминаторах [...] Да, страшное небо... Я не знаю другого слова. Именно – страшное. [...] И хотя я не раз видел это небо, оно показалось мне тогда особенно зловещим...*» Žuravleva, V.; Al'tov, G.: Ballada o zvezdach, in: Znanie – sila, Nr. 8/1960, S. 36.

Aufgrund der Auswertung der populärwissenschaftlichen Publizistik lassen sich bestimmte Faszinationsmomente hervorheben, denen anhand der Wissenschaftlichen Fantastik nachgegangen werden soll:

1.) Es fiel auf, daß die Erfindung der kosmischen Ära seit 1954 und vor allem ab 1957 in der populärwissenschaftlichen Rezeption eine enorme Produktion von auf den Weltraum gerichteten „Wunschträumen" bedeutete, die 1961 eng mit dem Weg in den Kommunismus verknüpft worden sind und erst 1962/1963 eine gewisse Desillusionierung erlebten. Wie sich diese Verschiebungen in der Kosmosrezeption auf die Handlungsspielräume der NF auswirkten, die sich als Genre ebenfalls in diesem Zeitraum zu etablieren begann, soll im folgenden Kapitel 4.1 dargestellt werden.

2.) Ganz allgemein war eine Bewegung zu beobachten, die auffällig häufig in verschiedenen Diskursfeldern nach „Geheimnissen" in bisher unbekannten oder nicht beachteten Räumen suchte, wie bspw. im Kosmos, in der „antiken Welt" oder an wenig erschlossenen Orten der Erde wie der sibirischen Taiga. Diese Bewegung stand kulturgeschichtlich im Kontext der friedlichen Koexistenz, der Dekolonialisierung und einer wissenschaftlichen und kulturellen Öffnung hin zum Westen. Wie diese Entdeckung der Fremde in der NF als Begegnung mit anderen Welten wiederkehrte, wird im Kapitel 4.2 beschrieben.

3.) Die Debatten um künstliche und außerirdische Intelligenz, die *Kosmonauten des Altertums*, den Schneemenschen oder um telepathische und hypnotische Fähigkeiten können auch als ein Wunsch interpretiert werden, dem neuen Menschen, wie er als sozialistischer Held entworfen worden ist, zu entkommen bzw. diesem andere Modelle von Lebewesen hinzuzufügen. Wie diese Debatten, die alle 1961/1962 in der populärwissenschaftlichen Publizistik abgebrochen worden sind, in der Wissenschaftlichen Fantastik wieder auftauchten, wird in dem Kapitel 4.3 dargestellt.

4.) Die *Erfüllung eines Wunschtraums* ist eng an „Personen" geknüpft worden, die zwar nach den Rezeptionsmustern der „großen Familie" charakterisiert werden konnten, aber als „von der Zukunft besessene" Väter (Ciolkovskij) und „Himmelssöhne" (Bip-Bip, Gagarin, Titov) gleichzeitig diese aufhoben. Sie verkörperten „Wunschträume", die sich faszinationsgeschichtlich als Verschiebungen der verborgenen Wünsche, Konflikte und Ängste in „andere Räume" interpretieren lassen. Wie diese „geheimen" Wünsche und Ängste als Phantasmagorien in der NF verhandelt wurden und welche Konfliktlösungen diese anbot, das wird im Kapitel 4.4 untersucht.

Gemeinsam war allen diesen Faszinationsgeschichten nicht nur die phantasmatische Anbindung an die neuen *fantastischen Welten* des Kosmos, sondern auch an die fiktionalen Muster des Sozialistischen Realismus. Diesem Zusammenhang wird in der Zusammenfassung nachgegangen.

4.1. Handlungsspielräume: die Etablierung eines Genres

Der letzte Roman vor Ivan Efremovs 1957 erschienenem „Andromedanebel“ („Туманность Андромеды“), der einen Zukunftsentwurf für eine kommunistische Gesellschaft vorstellt, ist in der Sowjetunion 1931 erschienen,[426] drei Jahre bevor der erste Schriftstellerkongreß der UdSSR tagte. Seitdem war die Literatur den Prinzipien des Sozialistischen Realismus unterworfen, die vom Autor beim Schreiben Parteilichkeit, Volksverbundenheit und einen kommunistischen Ideengehalt verlangte. Er sollte positive Helden in einer realistischen Umgebung zeigen, welche eine positive in die Zukunft gerichtete Identifikation zu stiften vermochten. Wie schon in den „Vorüberlegungen“ dargestellt, führte die zunehmende „Stalinisierung“ des gesellschaftlichen und kulturellen Lebens dazu, daß eine sozialistisch-realistische Science Fiction kaum mehr möglich war. So entwickelte sich die „Theorie des nahen Ziels“ („Теория близкого прицела“), nach der sich die NF „nur mit den vom Staat geplanten technologischen Fortschritten der nächsten Zukunft befassen durfte“.[427] Sie beschrieb nicht mehr eine irgendwie *andere* Gesellschaft, sondern lediglich mögliche und nur insoweit „fantastische“ *wissenschaftliche* Erfindungen oder Entdeckungen in der *nahen Zukunft* und zeigte, wie diese der *gleichen* sowjetischen Gesellschaft halfen, sich weiterzuentwickeln. Auch thematisch war diese Wissenschaftliche Fantastik eng an die sonstige Literatur dieser Jahre gebunden: Die Erfindungen und Entdeckungen dienten entweder dem industriellen Aufbau, dem Kampf gegen die Natur oder demjenigen gegen innere und äußere Feinde. Fantastische Geschichten, die thematisch und ideologisch nicht direkt an die sowjetische Wirklichkeit gebunden waren, gab es nur im Bereich der modernen Märchen und historischen Abenteuerromane der Kinderliteratur.[428]

Auch nach dem Krieg änderte sich dies nicht grundlegend. Nur in Kinderbüchern tauchten vereinzelt Außerirdische auf. [429] Ansonsten bestanden die Feinde nun zumeist aus mit der Atombombe hantierenden deutschen Faschisten oder amerikanischen Imperialisten. Zudem traten jetzt – wie allgemein in der Nachkriegsliteratur – der Wiederaufbau des Landes und die Konfrontation des Kalten Krieges in den Vordergrund, die psychische oder innere gesellschaftliche Konflikte kaum zu-

[426] Der Roman von Jan Larri, „Strana sčastlivych“ (Leningrad 1931), der nach Richard Stites eine Satire auf Stalin und Kaganovič beinhaltete, siehe Stites: World Outlook and Inner Fears, S. 303.
[427] Suvin: Ein Abriss, S. 325f.
[428] In der Kinderliteratur gab es, was häufig in der westlichen Forschung übergangen wird, durchaus „utopische“ Staaten der Zukunft, Weltraumflüge oder Besuche von Außerirdischen auf der Erde. Siehe Ljapunov: V mire fantastiki, S. 48, 54ff. So war es kein Zufall, daß ab 1936 NF-Werke fast nur noch in der „Biblioteka naučnoj fantastiki i priključenij“ im Verlag „Detskaja literatura“ erschienen. Wuckel; Cassiday: The Illustrated History, S. 100.
[429] Bspw. Kazancevs schon genannte Erzählung „Взрыв“, seine Erzählung „Гость из космоса“ (TM 3/1951) oder Efremovs „Звездные корабли“ (ZS 7–10/1947). Siehe hierzu Ljapunov: V mire fantastiki, S. 68f., 77f.

ließen.[430] Diese sogenannte Literatur der „Konfliktlosigkeit“ blieb in der NF eng an diejenigen produktionstechnischen und ingenieurwissenschaftlichen Probleme, mit denen sich die populärwissenschaftlichen Zeitschriften auseinandersetzten.

Für die fiktionale Darstellung solcher Sachverhalte hatte die NF im Laufe der Stalinzeit Erzählformen entwickelt, die sich kaum von denjenigen der Produktionsromane unterschieden, wie sie Katerina Clark herausgearbeitet hat.[431] Noch bei dem nationalen Wettbewerb für wissenschaftlich-fantastische Erzählungen in *Technika – molodeži* 1954/55 war dieser Aufbau der Texte zu erkennen: Als Eröffnung gibt es eine *Aufgabe*, zumeist eine wissenschaftlich-technische Erfindung zu machen oder ein naturwissenschaftlich unerklärliches „Phänomen“ zu lösen. Es folgt eine *Transmission*, wobei die Erfindung zur praktischen Anwendung kommt oder ein Weg zur Lösung sich abzeichnet. Zumeist passiert ein Unglück, ein Feind tritt auf oder wird erkannt. Dieses Problem wird dann in der *Klimax* der Geschichte gelöst, so daß in einer *Initiation* und im *Finale* die Erfindung oder das „Phänomen“ zivil zum Wohle der sowjetischen Gesellschaft genutzt werden kann.

> So handelt es sich bspw. in der Erzählung „Das Rätsel des Unterseeboots“ („Загадка подводной лодки“) um die Aufgabe, eine Schiffsschraube zu erfinden, mit deren Hilfe man im 2. Weltkrieg ungehört in den feindlichen deutschen Hafen eindringen kann. Diese Aufgabe wird durch die Erfindung gelöst, deren Geräusche wie Fischschwärme klingen zu lassen. Anschließend wird als Klimax und Initiation die Schraube an einem U-Boot erfolgreich zur Sprengung eines deutschen Hafens in Norwegen eingesetzt, ehe sie im Finale zum reichhaltigen Fischfang bei Kuttern zivil genutzt werden kann (da die Fische den Kutter für einen Fischschwarm halten, fliehen sie nicht und lassen sich massenweise fangen).[432]

In einer anderen Geschichte, die den Titel „kristalliner Dunstschleier“ („Хрустальная дымка“) trägt, wird von mehreren Zeugen ein fliegender Mensch beobachtet.

> Dieses Phänomen versucht man zu erklären. Im Laufe der Geschichte wird ersichtlich, daß dieser Mensch mit Hilfe eines fast unsichtbaren Gasluftballons geflogen ist, der aus einer neu erfundenen äußerst stabilen, dehnbaren und feinen „Plastmasse“ gemacht war, welche der Fliegende als Spion aus einem sowjetischen Labor entwendet hatte, um sie über die Grenze zu schmuggeln. Während der Spion verunglückt ist, wird die Schmugglerbande geschnappt. Nun kann die Plastmasse genutzt werden, damit auch in mittleren Breitengraden die schönsten Südfrüchte prächtig „wie unter freiem Himmel“ gedeihen, da die riesigen Orangeriezeltdächer aus Plastmasse ja unsichtbar sind.[433]

---

[430] Wuckel; Cassiday: The Illustrated History, S. 156ff.

[431] Siehe Clark: The Soviet Novel, S. 255ff; Im Unterschied zu den Produktionsromanen ist die Initiation in den NF-Erzählungen häufig eher eine der wissenschaftlich-technischen Erfindung (als des Helden), die sich bewährt und an die der Held eng gebunden ist. Durch die Entdekkung/Erfindung wird der Held initiiert, wird seine Spontaneität („Стихийность“) in Bewußtsein („Сознательность“) umgewandelt. So ist es am Ende vor allem die Erfindung, die in die Gesellschaft zum Nutzen von Fortschritt und Wohlstand „inkorporiert“ und gefeiert wird.

[432] Siehe Golbeva, Vera: Zagadka podvodnoj lodki (Iz rasskazov, postupivšich na konkurs), in: TM 2/1955, S. 32–34.

[433] Saparin, V.: Chrustal'naja dymka (Iz rasskazov, postupivšich na konkurs), in: TM 1/1955, S. 34–37.

Erst durch die anhand der populärwissenschaftlichen Publizistik dargestellten Entwicklungen eröffneten sich für die NF im Kontext des Tauwetters neue inhaltliche Horizonte und Perspektiven. Sowohl was mögliche „wissenschaftliche" Entdeckungen als auch was „fantastische" Konfliktfelder anbelangte, entstanden neue Handlungsspielräume. Die kulturgeschichtlichen Bedingungen und Wechselwirkungen, die die Entfaltung des Genres ermöglichten und prägten, sollen in den nächsten Abschnitten rekonstruiert werden. Dabei wird die Entwicklung in drei eng miteinander verknüpfte Bereiche systematisch aufgegliedert, um eine klarere Darstellung zu ermöglichen, auch wenn sich die parallel verlaufenden Prozesse nur schwer voneinander trennen lassen und sich bestimmte Tendenzen in dem hier behandelten Zeitraum teilweise erst begannen abzuzeichnen.

Die Konstituierung des Genres: Wettbewerbe & Leserresonanz

Die Konstituierung des Genres geschah in mehreren Schritten, wobei zum einen Stellungnahmen der Redaktionen auf den ersten Seiten der populärwissenschaftlichen Zeitschriften die Aufgaben benannten, die der NF im Rahmen der sowjetischen Gesellschaft zukamen. Zum anderen funktionierten Wettbewerbe, Leserzuschriften und Rezensionen als Forum, die große Resonanz und das Interesse an diesen Aufgaben darzustellen und zu steuern. Als *Znanie – sila* sich am Vorabend des Zweiten Schriftstellerkongresses der UdSSR im Dezember 1954 in einer Erklärung an die Schriftsteller wandte, beinhaltete diese zwei zentrale Forderungen: Das Genre der „wissenschaftlichen Fantastik und Abenteuer" sollte aus dem Bereich der Kinderliteratur – einer „Literatur zweiter Klasse" – herausgeholt[434] und die ihm gesteckten engen Grenzen der möglichen Handlungsspielräume erweitert werden.[435] Um diese Forderung zu unterstreichen, verwies man bezeichnenderweise aus-

[434] „Von der hohen Tribüne der Sitzung sollen die Vortragenden und Delegaten der sowjetischen Jugend erklären, warum sie so wenig wissenschaftliche-fantastische und Abenteuerwerke schreiben, warum sie das vorbildliche Beispiel Aleksej Tolstojs vergessen haben, der "Aėlita" und "Giperboloid inženera Garina" geschrieben hat, und warum sie die Fantastik als eine Literatur zweiter Klasse ansehen." („С высокой трибуны съезда докладчики и делегаты должны будут объяснить советской молодежи, почему они создают так мало научно-фантастических и приключенческих произведений, почему они забыли благородный пример Алексея Толстого, написавшего «Аэлиту» и «Гиперболоид инженера Гарина", и относятся к жанру фантастики, как к литературе второго сорта.") [Anon.]: Slovo pered s-ezdom, in: ZS 10/1954, S. 1

[435] „Der junge Leser (...) wird niemals mit dem Versuch einiger Kritiker einverstanden sein, den Schriftstellern ihren Standpunkt über das "Mögliche und Unmögliche" in der Fantastik aufzudrücken. Wie in allen anderen Genres auch, ist in der wissenschaftlich-fantastischen und Abenteuerliteratur alles möglich, was gut und nötig ist, und unmöglich das, was schlecht und nutzlos ist." („Молодой читатель [...] никогда не согласится с попыткой некоторых критиков навязать писателям свою точку зрения о «возможном и невозможном» в фантастике. Как и во всех других жанрах, в научно-фантастической и приключенческой литературе возможно все, что хорошо и нужно, и невозможно то, что плохо и бесполезно.") Ebd.

schließlich auf ausländische Autoren, die in der Jugend die „Vorstellungskraft gefesselt" und „ungesehene Perspektiven eröffnet" hätten:

> „Vielleicht erinnern diejenigen, die auf der Sitzung auftreten, mit einem warmen Lächeln ihre Jugend und erzählen, wie sie einst atemlos die Bücher von Jules Verne, Mayne Reid, Fenimore Cooper und vieler anderer Autoren verschlungen haben, wie diese Bücher ihre Vorstellungskraft gefesselt, ungesehene Perspektiven eröffnet, den Charakter erzogen, den Glauben an den menschlichen Genius gestärkt haben und wie sie für das ganze Leben eine leuchtende und klare Erinnerung an die Jugend geblieben sind."
>
> „Может быть, выступающие на съезде с теплой улыбкой вспомнят и о своей молодости, расскажут, как когда-то, не переводя дыхания, они проглатывали книги Жюль-Верна, Майн-Рида, Фенимора Купера и многих других авторов, как эти книги захватывали воображение, открывали невиданные перспективы, воспитывали характер, укрепляли веру в творческий гений человека и остались на всю жизнь светлым и ярким воспоминанием юности."[436]

Kulturpolitisch ging es vor allem darum, das von „Millionen junger Leser" geliebte Genre zur Popularisierung wissenschaftlicher und technischer Entwicklungen und Projekte nutzbar zu machen.[437]

Die auflagenstärkste populärwissenschaftliche Zeitschrift *Technika – molodeži* hatte schon im Juli des gleichen Jahres begonnen, das Genre durch die Ausschreibung eines unionsweiten Wettbewerbs für die beste wissenschaftlich-fantastische Erzählung zu fördern.[438] Von den bis zum 1. April 1955 eingegangenen 958 Manuskripten wurde bereits ab der Augustnummer 1954 monatlich eines publiziert,[439] der mit stattlichen 7000 Rubeln[440] dotierte erste Preis dann allerdings nicht verliehen, da

---

[436] Ebd.; Diese Verweise gingen einher mit der auf dem Schriftstellerkongreß beschlossenen Öffnung der eigenen Literatur für „fortschrittliche Schriftsteller" des Auslands, siehe Eggeling: Die sowjetische Kulturpolitik, S. 65.

[437] „Unsere Wirklichkeit und ihr Held, der sowjetische Mensch, eröffnen überaus reiche Möglichkeiten, eine vielfältige wissenschaftlich-fantastische Literatur zu schaffen. Wie gut ist es, davon zu träumen, daß das Morgen und Übermorgen anbricht, zu träumen, angeregt von den wahrhaft fantastischen Errungenschaften der sowjetischen Wissenschaft und Technik, die täglich neue, reale Aufgaben umsetzt, die gestern noch unerfüllbare Wunschträume waren, wie es vor unseren Augen mit dem Jahrhundertswunschtraum vom Flug des Menschen hinter die Grenzen der irdischen Atmosphäre geschieht." („Наша действительность и ее герой – советский человек – дают богатейшие возможности для создания многогранной научно-фантастической литературы. Как хорошо помечтать о том, что свершится завтра и послезавтра, помечтать, отталкиваясь от поистине фантастических завоеваний советской науки и техники, которые ежедневно переводят в разряд очередных, реальных задач вчерашние несбыточные мечты, как это на наших глазах происходит с вековой мечтой о полете человека за пределы земной атмосферы." [Anon.]: Slovo pered s-ezdom, S. 1.

[438] [Žurnal CK VLKSM «Technika – molodeži» ob-javljaet]: Konkurs na naučno-fantastičeskij rasskaz, in: TM 7/1954, S. 40.

[439] In den vorigen Nummern des Jahres und auch das ganze Jahr 1953 hindurch hat *Technika – molodeži* hingegen kein einziges NF-Werk abgedruckt.

[440] Die zwei zweiten Preise waren mit je 4000, die drei dritten mit 2000, vier Förderpreise mit 1000 Rubel dotiert. Der Durchschnittslohn betrug 1955 nach Schätzungen inkl. aller Zuschläge und staatlichen Vergünstigungen für Arbeiter und Angestellte 1720 Rubel. Siehe Becker, Rudolf: Lohnsystem und Lohnpolitik, in: Markert, Werner (Hg.): Osteuropa-Handbuch, Bd. Sowjetunion,

„herausragende Werke", die „vollkommen" den Wettbewerbsbedingungen entsprächen, fehlten.[441] Die knapp tausend Wettbewerbsbeiträge, aber auch andere Bemerkungen in populärwissenschaftlichen Zeitschriften zeigten, daß die Popularisierung des Genres bei den Lesern anscheinend auf großes Interesse stieß.[442] Allerdings war dieses Interesse anfangs nicht vorrangig mit der *Erfindung des Kosmos* verbunden. So nannte *Znanie – sila* Ende 1957 als beliebteste Themen der Leser folgende: 1.) Gesundheit, Langlebigkeit und die Liquidation von Krankheiten, 2.) die Möglichkeiten der Atomenergie, 3.) intergalaktische Reisen, 4.) die Unterwerfung der Natur und 5.) durch die Sondernummer zu diesem Thema 1956 die Kybernetik.[443] Schon ein Jahr später standen die Themen „Besuche von fremden Sternen" und „Zeitreisen in die Zukunft" in der Beliebtheit der Leser gleich an zweiter Stelle hinter der „Atomphysik".[444]

Als *Technika – molodeži*, die mittlerweile mit einer halben Million Exemplaren eine so hohe Auflage wie zur gleichen Zeit *Junost'*, *Vokrug sveta* und *Nauka i žizn'* zusammen erreichte, ab Januar 1957 begann, den Roman „Andromedanebel" („Туманность Андромеды") des ehemaligen Seefahrers und Geografen Ivan Efremov[445] gekürzt in Fortsetzungen abzudrucken, markierte das für das Genre NF den endgültigen Durchbruch durch die bisherigen engen zeitlichen und räumlichen Grenzen.[446] Denn damit erschien erstmals seit einem Vierteljahrhundert ein Roman in der Sowjetunion, dessen Handlung in der fernen kommunistischen Zukunft, nämlich im 31. Jahrhundert spielte, in der die Menschen die Möglichkeit hatten, mit Sternenschiffen in den Kosmos zu fliegen. Die letzte Folge erschien im November desselben Jahres zeitgleich mit den Meldungen von den ersten beiden erfolgreichen Sputnikflügen. Auf eine positive Resonanz zu dieser Publikation läßt die Feststellung der Redaktion schon Ende 1957 schließen, daß die meisten Leserbriefe in diesem Jahr zu Efremovs Roman eingegangen seien, von denen die „überwältigende Mehrzahl der Briefe voller begeisterter Zustimmung" gewesen sei, nur einige seien

---

Teil: Das Wirtschaftssystem, Köln u.a. 1965, S. 422.

441 [Žjuri konkursa]: Soobščenie žjuri konkursa, in: TM 7/1955, S. 14; Dies.: Ot žjuri konkursa, in: TM 8/1955, S. 22.

442 Das Interesse läßt sich bspw. auch an der Ende 1957 von *Znanie – sila* gemachten Feststellung ablesen, daß in der Redaktion in diesem Jahr im Durchschnitt wöchentlich zwei Pakete mit wissenschaftlich-fantastischen Erzählungen von Lesern eingetroffen seien. Siehe [Anon.]: O čem mečtaet čitatel', in: ZS 12/1957, S. 56.

443 Ebd., S. 56–58.

444 So die Auswertung der Leserzuschriften des Jahres 1958 von *Znanie – sila*, unter denen auch ganze NF-Povesti und Romane gewesen seien, siehe [Anon.]: O čem mečtaet čitatel', in: ZS 12/1958, S. 37.

445 Zur Biographie Efremovs siehe Ogloblin, I.: I. Efremov (Rasskazy o pisateljach), in: ZS 7/1957, S. 30–33.

446 Efremov, Ivan: Tumannost' Andromedy (Naučno-fantastičeskij roman), in: TM 1/1957, S. 26–31; 2, 25–29; 3, 22–27; 4, 22–27; 5, 22–27; 6, 27–32; 8, 28–33; 9, 30–35; 11, 25–29. Der Hinweis, daß er gekürzt worden sei, findet sich Ebd., S. 29; In der Januarnummer war der Roman Titelgeschichte, siehe TM 1/1957, S. 1 Obložka.

strikt ablehnend gewesen.[447] Die massenhafte Verbreitung[448] und kontroverse Diskussion um den Roman[449] trugen in der Folgezeit ebenfalls dazu bei, daß er allgemein als Neuanfang nach dem Ende der Stalinzeit rezipiert und ungemein populär wurde.[450]

Als *Technika – molodeži* im September 1959 ein von einem Leser gemaltes Bild präsentierte, das eine sitzende Frau und einen stehenden Mann vor dem Hintergrund eines futuristischen Gebäudes darstellt, und die anderen Leser aufforderte, sich NF-Geschichten dazu auszudenken,[451] erhielt sie bis Januar 1960 467 Zuschriften, von denen sie die „besten" acht Gedichte, Interpretationen und Erzählungen in der Februarnummer publizierte. Diese handelten ausnahmslos von intergalaktischen Begebenheiten.[452] Schon diese Resonanz zeigt deutlich, wie schnell die Popularität des Themas „intergalaktische Reisen" anwuchs, stand es doch 1956 noch an dritter, 1957 an zweiter Stelle des Leserinteresses.

Im Dezember 1961 schrieb *Technika – molodeži* dann zusammen mit populärwissenschaftlichen Journalen aus der Tschechoslowakei, Ungarn, Rumänien, Polen, Bulgarien und der DDR einen weiteren, diesmal „Internationalen Wettbewerb für die beste wissenschaftlich-fantastische Erzählung" aus.[453] Innerhalb eines halben Jahres wurden insgesamt 1374 Erzählungen eingeschickt, davon allein 543 aus der Sowjetunion, von denen die Zeitschrift von Februar 1962 bis April 1963 monatlich ein oder zwei abdruckte.[454] Auch diesmal wie schon 1955 bei dem nationalen Wett-

---

[447] [Anon.]: Nam pišut..., in: TM 12/1957, S. 25.

[448] So erlebte der Roman als Buch ab 1958 allein in Russisch (seit 1961 in einer revidierten Fassung, außerdem gab es noch diverse Übersetzungen in Sprachen der Sowjetunion und außerhalb) insgesamt acht Auflagen, außerdem erschien er auch in der Zeitschrift *Roman – gazeta* (Nr. 15/1959) mit einer Auflage von einer halben Million Exemplaren sowie in Auszügen in der *Pionerskaja pravda*. Ljapunova, I.: Sovetskaja fantastika (Opyt bibliografii, 1957–1960 gody), in: Fantastika – 72. Sbornik, Moskva 1972, S. 316; Ljapunov: V mire fantastiki, S. 174; Suvin: Russian Science Fiction, S. 6. (Die Bibliographien geben aber nicht alle Auflagen an, wie eine stichpunktartige Überprüfung des *Knižnaja letopis'* ergeben hat. Siehe hierzu Kapitel 2.1. zur Auflagenhöhe)

[449] In den populärwissenschaftlichen Zeitschriften ist der Roman allerdings fast ausschlielich positiv rezipiert worden, siehe bspw. Gurevič, G.: Pisatel' načinaet razgovor (O knige I. Efremova «Tumannost' Andromedy»/Vyšli iz pečati), in: ZS 7/1959, S. 23; Šumilin, M: Put' razuma čerez fantaziju, in: TM 11/1963, S. 40. Zur Kritik Berž'e, Žak: Sovetskaja naučno-fantastičeskaja literatura glazami francuza, in: Na suše i na more, Bd. 2/1961, S. 414.

[450] Statistisch ist diese Popularität allerdings erst für spätere Zeiträume erfaßt. Siehe Rullkötter: Die Wissenschaftliche Phantastik, S. 211ff., 214.

[451] [Anon.]: Čitatel' – čitateljam: poprobujte napisat' ob ėtom..., in: TM 9/1959, S. 36.

[452] [Anon.]: Velik čelovek, derznovenny dela ego, krylaty ego mečty (Otvečajut čitateli Igorju Kolontaju), in: TM 2/1960, S. 27–30.

[453] [Anon.]: Meždunarodnyj konkurs na lučšij naučno-fantastičeskij rasskaz, in: TM 12/1961, S. 17.

[454] [Anon.]: Zakončilsja meždunarodnyj konkurs na lučšij naučno-fantastičeskij rasskaz, in: TM 10/1962, S. 30f. Die national und international prämierten Erzählungen erschienen 1964 in einem Sammelband. Siehe Mitrochina, S. (Hg.) Lučšij iz mirov. Sbornik naučno-fantastičeskich rasskazov, otmečennych na meždunarodnom konkurse fantastiki semi stran: Bolgarii, Vengrii, GDR, Pol'ši, Rumynii, SSSR, Čechoslovakii, Moskva 1964.

bewerb beschloß die Redaktion, – „ausgehend von den erhöhten Anforderungen" – den ersten, mit 300 Rubel[455] dotierten nationalen Preis nicht zu verleihen.[456] Dieses erneute Aussetzen des ersten Preises läßt sich sowohl als bewußte Entscheidung der Jury interpretieren, eine Festlegung auf eine Erzählung als besten und damit vorbildlichen Beitrag zu vermeiden, als auch als Ausdruck der Umstrittenheit des Genres, die eine Einigung der Jury verhinderte.[457]

Die Notwendigkeit, in einem Wettbewerb durch die Prämierung bestimmte Tendenzen und Strömungen positiv oder negativ bewerten zu müssen, war vielleicht auch der Grund, daß *Technika – molodeži* erst Anfang 1965 wieder Wettbewerbe ausgeschrieben hat. Dabei handelte es sich zum einen um einen Liederwettbewerb,[458] der durch einen „Brief der Kosmonauten" angeregt wurde, der Lieder für die Kosmische Ära und die Epoche des Kommunismus forderte.[459] Zum anderen wurde in der gleichen Februarnummer ein Wettbewerb zu drei gemalten Bildern für wissenschaftlich-fantastische Erzählungen oder Gedichte ausgelobt.[460] Ende des Jahres verlängerte man auf Wunsch „vieler Leser" seine Frist bis März des folgenden Jahres. Für ihn seien bisher über 300 Beiträge eingetroffen.[461] Schon diese relativ geringe Resonanz (die vorhergehenden Wettbewerbe hatten innerhalb kürzerer Zeiträume sehr viel größeren Zuspruch erhalten), aber auch die abnehmende Anzahl von publizierten NF-Erzählungen deuten auf ein nachlassendes Interesse *innerhalb der* Zeitschriften an dem Thema hin. Diese Tendenz aber als einen generellen Rückgang des Interesses an Wissenschaftlicher Fantastik zu interpretieren, wäre ein Fehlschluß. Vielmehr hing er mit der veränderten Definition und Funktion des Genres zusammen, das sich zunehmend von seiner (populär)wissenschaftlichen

---

[455] Die zwei zweiten Preise waren mit je 200, die drei dritten mit 150, die drei Förderpreise mit je 50 Rubel dotiert. Der geschätzte Durchschnittslohn betrug 1962 incl. aller Zuschläge und staatlichen Vergünstigungen für Arbeiter und Angestellte 220 Rubel. Allerdings war das Niveau der Lebenshaltung relativ schnell gestiegen, so daß die Kaufkraft von 300 (neuen) Rubeln 1962 gegenüber derjenigen von 7000 (alten) Rubeln 1955 nicht so viel weniger sein dürfte, wie es auf den ersten Blick scheint (1960/1961 hat es eine Währungsreform gegeben, wobei ein neuer Rubel dem Wert von zehn alten entsprach). Siehe Becker: Lohnsystem und Lohnpolitik, S. 422, 423.

[456] Statt des ersten wurden drei zusätzliche dritte Preise vergeben, siehe [Anon.]: Zakončilcja meždunarodnyj konkurs, S. 30.

[457] Die zwei mit einem zweiten Preis dotierten NF-Texte lassen beide Interpretationen zu. Wobei ein Preis an ein „wissenschaftlich-fantastisches Poem" eines Kandidaten der Wirtschaftswissenschaften ging, das gleichzeitig einen internationalen Länderpreis „für den Humanismus der Idee und die Neuheit der Form" erhielt. Ebd., S. 30, 31.

[458] [Anon.]: Konkurs molodežnoj pesni (Pust' poet duša), in: TM 2/1965, S. 31.

[459] Gagarin, Ju.; Titov, G.; Nikolaev, A. u.a.: Učastvujte v konkurse molodežnoj pesni (Pis'mo sovetskich kosmonavtov/Pust' poet duša), in: TM 2/1965, S. 13.

[460] [Anon.]: Konkurs: Naučno-fantastičeskij rasskaz po risunkam, in: Ebd., S. 1.

[461] Der erste Wettbewerb wurde Ende des Jahres abgeschlossen. Die meisten Lieder handelten von der „Eroberung ferner Planeten, Galaxien und Welten". Angaben über die Teilnehmerzahl fanden sich keine, statt dessen wurden aber die „charakteristischen Fehler der Autoren von vielen Liedern" erläutert, was auf ein eher unbefriedigendes Resultat des Wettbewerbs schließen läßt. Siehe [Anon.]: Naši konkursy, in: TM 12/1965, S. 13.

Einbindung gelöst hatte, wie in den folgenden beiden Abschnitten gezeigt werden soll.

Die fehlenden Grenzen zwischen Fantasie und Wissenschaft

In der populärwissenschaftlichen Literatur stellten die riesigen „Sprünge in die Zukunft", die die sowjetischen Wissenschaften seit Mitte der 50er Jahre gemacht hatten, das wichtigste Argument für eine keinerlei Grenzen unterworfene Fantastik dar. Denn diese „Sprünge" würden es erfordern, daß die Fantasten „mutig" auch in die fernere Zukunft blickten. So bilanzierte *Znanie – sila* Ende des Jahres 1957 „zu Neujahr", die Wirklichkeit drohe, die Entwürfe der Fantasten einzuholen:

> „Wir machen den Fantasten keinen Vorwurf. Wenn die Wirklichkeit gigantische Sprünge in der Zeit macht – desto besser für unsere sowjetische Wirklichkeit! Doch wir sind dafür, daß man träumt, denn der Wunschtraum weist vorwärts! Und wenn die Wissenschaftliche Fantastik heutzutage von den Wissenschaftlern eine unbegrenzte Vielzahl an neuen Themen erhalten hat, die im Verlauf des stürmischen technischen Fortschritts geboren worden sind, dann verdankt sich dieser wissenschaftliche Fortschritt in vielem auch dem wißbegierigen Wunschtraum derjenigen Wissenschaftler, welche von den Spurensuchen der Wissenschaftsenthusiasten und kühnen Konstruktionen der Fantasten inspiriert waren."

> „Мы не упрекаем писателей-фантастов. Если действительность осуществляет гигантские скачки во времени – тем лучше для нашей советской действительности! Но мы – за то, чтобы мечтать, ибо мечта ведет вперед! И если научная фантастика ныне получила от ученых бесчисленное множество новых тем, рожденных в процессе бурного технического прогресса, то ведь и сам этот научный прогресс во многом обязан пытливой мечте ученых, одухотворенным поискам энтузиастов науки, смелым построениям писателей-фантастов."[462]

Eine solche Argumentation, die die seit der Stalinzeit bestehende enge Verbindung der Wissenschaftlichen Fantastik mit den Erfolgen und Fragestellungen der Wissenschaft[463] beibehielt, war 1957 umstritten, stellte sie die Fantastik doch eindeutig in den Dienst der Wissenschaften. Andererseits war diese Verknüpfung aber eben auch die Voraussetzung dafür, daß sich das Genre überhaupt so schnell entfalten konnte.[464] „Wissenschaftlichkeit" bildete in den ersten Jahren der Kosmosbegeisterung keine Begrenzung, sondern eröffnete Möglichkeiten, die in der populärwissenschaftlichen Publizistik aufgeworfenen Fragen als fantastische Realität durchzuspielen. So schrieb *Znanie – sila* 1959:

---

[462] [Anon.]: Dejstvitel'nost' i fantastika, in: ZS 12/1957, S. 1.

[463] So führte *Znanie – sila* bspw. Anfang 1951 die Rubrik „Наука и фантастика" ein, in der wissenschaftliche und technische Probleme aus NF-Werken (die sich natürlich in den engen Grenzen jener Zeit bewegten) vorgestellt und auf ihre tatsächliche Umsetzbarkeit befragt wurden. Siehe [Anon.]: Nauka i fantastika, in: ZS 1/1951, S. 29.

[464] Das lag jedoch nicht nur an der wissenschaftlichen Entwicklung selber, sondern auch an der Wissenschaftspolitik der Tauwetterzeit, die Naturwissenschaftlern erhebliche experimentelle Freiräume zugestand und ihnen die Möglichkeit eröffntete, auch „philosophische Fragen" unabhängig von politischen Vorgaben diskutieren zu können. Siehe hierzu Josephson: Rockets, Reactors , and Soviet Culture, S. 170ff.

„Die bemerkenswerten Erfolge der sowjetischen Wissenschaft sind der ganzen Welt bekannt, und wer wundert sich schon darüber, daß ausgerechnet in unserem Land die aller wagemutigsten Vorhaben Realität werden, selbst interplanetare Flüge; Vorhaben, die noch unlängst als nicht realisierbar angesehen wurden, zur fernen Zukunft gehörig. (...) Die organische, unzerbrechliche Verbindung der Gegenwart mit der Zukunft, das ist ein charakteristischer Zug unseres Lebens. (...) Das zielstrebige Tempo der Entwicklung der Wissenschaft bestärkt die Wissenschaftler, mutiger in die Zukunft zu blicken, klarer ihre Ziele bestimmen zu können. Die Fantastik wird selber zu einem Gegenstand der Wissenschaft; das ist auch der Grund, weswegen in vielen der von uns veröffentlichten Artikel, die Wissenschaftler geschrieben haben, Prognosen für die Zukunft enthalten sind."

„Замечательные успехи советской науки известны всему миру, и кто не удивляется тому, что именно в нашей стране становятся явью самые дерзновенные замыслы, вплоть до межпланетных перелетов, – замыслы, казавшиеся еще недавно несбыточными, принадлежащими далекому будущему. [...] Органическая, неразрывная связь настоящего и будущего – характерная черта нашей жизни. [...] Стремительные темпы развития науки побуждают ученых смелее заглядывать в будущее, яснее определять свои цели. Фантастика становится делом самой науки – вот почему во многих публикуемых нами статьях ученых содержатся прогнозы на будущее."[465]

Eine solche Definition stellte auch eine Reaktion auf die Diskussionen um das Genre dar, die seit dem Erscheinen von Efremovs „Туманность Андромеды" entbrannt waren und 1958 zu einer „Gesamtrussischen Konferenz über wissenschaftlich-fantastische und Abenteuerliteratur" führten. Auf ihr wurde insbesondere die Frage kontrovers diskutiert, inwieweit die Aufgabe der „engen Grenzen" einer „nahen" Zukunft zugunsten einer „fernen" Fantastik sich auf die wissenschaftlichen, d.h. *realistischen* Grundlagen und den „parteilichen", d.h. *sozialistischen* „Ideengehalt" negativ oder positiv auswirke.[466] Im Zuge des 21. Parteitags der KPdSU und des dritten Schriftstellerkongresses der UdSSR 1959 hatte sich die Auseinandersetzung noch einmal verschärft.[467] Ungeachtet einiger Einwände und Vorbehalte fand die

[465] In diesem Sinne habe die Fantastik das Ziel, „Wissensdurst" und „Schaffenskraft" zu wecken und so zur „kommunistischen Erziehung" der Jugend beizutragen. [Anon.]: Plan i mečta, in: ZS 12/1959, S. 1.

[466] Die „Материалы всероссийского совещания по научно-фантастической и приключенческой литературе", die im Juli 1958 in Moskau stattfand, sind abgedruckt in: Makarova: O fantastike i priključenijach, S. 239–327.

[467] So organisierte das „Haus des Kinderbuches" in Leningrad 1959 eine Vortragsreihe zu dem Thema und im März 1960 fand im Moskauer „Haus der Literaten" eine Diskussionsveranstaltung zu den „Problemen der zeitgenössischen Fantastik" statt. Auf letzterer diskutierte man u.a. den unklaren „erzieherischen Auftrag" – die Frage des gesellschaftlichen Zwecks – und die fehlende „historische Konkretheit" – die mangelnde Wissenschaftlichkeit – solcher in die ferne Zukunft verlegten Fantastik. Siehe [Anon.]: Sovetskaja naučnaja fantastika v 1958–1959 godach. Po materialam diskussii «Problemy sovremennoj fantastiki», sostojavšejsja 14 marta 1960 goda v Moskovskom Dome literatorov, in: Makarova: O fantastike i priključenijach, S. 328–338. Beide Termini („erzieherischer Auftrag" und „historische Konkretheit") waren auf dem zweiten Schriftstellerkongreß 1954 aus der Definition des Sozialistischen Realismus gestrichen, fünf Jahre später beim dritten Kongreß aber wieder aufgenommen worden. Siehe Eggeling: Die sowjetische Literaturpolitik, S. 67, 124.

von *Znanie – sila* vertretende Haltung größtenteils Zustimmung, NF als „Popularisator“ der Wissenschaft zu definieren.[468]

Die Definition der Fantastik als Teil der Wissenschaft stand aber auch im Zusammenhang mit der im selben Jahr entbrannten Kontroverse, ob nicht im Zeitalter des Atoms und der Kybernetik die Lyrik unzeitgemäß sei. Sie ist dann durch ein Gedicht von Boris Sluckij als Debatte der *Physiker* und *Lyriker* bekannt geworden.[469] Diese Debatte drehte sich um den gesellschaftlichen Zweck oder Nutzen von Belletristik überhaupt und Lyrik insbesondere. In der populärwissenschaftlichen Publizistik hat man sich mit ihr zwar kaum direkt auseinandergesetzt,[470] sie spiegelte sich aber insoweit in ihr wieder, als man in den folgenden Jahren vermehrt versuchte, die wissenschaftliche Plausibilität[471] und den gesellschaftlichen Nutzen der „Kundschafter der Zukunft“[472] für den Aufbau des Kommunismus nachzuweisen.[473] Gerade

---

[468] Auch Fantasten wie Kazancev oder Polešcuk unterstützten diese Haltung, siehe [Anon.]: Sovetskaja naučnaja fantastika, S. 337f. Einige 1957 bis 1960 in Zeitungen und Zeitschriften publizierte Beiträge zu dieser Debatte werden in demselben Artikel aufgeführt, siehe Ebd., S. 329. Auf diese, in der Presse und Publizistik geführte Auseinandersetzung kann hier nicht näher eingegangen werden, da sie weit über den Rahmen dieser Studie hinaus in die allgemeine Literaturpolitik jener Zeit hinein gehen würde und da sie zudem, wie gesagt, in den populärwissenschaftlichen Zeitschriften selber lediglich rezipiert, aber kaum kontrovers geführt worden ist. Darko Suvin analysiert einige Beiträge zur Debatte allerdings sehr isoliert und aus einer dezidiert westlichen Perspektive, siehe Suvin: Significant Themes in the Criticism, S. 44ff.

[469] Zur „Debatte der Physiker und Lyriker“ siehe Kluge: Der sowjetische Traum, S. 177ff.; Dudek, Gerhard; Schäfer, Ingrid: Lyrik zwischen Aufbruch und Stagnation, in: Beitz, Willi (Hg.): Vom <Tauwetter> zur Perestroika. Russische Literatur zwischen den fünziger und neunziger Jahren, Bern 1994, S. 79; Hiersche: Sowjetliteratur und wissenschaftlich-technische Revolution.

[470] Allerdings nahm man häufig auf sie Bezug, bspw. bei Krotov, der den Kritikern der NF entgegenhält: „Aber der Geist der Zeit selber, der von den größten Höhenflügen der Wissenschaft und Technik gekennzeichnet ist, die ins Leben vordringen, in die Art und Weise zu denken und die Welt wahrzunehmen, er ist ein solcher, daß die Legierung "Physiker und Lyriker" der wissenschaftlich-fantastischen Werke die Unterstützung der Leserherzen finden wird.“ („Но сам дух времени, ознаменованного высочайшими взлетами науки и техники, проникающими в жизнь, в манеру мышления людей и их восприятие мира, таков, что сплав «физики и лирики» научно-фантастических произведений будет находить поддержку в сердцах читателей.“) Krotov, Ju.: Fantastika, 1961 god, in: TM 12/1961, S. 16.

[471] So erschienen zu den publizierten NF-Erzählungen oft Kommentare von Experten, die die wissenschaftliche Fundierung der in den Texten aufgestellten Hypothesen erörterten, siehe bspw. Kosinjuk, I.: [Idea rasskaza I. Rosochovatskogo...], in: TM 3/1961, S. 27 (zu der Erzählung über Außerirdische auf der Erde von Rosochovatskij: Vstreča v pustyne, in: Ebd., S. 25–27); [Div.]: Šachmatisty i inženery obsuždajut rasskaz, in: TM 12/1960, S. 28–30 (zur Erzählung über einen Schachcomputer von Curkin, G.: Šachmatnaja doska, in: Ebd., S. 28–31).

[472] [Div.]: Govorjat fantasty – razvedčiki buduščego, in: TM 10/1961, S. 6–9, 13, 20–21.

[473] So gab es auch „Ingenieure“, die sich für die Fantasten stark machten: „Hinter dem Panzer der Formeln und Termini der modernen Wissenschaft ist eine Vielzahl von Ideen für die Technik der Zukunft verborgen. Der Fantast ist bestrebt, diese Ideen allgemein zugänglich zu machen, ihnen literarisches Blut und Fleisch zu geben. / Manchmal, vielleicht auch zu oft, irrt er sich. Doch seine Fehler werden vom Ingenieur ausgebessert, wenn die Zeit kommt, diese zur Zeit noch fantastischen Pläne in der Wirklichkeit umzusetzen. („За броней формул и терминов современной

nachdem die Euphorie der *großen Sprünge* des Fortschritts 1962/1963 den *kleinen Schritten* des schwierigen Weges in die Zukunft gewichen war, geriet das Genre unter Legitimationsdruck und man versuchte, den engen Zusammenhang von „Kunst" und „Wissenschaft" zu beweisen.[474] Immer wieder erschienen Texte, die zeigten, wie die Fantastik wissenschaftliche Entwicklungen vorhergesehen und beeinflußt habe,[475] wie ihre Wunschträume Wirklichkeit geworden seien.[476] Umgekehrt schrieben Ingenieure und Wissenschaftler Ratschläge „In das Notizbuch des Fantasten", wie eine 1963 von *Znanie – sila* eingeführte Rubrik hieß.[477]

науки скрыто множество идей для техники будущего. Писатель-фантаст стремится сделать эти идеи всеобщим достоянием, дать им литературную плоть и кровь./Порою – может быть, даже слишком часто – он ошибается. Но его ошибки будут исправлены инженером, когда придет пора воплотить в жизнь эти, пока еще фантастические, планы.") Muslin, E.: Inženery za fantastov, in: ZS 12/1961, S. 41.

[474] Daher organisierte *Technika – molodeži* im August 1962 eine Konferenz zum Thema „Der Mensch und die Zukunft" mit Wissenschaftlern, Fantasten und den Chefredakteuren der wichtigsten populärwissenschaftlichen Zeitschriften Bulgariens, Ungarns, der DDR, Polens, Rumäniens und der Tschechoslowakei, an der auch German Titov teilnahm. [Anon.]: Živoj geroj fantastičeskich proizvedenij v gostjach u pisatelej, in: TM 10/1962, S. 7–9; Einige Stellungsnahmen der Teilnehmer sind abgedruckt in: [Div.]: Učenye i fantasty o fantastike, in: TM 12/1962, S. 10–11, 18–19, 28–29. Das Verhältnis von „Kunst" und „Wissenschaft" wurde häufig unter Verweis auf die Renaissance und insbesondere auf die Person Leonardo da Vincis als eine unzertrennliche Einheit dargestellt. Genauso helfe heute die NF, den Kommunismus zu propagieren und Optimismus zu verbreiten, wie der Tenor der meisten Beiträge lautete. Denn: „Die Wissenschaftliche Fantastik hat erstmals, wenn man das so sagen kann, ein genaues Programm seiner Bewegung vorwärts erhalten. Zu ihm ist das Programm unserer Kommunistischen Partei geworden – das eine reale und lebensfähige Perspektive für die Entwicklung unserer sowjetischen Gesellschaft darstellt, die sich hin zum Kommunismus bewegt." („Научная фантастика впервые получила, если можно так сказать, подробную программу своего движения вперед. Ею стала Программа нашей Коммунистической партии – реальная и жизненная перспектива развития нашего советского общества, движущегося к коммунизму.") Ebd., S. 10.

[475] So schreibt Kirill Andreev 1962: „Wenn man über die wissenschaftliche Fantastik eines Jules Verne schreibt, stellt man gewöhnlich fest, daß sich ohne Ausnahme alle wissenschaftlichen Prognosen des berühmten Schriftstellers erfüllt haben. Doch wenn wir uns den Werken unserer Zeitgenossen zuwenden, die den Hauptbestandteil unserer Literatur dieses Genres ausmachen (...), dann sehen wir, daß auch hier schon sehr viel verwirklicht worden ist, vielleicht nicht ganz so oder auch gar nicht so, aber der Wunschtraum ist doch Wirklichkeit geworden." („Когда пишут о научной фантастике Жюля Верна, обычно констатируют, что все без исключения научные прогнозы знаменитого писателя осуществлены в наши дни. Но если мы обратимся к произведениям наших современников, составляющим основной фонд нашей литературы этого жанра [...], то увидим, что и здесь осуществлено очень много, может, не совсем так или даже совсем не так, но мечта стала действительностью. ") Andreev, Kirill: Fantastika god 1962, in: TM 12/1962, S. 28.

[476] So eröffnete *Znanie – sila* schon 1961 die Rubrik „Gestern noch war es Fantastik..." („Вчера еще – фантастика..."), siehe Semenov, V.: Podvižnyj v podvižnom (Včera ešče – fantastika...), in: ZS 1/1961, S. 6; Die Dezembernumber von *Technika – molodeži* widmete sich dem Thema „От фантазии – к реальности", siehe TM 12/1964.

[477] Die Rubrik „В блокнот фантаста" erschien bis Anfang 1964 in unregelmäßigen Abständen,

Die enge Verbindung von Fantastik und Wissenschaft auch in der Tauwetterzeit aufrecht zu erhalten und sogar zu verstärken, hatte demnach anfangs die Funktion, die bisherigen Grenzen des Genres überschreiten zu können. In dem Moment aber, als die wissenschaftlichen Fortschritte langsamer und das kulturpolitische Klima härter wurden, entwickelte sich der Nachweis der „Wissenschaftlichkeit" zu einer neuen Begrenzung der Handlungsspielräume. So kam es, daß sich 1964/1965 in der populärwissenschaftlichen Publizistik „Fantastik" und „Wissenschaft" allmählich voneinander trennten. Der Physiker Vol'demar Smilga[478] faßte Ende 1964 in *Znanie – sila* die daraus folgenden Konsequenzen in einer grundsätzlichen Kritik der wissenschaftlich-fantastischen Literatur der letzten Jahre zusammen: Nicht nur, daß man immer noch nicht wisse, was das Genre eigentlich solle und könne:

„Die Tragik der Lage, in der sich die Fantasten befinden, besteht auch darin, daß sie sich nicht nur unter Beschuß der Leser und ihrer Schriftstellerkollegen befinden – was das unabänderliche und gewöhnliche Los eines jeden Schriftstellers ist –, sondern auch noch, und das ist schon etwas ungewöhnlich, unter dem Schußfeuer der Wissenschaftler./ Vielleicht sind die Fantasten deshalb in der Regel solch verwegene und muntere Menschen. Die andern überleben nicht."

„Трагичность положения фантастов еще и в том, что они оказываются не только под огнем читателей и своих собратьев по перу – это непременный и привычный удел вообще каждого писателя, – но, и это уже несколько необычно, под обстрелом ученых. / Возможно, поэтому фантасты, как правило, люди отчаянные и неунывающие. Остальные не выживают"[479]

Das Problem des Genres sei eben die eingeforderte Wissenschaftlichkeit. Diese könnten die Fantasten kaum erfüllen, da sie zum einen häufig nicht kompetent genug seien, zum anderen aber die gegenwärtige Entwicklung zeige, daß die heute gültigen Theorien in der fernen Zukunft schon längst überholt sein werden. Zur Zeit aber verschreckten die Fantasten mit pseudowissenschaftlichen Erklärungen den naturwissenschaftlich gebildeten Leser, während sie ihre eigentliche Aufgabe verfehlten, nämlich zu fantasieren:

„In der Regel ist die Fantasie der Fantasten armselig. (...) Unter der ergiebigen Flut der wissenschaftlich-fantastischen Literatur, unter den unzähligen Variationen der Sternenflüge, kybernetischen Ultraroboter und (in den letzten Jahren) den unterschiedlichen „telepathischen" Sujets blitzt nur ganz ganz selten irgend etwas Ungewöhnliches auf. Irgend etwas, das wirklich etwas mit Fantasie zu tun hat."

„Как правило, фантазия фантастов убога. [...] Среди обильного потока научно-фантастической литературы, среди бесчисленных вариаций звездных полетов, кибернетических ультрароботов и (в последние годы) различных «телепатических» сюжетов

erstmals: Evgen'ev, E.: Detali, rastuščie kak cvety (V bloknot fantasta), in: ZS 1/1963, S. 15.

478 Smilga war schon 1962 mit der Behauptung aufgefallen, daß Photonenraketen und Flüge zu anderen Sternen unmöglich seien, die heftigen Widerspruch provozierte. Diese These hatte er im letzten Kapitel seines populärwissenschaftlichen Buches „Očevidnoe? Net, ešče neizvedannoe!" aufgestellt. Siehe die das Buch ansonsten lobende Rezension von Finkel'štejn, L.: Kniga učit myslit' (456 000 000 – molodym), in: ZS 10/1962, S. 46–47.

479 Smigla, V: Fantastičeskaja nauka i naučnaja fantastika (S točki zrenija čitatelja-fizika), in: ZS 12/1964, S. 22.

редко-редко промелькнет что-либо необычное. Что-либо такое, что действительно связано с фантазией.“[480]

Fantasie aber bedeute, gerade nicht auf den populärwissenschaftlichen Wegen zu gehen, sondern das „Unerwartete“ zu suchen:

„Fantasie, das heißt Zerstörung der gewöhnlichen, alltäglichen Wege, wobei das eine gerechtfertigte und künstlerische Zerstörung ist und – und das ist nicht weniger wichtig – eine logische.“

„Фантазия – это нарушение привычных, обыденных путей, причем нарушение оправданное и художественно и – что не менее важно – логически.“[481]

Wenn die Fantasten so schrieben, könnten ihre Möglichkeiten „fast grenzenlos“ sein. Wie wenig ihnen das bisher gelinge, zeige sich an der wohl schwierigsten Aufgabe, nämlich darzustellen, wie „in einer fantastischen Welt die fantastischen Errungenschaften der Wissenschaft und Technik“ die „Psychologie der Menschen“ beeinflußten und veränderten:

„Wahrscheinlich handeln in den Romanen deshalb so oft entweder zwei Typen von Robotern, von denen sich einer Mensch nennt, oder aber lebendige Menschen, die aber psychologisch unsere Zeitgenossen sind.“

„Вероятно, поэтому так часто в романах действует либо два типа роботов, один из которых называется человеком, либо живые люди, но наши современники по психологии.“[482]

Ein halbes Jahr später antwortete Stanisław Lem[483] auf den „interessanten und überaus bemerkenswerten“ Aufsatz in derselben Zeitschrift und gab ihm in allen wesentlichen Punkten recht.[484] Denn was für die Physik erschütternd sei, könne für die Literatur eine banale Idee sein und umgekehrt. So könnten die fantastischsten „physikalischen Hypothesen“ für den Fantasten völlig unbedeutend sein, da es ihm nicht um die Art der Entdeckungen gehe, sondern um die Darstellung und Erkenntnis des Menschen. Dabei ließen sich durchaus fantastische Elemente mit realen, Hypothesen mit Fakten vermischen, was in der Wissenschaft verboten sei. „Kybernetische Hypothesen“ interessierten bspw. nicht als Erfindungen, sondern eben als Möglichkeit, zwei verschiedene Individualitäten (eine menschliche und die des Roboters) darstellen zu können. Die „Fantastik“ („Фантастичность“) eines Werkes sei nicht das inhaltliche Ziel, sondern ein literarisches Mittel, und wenn sich irgendein Werk tatsächlich als „geniale Prognose“ der Physik in 3000 Jahren erweise, müsse es deshalb noch lange nicht ein genialer Roman sein:

„Also, das Ideal des Fantasten soll nicht ein "Maximum an Fantastik" sein, sondern ihr "Optimum" – in dem Maße, wie es das Ziel seiner Arbeit erfordert.“

---

[480] Ebd., S. 23.
[481] Ebd.
[482] Ebd., S. 26.
[483] Stanisław Lem war mit acht fantastischen Texten in den Jahren 1961 bis 1965 der in diesem Zeitraum am häufigsten publizierte Fantast in *Znanie – sila* überhaupt.
[484] Lem, Stanislav [Lem, Stanisław]: Fantastika i nauka (Strana fantazija/Terra phantasia), in: ZS 6/1965, S. 40.

„Итак, идеалом фантаста должен быть не «максимум фантастичности», а ее «оптимум» – в мере, которой требует цель его работы.“[485]

Damit war eine Neudefinition sowohl der Begriffe „Wissenschaft“ und „Fantastik“ als auch des Genres vorgenommen worden,[486] die sich auch ansonsten in den populärwissenschaftlichen Zeitschriften abgezeichnet hatte: So war *Znanie – sila* schon seit Anfang 1962 dazu übergegangen, NF-Erzählungen nicht mehr als „Wissenschaftliche Fantastik“ („Научная фантастика“), sondern nur noch als „Fantastik“ („Фантастика“) zu kennzeichnen.[487] In derselben Nummer, in der sie die Antwort von Lem publizierte, gründete sie dann einen „Klub der (Wunsch)Träumer“ („Клуб мечтателей“), in dem alle Leser Mitglieder seien und der von den Fantasten Georgij Gurevič, Anatolij Dneprov, Jurij Dolgušin, Stanisław Lem, Arkadij und Boris Strugackij geleitet werde. Der Klub nannte sich „Страна фантазия / Terra phantasia“ und sollte die “Freuden und Übel, Erfolge und Hoffnungen der zeitgenössischen fantastischen Literatur“ zeigen.[488] Von nun an erschienen alle NF-Werke, aber auch Rezensionen und Kritiken zum Genre sowie „fantastische“ populärwissenschaftliche Hypothesen in dieser Rubrik. Mit der Einführung dieser Rubrik hatten sich auch formal die „Wunschträume“ von der realen Erstürmung des Kosmos und dem Aufbau des Kommunismus unabhängig gemacht und waren endgültig ins „Reich der Fantasie“ verlegt worden.[489] Hier war eine Vielzahl an Positionierungen möglich, deren Diskursgrenzen von zeitgenössischen „Märchenerzählern“, die in den fantastischen Welten etwas über die Menschen der Gegenwart schrieben,[490] bis

---

485 Ebd., S. 41f.

486 Während der Begriff „Wissenschaft“ hier auf sein Forschungsinteresse begrenzt wurde, ordnete man der „Fantastik“ die erkenntnistheoretischen und philosophischen Implikationen dieser Forschungen zu. Damit war die Fantasik in einen Bereich vorgestoßen, der bisher den Naturwissenschaften vorbehalten war. Da eine differenziertere Darstellung der Definition und die Verschiebungen insbesondere des Wissenschaftsbegriffs aber weit über den Rahmen dieser Untersuchung hinausweisen, kann ihnen hier nicht weiter nachgegangen werden. Zur Rolle der Wissenschaften seit den 50er Jahren, siehe Josephson: Rockets, Reactors, and Soviet Culture, S. 170ff; Allgemeiner siehe die einleitenden Kapitel bei Graham: Science, Philosophy, and Human Behavior.

487 *Technika – molodeži* ordnete die „Fantastika“ bis 1964 der Rubrik „Okno v buduščee“ zu, erst 1965 wurde sie getrennt aufgeführt und anstelle des Fensters in die Zukunft trat die Rubrik „Tribuna smelych gipotez“.

488 [Klub mečtatelej]: Strana fantazija/Terra phantasia, in: ZS 6/1965, S. 38f.

489 Jevgenij Brandis und Vladimir Dmitrievskij, zwei NF-Kritiker, die häufig eher „konservativeren“, d.h. den Wissenschaften verpflichteten Postitionen zugerechnet worden sind, haben dieses „Land“ bzw. „Reich der Phantastik“ 1968 folgendermaßen definiert: „Das Reich der Phantastik hat seine eigenen Gesetze und Regeln, verbindlich für jedermann, der in dieses merkwürdige Land gerät. Dort gehen alle seine Wünsche und Träume in Erfüllung. [...] Dort wird jeder freundlich empfangen, der nach dem Ungewöhnlichen dürstet, das Ungewöhnliche sucht, vom Unglaublichen träumt.“ Des weiteren führen sie aus, daß die Vorstellungen vom Genre als einer Literatur der „wissenschaftlichen Voraussicht“ „in vieler Hinsicht veraltet“ seien, „Voraussicht stellt hier eher den Einzelfall dar.“ Siehe Brandis, Jewgeni; Dmitrijewski, Wladimir: Im Reich der Phantastik ([1]1968), in: Barmeyer: Science Fiction, S. 128, 129f., 374.

490 Wie es bspw. Vladimir Tendrjakov als Anspruch für seine NF-Povest' „Putešestvie dlinoj v

zu fantasierenden Wissenschaftlern reichten, die versuchten, die Grenzen des in der Zukunft Möglichen und Denkbaren zu erkunden, ohne dem aktuellen Forschungsstand verpflichtet zu sein.[491]

Es gab demnach in dem hier behandelten Zeitraum keine einheitliche Definition des Genres, sondern sie entwickelte sich in Abhängigkeit von den kulturpolitisch opportunen Handlungsspielräumen. Erst ab 1964/1965 begann sich eine allgemeinere Definition abzuzeichnen,[492] die sich nach dem amerikanischen Mondflug auch in der Literaturwissenschaft etablierte: (Wissenschaftliche) Fantastik galt als eine „Literatur des Wunschtraums",[493] die verschiedene Strömungen zusammenfaßte und literaturgeschichtlich einordnete.[494]

Auseinandersetzungen – Die Rückkehr von den Sternen

Die Einbindung der Fantastik in die Wissenschaften war jedoch nicht nur eine der Belletristik an naturwissenschaftliche Gesetze und Entwicklungsperspektiven, sondern sie war vielmehr Ausdruck einer inhaltlichen Faszination. Denn es waren anfangs ja nicht die *Handlungen*, die das Genre attraktiv machten, sondern die neuen thematischen *Räume*, in denen die Geschichten spielten. So stellte der Fantast Georgij Gurevič 1960 rückblickend fest:

> „Ich konnte mit dem sogenannten "Selbstfluß" (den Werken beginnender Autoren) Bekanntschaft machen, der in "Znanie – sila" eintrifft. (...) Und unter diesen massenweise an die Zeitschrift geschickten Erzählungen war nicht eine, deren Handlung auf dem Mond spielte, ein – zwei berichteten über den Flug zum Mars, ca. ein Dutzend über einen Flug zur Venus und nicht wenige über Flüge außerhalb der Grenzen des Sonnensystems."

---

vek" formulierte, die *Nauka i žizn'* 1963 abdruckte. Siehe Tendrjakov, V.: Ot avtora (Putešestvie dlinoj v vek), in: NŽ 9/1963, S. 73.

[491] Wie es bspw. der amerikanische Physiker Arthur C. Clarke in seinen „Profiles of the Future. An Inquiry into the Limits of the Possible" tat, die 1965 in Auszügen in *Znanie – sila* und *Nauka i žizn'* veröffentlicht worden sind. Siehe Klark, Artur [Clarke, Arthur]: Profili grjaduščego (Strana fantazija/Terra phantasia) , in: ZS 6/1965, S. 43–45; Ders.: Čerty buduščego. Popytka issledovanija predelov vozmožnogo (Glavy iz knigi), in: NŽ 7/1965, S. 62–67; 8, 78–83; 10, 72–77. Zur Einordnung des Buches Bestužev, I.: Artur Čarlz Klark i ego kniga «Čerty buduščego», in: NŽ 7/1965, S. 63–67.

[492] Georgij Gurevič hat bspw. die erste Variante seiner „Karte des Landes der Fantasie" erstmals 1965 publiziert, das zwischen dem „wissenschaftlichen" und dem „literarischen" Ozean liege, und dessen einzelne Gebiete (von der Antiutopie bis zur Zukunftstechnik reichend) in Hinsicht auf ihre Aufgaben, Kriterien, Voraussetzungen, Helden und Sujets definiert. Siehe Gurevič: Karta strany fantazij, S. 148ff.

[493] So lautete der Titel von Ljapunovs erster grundlegender Monographie zum Genre 1970 „V mire mečty", Černaja nannte ihr Werk 1972 „V mire mečty i predvidenija".

[494] D.h., erst ab Ende der 60er Jahre „entdeckte" man die Traditionslinien zu Märchen und Mythen, aber auch zur fantastischen und utopischen Literatur, die im hier behandelten Zeitraum noch kaum eine Rolle spielten. Siehe hierzu auch die Ausführungen im Kapitel 1.2 zum Forschungsstand.

„Мне приходилось знакомиться с так называемым «самотеком» (произведениями начинающих авторов) в журнале «Знание – сила». [...] Так вот среди многочисленных присланных в журнал рассказов, не было ни одного, где действие происходило бы на Луне, один – два о полете на Марс, около десятка о полете на Венеру и немало о полетах за пределы солнечной системы."[495]

Die intergalaktischen Raumzeiten zwischen Himmel und Sternen versprachen eine Welt unbekannter Abenteuer und neuer Geheimnisse.[496] Im Zuge der Forderung, die NF als selbständiges Genre mit eigenen Erzählmustern und Verfahren zu konstituieren, stand von Anfang an die literarische Form in der Kritik. Dies zeigte bspw. ein „typischer wissenschaftlich-fantastischer Roman" von Vladimir Savčenko, den *Technika – molodeži* Ende 1957 veröffentlichte. Er sollte helfen, „den anfangenden Autor von einer Reihe schöpferischer Schwierigkeiten und Fehler" abzuhalten.[497] In dem Kurzroman wurden einerseits die Fantasielosigkeit gewisser Erfindungen und Entdeckungen, andererseits die stereotypen Charaktere ironisch kritisiert (als Helden traten ein feindlicher Spion, ein alles unter Kontrolle habender Militär und ein wagemutiger Pionier auf).[498] In der künstlerischen Gestaltung unterschieden sie sich nur in einem von der Stalinzeit, nämlich darin, daß die Handlung nun im Kosmos spielte.[499]

Aufgrund der schon erwähnten, schärfer gewordenen kulturpolitischen Auseinandersetzungen wurden wiederholt die wissenschaftlichen und gesellschaftspolitischen Aufgaben des Genres angemahnt. So druckte die Redaktion von *Technika –*

---

495 Gurevič, G.: Mnogoobraznaja fantastika, in: Makarova: O fantastike i priključenijach, S. 243.

496 Glad: Extrapolations From Dystopia, S. 143ff.

497 Savčenko, Vl.: Putešestvie na Uran i obratno (Tipovoj naučno-fantastičeskij roman), in: TM 12/1957, S. 37.

498 Der Kurzroman gliederte sich in sechs Kapitel: 1.) Eine „glänzende Entdeckung der Wissenschaft": Ein Professor stellt die These auf, auf dem Planeten Uran müsse es das Schwermetall Uran geben; 2.) „Subjekt und ... Objekt": Ein amerikanischer Spion entdeckt die sowjetische Rakete, die zum Uran fliegen soll; 3.) „Ivanov, Petrov, Siderov u.a.": Sowjetische Militärs haben den feindlichen Spion im Visier; 4.) Ein „Gast aus der Kiste": Ein junger Pionier hat sich in die Uranrakete geschmuggelt; 5.) Die Fahrt „zwischen Himmel und Erde": Während der der Pionier als einziger der Passagiere den amerikanischen Diversanten an Bord enttarnt und es sich herausstellt, daß es auf dem Uran kein Uran gibt; 6.) „Widerstand zwecklos...": Die Rückkehr auf die Erde, die Wissenschaftler feiern den Professor, der Pionier ist der Held, die Militärs führen den Agenten ab und der Bordzyklotronist beginnt eine Liebesaffäre. (In Anführungszeichen sind hier die Kapitelüberschriften aufgeführt.) Siehe Ebd., S. 37–40. Der hier ironisch kritisierte Aufbau unterscheidet sich kaum von dem oben nach Katherina Clark angegebenen Muster: Der Aufgabe (1.) folgen Transmission (2.– 4.) Klimax (5.), Initiation und Finale (6.). Diese Erzählmuster finden sich in prototypischer Weise bspw. bei Valentin Ivanovs NF-Roman „Ėnergija podvlastna nam", der in *Znanie – sila* Nr. 8/1949 bis 4/1950 auszugsweise veröffentlicht worden ist.

499 Auch an anderer Stelle kritisierte man solche Erzählmuster deutlich, wie bspw. bei Georgij Martynovs Roman „Kallisto", in dem Spione und Diversanten auftraten: „Die Standardgeschichte von Spionen und Diversanten bereitet keine Freude, die offensichtlich eingefügt worden ist, um das Sujet "spannender" zu machen." („Не радуется стандартная история со шпионами и диверсантами, введенная, очевидно, для «остроты» сюжета.") Šibanov, V.: Gosti iz kosmosa (Vyšli iz pečati), in: ZS 6/1958, S. 25.

molodeži Anfang 1961 den „typischen pseudowissenschaftlich-fantastischen Roman" „Beta Vodoleja" („Beta der Wassergießer"/„Бета Водолея") ab, um „unsere Fantasten vor der leichtsinnigen Krankheit des ‚Fantasierens um des Fantasierens willen'" zu warnen.[500] In diesem Zeichentrickroman bestimmten sich aneinander reihende naturwissenschaftliche Grenzüberschreitungen das Sujet (Zeit- und Weltraumreisen, Verwandlungen von Anti- in Materie bzw. umgekehrt u.a.). Ein Roboter ist der Held und auch böse Außerirdische tauchen auf. Ein solches Erzählmuster, merkte die Redaktion der Zeitschrift an, könne endlos fortgesetzt werden, weswegen man den „freundschaftlichen Scherz" auch nach zwei Folgen abbreche.[501]

Schon diese beiden „typischen" Romane zeigen, wie sehr sich das Genre von 1957 bis 1961 verändert hatte. Waren es 1957 die tradierten Erzählmuster, von denen man sich abgrenzte, war es 1961 vor allem das „leichtsinnige" Fantasieren, das die Helden zu bloßen Marionetten der „wissenschaftlichen Wunder" machte, welches kritisiert wurde. Insoweit war auch die Ersetzung des *typischen Pioniers* (von 1957) durch einen *typischen Roboter* (1961) paradigmatisch, machte sie doch deutlich, wie wenig sich die Darstellung der Helden ungeachtet der Verlegung der Handlung in den Kosmos verändert hatte: Die Protagonisten in den NF-Texten zeichneten sich weder durch eine besondere Individualität noch durch innere psychische Konflikte aus. So stellte bspw. L. Češkova fest, die den „Fluß der Wunschträume" ansonsten positiv rezensierte, daß es immer wiederkehrende „Schablonen" von „konfliktlosen Konflikten" gebe, die dem antiken Theater glichen:

> „Es gibt solche Schablonen auch bei den Fantasten: der eiserne Mann ist natürlich der Leiter der Exkursion; der Romantiker ist zumeist ein junger Reiseteilnehmer; der nüchterne Wissenschaftler, der nichts sieht außer seinen Geräten. Die Schriftsteller führen sie durch einen Haufen schrecklicher Prüfungen (...), aber die Helden, als wenn das nicht unnatürlich wäre, bleiben dabei die alten und genauso leblos wie zuvor."

> „Есть такие таблички и у фантастов: железный человек – конечно, начальник экспедиции; романтик – обычно самый молодой участник путешествия; сухарь-ученый, который ничего не видит, кроме своих приборов. Писатели проводят их через горнила страшных испытаний [...] но герои, как это ни противоестественно, остаются прежними и такими же неживыми."[502]

---

[500] [Makarenko, Ju. (chudožnik)]: Beta Vodoleja (Tipovoj psevdonaučno-fantastičeskij roman), in: TM 1/1961, S. 3 Obložka; 2, S. 3 Obložka.
[501] Ebd. Ein Jahr später greifen M. und L. Nemčenko die Frage auf, wieweit das Fantasieren gehen dürfe, indem sie eine „fantastische Erzählung" als „Antwort der Schriftsteller auf die Probleme der Kybernetik" publizieren, in der ein Erfinder einem Kapitalisten vorschlägt, statt Senatoren zu bestechen, lieber Roboter als Lobbyisten wählen zu lassen. Das geschieht auch, so daß irgendwann im Parlament bis auf einen „letzten Mohikaner" alle Abgeordneten Roboter sind. Am Ende der Erzählung regt sich ein Leser der Geschichte auf, daß dieser „Schreiberling die Grenze des Erlaubten überschritten" habe, gleichzeitig dem Fantasten aber zugesteht, daß er recht habe, daß lebende Abgeordnete besser seien. Siehe Nemčenko, M; Nemčenko, L.: Preimuščestvo živych, in: TM 1/1962, S. 27–29.
[502] Češkova, L.: Reka mečty (Sredi knig), in: VS 2 /1962, S. 64.

Aus solcher Kritik resultierte die häufig erhobene Forderung, die NF solle sich nicht nur auf wissenschaftliche Fragen und kosmische Reisen, sondern auch auf den dargestellten „Menschen" konzentrieren.[503]

Diese inhaltliche und formale Gleichförmigkeit war auch der Grund, weswegen bspw. *Junost'* fast keine NF abdruckte. Als eine der umstrittensten Zeitschriften dieser Zeit mit gleichzeitig rasant steigender (von 1957 bis 1959 mehr als verdoppelter) Auflage hatte sie seit Bestehen lediglich zwei wissenschaftlich-fantastische Povesti und eine Erzählung publiziert,[504] ehe sie im August 1961 einige Monate nach Gagarins Flug eine vernichtende Abrechnung mit dem Genre druckte:[505] Die in der NF dargestellten Zukunftsvisionen seien „schrecklich" und „gigantisch", „gewissenlos" gegen die Wissenschaft und deren Ideen meist geklaut. Zudem seien die Charaktere der Protagonisten einförmig gezeichnet, wobei den männlichen Helden Frauen voller Klischees gegenüber ständen.[506] Auch künstlerisch seien die Werke miserabel, deren Sprache sei „kitschig" und „geschmacklos", und die „literarisch unbegabten" Autoren seien kaum voneinander zu unterscheiden:[507]

---

[503] In diese Richtung ging auch die Feststellung von *Znanie – sila*, die sich Ende 1959 an die „Schriftsteller" wandte, die immer weiter in den Kosmos vordringen und zur Zeit gerade „den Venus stürmen" würden. So versuchten sie der Wissenschaft mit ihren Ideen voraus zu sein: „Im übrigen ist die Ausarbeitung der wissenschaftlichen Ideen bloß eine unter anderen und dabei noch nichtmal die wichtigste Aufgabe der Literatur aus dem Genre der Fantastik. Die belletristische Wissenschaftliche Fantastik ist ein integrativer Bestandteil der Menschenkunde, wie Maksim Gor'kij bildhaft die Literatur genannt hat." („Впрочем разработка научной идеи – лишь одна и притом не самая главная задача литературы в жанре фантастики. Художественная научная фантастика – составная часть человековедения, как образно назвал М. Горький литературу.") Siehe [Anon.]: Slovo pisateljam, in: ZS 12/1959, S. 23.

[504] Martynov, Georgij: Planetnyj gost' (Fantastičeskaja povest'/Pečataetsja s sokraščenijami), in: Junost' 9/1057, S. 44–63; 10, 72–101; Efremov, Ivan: Cor Serpentis (Serdce zmei/Fantastika), in: Junost' 1/1959, S. 41–67; Kolpakov, Aleksandr: Golubaja Cefeida (Naučno-fantastičeskij rasskaz), in: Junost' 4/1960, S. 62–73.

[505] Šitova, V.: Vymysel bez mysli. Zametki o naučnoj fantastike (U knižnoj polki), in: Junost' 8/1961, S. 67–74. Diese Position der Zeitschrift änderte sich auch nicht, als 1962 aufgrund der Kritik der bisherige Chefredakteur V. Kataev durch B. Polevoj abgelöst wurde. Siehe zur Kritik und Ablösung Eggeling: Die sowjetische Literaturpolitik, S. 129, 140, 144.

[506] Šitova: Vymysel bez mysli, S. 68ff. Zusammenfassend stellt Šitova fest: „(...) der Großteil unserer Fantasten ist hauptsächlich mit einem beschäftigt: sie versuchen so "fantastisch" wie nur irgend möglich zu schreiben, und kümmern sich überhaupt nicht darum, "einfach" das Niveau wirklicher, guter Literatur zu erreichen./ Deshalb ist das Wichtigste für sie, irgendeine Hypothese zu haben, und alles übrige: die Charaktere, Konflikte, das Sujet, sind für sie nicht mehr als "Verpackung", "belletristische Garnitur"." („[...] большинство наших фантастов по большей мере озабочены только одним: они стараются писать как можно более «фантастично», вовсе не заботясь о том, чтобы подняться «просто» до настоящей, хорошей литературы./Вот почему главное для них – некая гипотеза, а все остальное: характеры, конфликты, сюжет – не больше чем «упаковка», «беллетристический гарнир».") Ebd., S. 70.

[507] „Versuchen sie mal die einzelnen Fantasten "an der Stimme" zu erkennen, versuchen sie in jedem seine Besonderheit zu finden, - es wird ihnen kaum gelingen, man kann ja geradeмal bis zu einem gewissen Grad bei den Brüdern Strugackij das Bestreben zu einer "männlichen Grobheit"

„Trübe, fade, nach den Gesetzen des bloßen Handwerks konstruierte Bilder, solche Bilder sind leblos. Daher können derartige Personagen, wenn sie große Heldentaten vollbringen und große Entdekkungen machen, zu den Sternen fliegen und ins Innerste der Erde vordringen, unser Herz nicht berühren."

„Тусклые, пресные, сконструированные по законам холодного ремесла, эти образы оказываются мертвыми. Вот почему персонажи подобного рода, совершая великие подвиги и великие открытия, летая к звездам и пробиваясь к недрам Земли, не могут тронуть наше сердце."[508]

Das gelte insbesondere für die Helden von Efremov, die „die schwächste Stelle des Romans" seien und wie „belebte Thesen in einem harmonischen System" wirkten.[509] So dienten die Werke nicht der Vorhersicht des Morgen, könnten kein neues Wissen vermitteln, seien nicht unterhaltsam, brächten weder unerwartete Abenteuer noch Rätselhaftes, sondern seien einfach nur „abscheulich". Schlimmer noch als das sei aber, daß aufgrund der riesigen Nachfrage die Leser alles kaufen und lesen würden, wenn nur Wissenschaftliche Fantastik drauf stünde, ohne auf den literarischen Wert zu achten. Das aber verderbe den guten Geschmack nachhaltig, da sich alle an so eine Literatur gewöhnten.[510]

Diese Abrechnung stand auch im Kontext des anstehenden 22. Parteitags und einer allgemeinen Kritik von *Junost'* gegen „dogmatisch ausgerichtete Literaturkritiker".[511] Sie markierte aber deutlicher als die bisher genannten Beispiele noch ein weiteres Spannungsfeld neben den Auseinandersetzungen um „Fantastik" und „Wissenschaftlichkeit", nämlich dasjenige zwischen „künstlerisch" besserer und schlechterer Literatur. Eine solche Unterscheidung stand wiederum im Zusammenhang mit einer allgemeinen Verschiebung der kulturpolitischen Debatten fort von *sozialkritischen* hin zu *ästhetischen* Elementen, wie sie sich seit dem 21. Parteitag abgezeichnet hatte.[512] Denn wenn sich das zentrale Beurteilungskriterium für NF nicht aus primär außerliterarischen (politischen und insbesondere „wissenschaftlichen") Kriterien, sondern aus der künstlerischen Gestaltung ergab, dann hatte das auch Folgen für die Definition des Genres insgesamt. So versuchte man unter Verweis auf die „künstlerischen" Aufgaben des Genres zum einen, es stärker von der vorangegangenen sowjetischen und gegenwärtigen kapitalistischen Science Fiction, zum anderen gegenüber der Kinder- und Abenteuerliteratur abzugrenzen, in deren Zusammenhang sie bisher gestanden hatte:

---

erahnen oder die Neigung von Valentina Žuravleva zu einer prunkvollen lyrischen Pathetik." („Попробуйте различить писателей-фантастов «по голосам», попытайтесь найти в каждом из них своеобразие, – у вас это вряд ли получится, разве что можно хоть в какой-то мере ощутить стремление братьев Стругацких к «мужественной грубоватости» и склонность Валентины Журавлевой к пышной лирической патетике.") Ebd., S. 70.

508 Ebd., S. 72.

509 Ebd., S. 74.

510 Ebd., S. 72ff.

511 Eggeling: Die sowjetische Literaturpolitik, S. 129.

512 Ebd., S. 119

„Im Entwicklungsverlauf verändert sich das Genre der Fantastik selber. In unserem Land ist sie wiedergeboren worden nach der Revolution als eine Wegkreuzung von wissenschaftlich-populärer und Abenteuerliteratur. Die Überbleibsel dieser genetischen Linien spürt man manchmal noch in unseren Tagen. Diese Richtung kann auch die Kritik heute nicht vergessen, die, wenn sie sich mit Fantastik befaßt, diese nur als eine Methode der "anregenden Popularisierung" behandelt. Daher kommt es, daß sie, anstatt den künstlerischen Aufbau des Werks, das System der Bilder, die Charaktere der Helden oder die Sprache zu analysieren, über die wissenschaftlichen Probleme räsoniert, die der Schriftsteller berührt und auf seine Weise löst. Daher kommt auch die Bewertung der Fantastik als einen bloßen Zweig der Kinderliteratur, mit einer unverständlichen "Spezifik" und einem obligatorischen Schematismus der Helden sowie mit einer Armseligkeit der Bilder und Sprache, die "unausweichlich" in diesem schadhaften Genre zu sein scheinen."

„В процессе роста меняется сам жанр фантастики. В нашей стране она вновь родилась после революции на скрещении путей литературы научно-популярной и литературы приключенческой. Пережитки этих генетических линий иногда сильно чувствуются и в наши дни. Об этом направлении до сих пор не может забыть критика, которая если и занимается фантастикой, то лишь как одним из методов «занимательной популяризации». Отсюда подмена анализа художественной ткани произведений, системы образов, характеров героев, языка рассуждениями о тех научных проблемах, которые затрагивают и по-своему решают писатели. Отсюда и оценка фантастики лишь как одной из ветвей детской литературы, с непонятной «спецификой» и обязательным схематизмом героев и бедностью образов и языка, «неизбежными» в этом ущербном жанре. "[513]

Zudem begann man nun, die NF in zwei Hauptströmungen aufzugliedern, von denen die eine in die Tradition der „technischen Fantastik" eines Jules Vernes[514] und die andere in diejenige der „sozialen Fantastik" eines H. G. Wells gestellt wurde.[515]

---

[513] Andreev, Kirill: Fantastika god 1962, in: TM 12/1962, S. 29.

[514] Jules Vernes galt als das große Vorbild für die Wiederbelebung der sich auf „wissenschaftliche" Grundlagen stützenden „technischen Fantastik" und fand enorme Verbreitung, seit ausländische Literatur 1955 vermehrt publiziert wurde. So erschienen allein 1955 20 Übersetzungen seiner Werke und 1956/1957 drei Monographien über ihn. Siehe Saparin, V.: Sovremennyj Žjul' Vern, in: VS 9/1957, S. 60; Palej, A.: Tri knigi o Žjule Verne (V mire knig i žurnalov), in: TM 9/1957, S. 38. Auch in den populärwissenschaftlichen Zeitschriften wurde er wiederholt publiziert, siehe Vern, Žjul' [Verne, Jules]: Obezjanij general, in: VS 9/1957, S. 57–60; Ders: XXIX vek (odin den' amerikanskogo žurnalista v 2889 godu), in: TM 6/1959, S. 32–37; Ders.: Na dne okeana, in: ZS 2/1960, S. 41–42.

[515] H.G. Wells galt gewissermaßen als Prototyp des aufgeklärten westlichen Gelehrten der friedlichen Koexistenz, der „sozial" engagiert in seinen Werken gegen Militarismus und Imperialismus gekämpft hatte. Er hatte zweimal Rußland besucht und Lenin persönlich getroffen, konnte aber aufgrund seiner bürgerlichen Herkunft nicht an den Erfolg des sowjetischen Modells glauben und bezeichnete Lenin daher als „dreamer in the Kremlin". Siehe Wuckel; Cassiday: The Illustrated History, S. 62f.; Rullkötter: Die Wissenschaftliche Phantastik, S. 9ff.; Mendelevič, G.: Uells govorit o Pavlove, in: TM 9/1963, S. 8–9; An sowjetischen Vorläufern galten vor allem Aleksej Tolstojs „Aėlita" und die Werke Aleksandr Beljaevs als traditionsbildend. Alle überragendes Vorbild für die Vereinigung von Fantastik und Wissenschaft war jedoch Konstantin Ciolkovskij, dessen belletristische Werke aufgrund der schon dargelegten grenzenlosen wissenschaftlichen „Fantasie" als maßgebend galten und ständig neu aufgelegt wurden. Siehe bspw. die Rezensionen Šmelev, N.: K zvezdam! (Vyšli iz pečati), in: ZS 2/1959, S. 42f.; Arlazorov, M.: Put' k zvezdam (V mire knig), in: TM 8/1961, S. 32–33.

Als eine weitere aktuelle Strömung benannte man die „philosophische Fantastik", die der „größte Meister wissenschaftlich-fantastischer Literatur unserer Tage", der polnische Schriftsteller Stanisław Lem, begründet habe. Sie kreise um die Entwicklung des Menschen der Zukunft in Abhängigkeit von Technik und Umwelt. Eine solche Fantastik solle zwar der „Grundlage nach realistisch" sein, müsse aber in ihrer Sprache, den Bildern und Helden neue literarische Verfahren und Sujets entwikkeln, denn: „(...) die Leser erwarten einen neuen Durchbruch ins Unerklärliche, sie wollen auf neuen Wegen zum Unbekannten gehen." („[...] читатели ждут нового прорыва в Неведомое, хотят пройти новыми путями в Незнакомое.")[516]

Damit hatte sich 1961/1962 parallel zur Debatte um die Verbindung von „Wissenschaft" und „Fantastik" eine neue Funktionsbestimmung des Genres herauskristallisiert, das sich nicht mehr so sehr auf die Erschließung äußerer Welten, sondern stärker auf die Erkundung „innerer" Welten des Menschen konzentrierte. Es interessierte nicht so sehr, *was* der Held mit den wissenschaftlich-technischen Möglichkeiten der Zukunft machte, sondern *wie* Wissenschaft und Technik den Menschen der Zukunft veränderten und mit welchen literarischen Mitteln dies dargestellt wurde. Insoweit löste diese Strömung nicht die Verbindung zur „Wissenschaft", sondern sie bestimmte das Verhältnis zu ihr neu, wodurch sie der Faszination am kosmischen Thema andere Aspekte hinzufügte. Denn sie problematisierte diejenigen naturwissenschaftlichen Fragestellungen, die in den Debatten zu Kybernetik oder intelligentem Leben im All zwar angeklungen waren, aber in den populärwissenschaftlichen Publikationen offensichtlich nicht weiter geführt werden konnten. So benutzte sie auch Zeitreisen, Anabiosen, Telepathien und ewiges Leben nicht einfach als Sujet, sondern als ein Verfahren, um darzustellen, was mit denjenigen passierte, die solche Transformationen durchmachten. Umgekehrt warfen „Kiber" („кибы"), die sich als die perfekteren Menschen herausstellten, die Frage auf, was eigentlich die Besonderheit des Menschen ausmache. Dadurch verlagerte die NF die Faszination an dem kosmischen Thema in einen anderen Bereich und konnte derart womöglich die für die populärwissenschaftliche Publizistik beschriebene Desillusionierung von 1962/1963 kompensieren.

Rafail Nudel'man faßte diese Entwicklung 1964 als eine „Rückkehr von den Sternen" zusammen. Das kosmische Thema habe Ende der 50er Jahre die Funktion gehabt, die engen Grenzen und die Anbindung an die produktionstechnische Entwicklung zu lösen.[517] Charakteristikum dieses Themas sei der Anspruch gewesen, die Zukunft vorherzusehen. In den letzten Jahren lasse sich hingegen „eine Rück-

---

[516] Andreev: Fantastika god 1962, S. 28. Eine solche NF gehe „durch die Gegenwart – in die Zukunft", wie Arkadij und Boris Strugackij sie einmal definierten. Siehe Strugackij, A.; Strugackij, B.: Čerez nastojaščee – v buduščee, in: Voprosy literatury 8/1964, S. 73ff.

[517] Nudel'man, R.: Vozvraščenie so zvezd (Mysli o naučnoj fantastike), in: TM 5/1964, S. 24. Der Titel des Aufsatzes geht wahrscheinlich auf den gleichnamigen Roman von Stanisław Lem („Powrót z gwiazd") zurück, der 1961, allerdings erst 1965 in russischer Übersetzung erschienen ist. Den Roman selber erwähnt Nudel'man jedoch nicht. Siehe Niewiadowski, Andrzej: Literatura fantastycznonaukowa, Warszawa 1992, S. 308; Ljapunov: V mire fantastiki, S. 185.

kehr von den Sternen“ beobachten hin zu anderen Themen, wobei der Internationale Wettbewerb und die Werksausgabe Aleksandr Beljaevs[518] eine „Grenze“ markierten, die auch an der Entdeckung des „menschlichen Elements“ der Wissenschaften deutlich werde.[519] Denn die durch die neuesten Erkenntnisse der Naturwissenschaften aufgeworfenen Fragen kreisten um das grundsätzliche philosophische Problem, was Leben überhaupt sei. Das führe zum einen zu einer prinzipiellen Revision der Bilder, wie sie bisher vom Menschen der Zukunft sowie von außerirdischen „Verstandesbrüdern“ („Братья по разуму“) bestanden haben. An die Stelle des „Anthropozentrismus”, wofür Efremovs Helden prototypisch ständen,[520] trete ein Konzept, das sich nicht darin erschöpfe, einfach *anders* aussehende intelligente Wesen zu konstruieren, sondern grundsätzlich danach frage, *wie* Leben funktioniere, und beginne, auch das menschliche Ich von der Psyche bis zum Körperbau neu zu entwerfen. Zum anderen aber führe diese Entwicklung zu einer „analytischen“ Fantastik, der es gar nicht mehr um den menschlichen Helden,[521] sondern um das Aufdecken von Denkprozessen durch Gedankenexperimente und Ideendramen gehe. Man erfinde mögliche Situationen, um die „Dialektik der Natur und die Dialektik der Erkenntnis“ aufzeigen zu können.[522]

Mit einer solchen Definition verabschiedete sich die NF jedoch endgültig von einem Literaturmodell, wie es der Sozialistische Realismus der Stalinzeit für die Fantastik verbindlich formuliert hatte und wie es in den *Vorüberlegungen* dieser Untersuchung dargelegt worden ist: Die in der Fantastik dargestellte Welt war nicht mehr die dialektisch zwangsläufige Folge einer historischen, zeitlich linear verlaufenden Entwicklung, sondern ein *mögliches* experimentelles Modell. Die fiktionale Welt der

---

518 Beljaev, A. R.: Sobranie sočinenii. V 8-mi tomach, Moskva 1963–1964.

519 Nudel'man: Vozvraščenie so zvezd, S. 24.

520 Siehe hierzu auch Kapitel 4.3 zum Anthropozentrismus und Nudel'man, R.: Razgovor v kupe, in: Smirnov, G. (Hg.): Fantastika, 1964 god, Moskva 1964, S. 364ff.

521 „Die Talente der Autoren sind unterschiedlich, ihre "Handschriften" sind leicht zu erkennen (...) Aber die Helden, Situationen und Konflikten sind kaum zu unterscheiden. Anstatt eines lebendigen, individuellen Bildes gibt es irgendeinen abstrakten Helden.“ („Таланты авторов разнообразны, «почерки» их легко различимы. [...] Но вот герои, ситуации, конфликты почти неразличимы. Вместо живого, индивидуализированного образа какой-то обобщенный герой.“) Nudel'man: Vozvraščenie so zvezd., S. 25.

522 Ebd. 1989 verallgemeinerte Nudel'man diese Überlegungen aus der historischen Distanz als Charakteristikum der Entwicklung der NF nach der Stalinzeit insgesamt, ohne allerdings auf seinen damaligen Aufsatz zu verweisen: „In the case of Soviet SF in the Post-Satlin era, however, the process of disintegration results not in realism but rather in a higher conventionality in truly fantastic artistic forms. This occurs because of the manner in which SF returns to the global representation of reality, making the world and history its objects. Whereas depictions of these in the first stages of SF's evolution were „almost real,“, now they are viewed as „probable“. The space of the new SF becomes multi-dimensional, since its move from the initial reality is realized along various social axes and not just one (that of the Revolution). The „future“ also becomes increasingly more conventional by the inclusion of a multitude of possible variants of historical development. The authenticity of each variant is therefore reduced to the status of probability.“ Nudelman: Soviet Science Fiction, S. 50.

NF zeigte nicht mehr zuvorderst einen *kommunistischen*, sondern einen *fantastischen Kosmos*, der zeigen sollte, wie sich diese historische Dialektik gestalten könne, und analytische Rückschlüsse auf das gegenwärtige Leben und Denken ermöglichte.

4.2. Die beste der Welten: Das Ende des Fortschritts

Perspektiven der kommunistischen Zukunft

Die Wissenschaftliche Fantastik der Stalinzeit war in ihrer sozialistisch-realistischen Konzeption ein literarisches Genre, das prinzipiell zeigen sollte, wie die nahe Zukunft aussehen wird.[523] Mit der Aufhebung der engen Grenzen eröffneten sich für sie zwar neue Handlungsspielräume, ihr zentrales Thema aber blieb das gleiche: zu zeigen, wohin sich die sowjetische Gesellschaft und die Menschheit im allgemeinen entwickeln. Um dies zu zeigen, spielte die Handlung der Geschichten nach 1957 zumeist nicht in der Gegenwart, sondern in der fernen Zukunft. Erst in den oben dargestellten Auseinandersetzungen um die Konstituierung des neuen Genres zeigte sich, daß diese Zukunftsentwürfe kein widerspruchsfreies Bild ergeben würden, das eindeutig festlegbar war. Anfangs jedoch – und das heißt mit Efremovs Entwurf von 1957 für eine kommunistische Gesellschaft – eröffnete dieses Thema tatsächlich neue Möglichkeiten, ließ sich doch erstmals zeigen, wofür man die ganze Zeit lernte und arbeitete, kämpfte und lebte. In der *kommunistischen Zukunft* konnte dargestellt werden, wie „die beste der Welten" (so der auf das Diktum von Gottfried Wilhelm Leibniz zurückgehende Titel einer NF-Erzählung) im einzelnen aussehe, auf die sich die Sowjetunion hin zu bewegte. Als dann 1961 das kommunistische Ziel sogar in die Reichweite von 20 Jahren gelangt war, bekam die Frage nach dem Inhalt dieses Ziels zusätzlich „Aktualität"

Efremovs Roman „Andromedanebel" („Туманность Андромеды") stellte den Versuch dar, ein allgemeines Bild der fernen Zukunft zu zeichnen.

> Während ein Teil des Romans die Abenteuer im Kosmos beschreibt, stellt der andere in verschiedenen Kapiteln das Leben auf Erden dar: Er skizziert die Entwicklung der Menschheit seit der „Zeit der Spaltung" (des Kalten Krieges) über die „Zweite Große Revolution", die „Ära der wiedervereinigten Welt", der „Gemeinschaftlichen Arbeit" bis hin zum „Zeitalter des Großen Ringes". In dieser Ära zeigt er, wie die Kinder- und Jugenderziehung, die Freizeitgestaltung, die Wissenschafts- und Gesellschaftspolitik organisiert sind, die Kunst und die Forschung sich entwickeln oder wie mit Aussteigern auf einer „Insel des Vergessens" umgegangen wird.[524]

---

[523] „Prinzipiell" insoweit, als es natürlich auch NF-Geschichten gab, die in fernen Ländern der „kapitalistischen Gegenwart" oder auch in tiefer Vergangenheit spielten, wie bspw. die Werke von Aleksandr Beljaev, siehe: Wuckel; Cassiday: The Illustrated History, S. 96ff; McGuire: Red Stars, S. 25ff.

[524] Siehe Efremov: Tumannost' Andromedy.

Sehr schnell stellte sich jedoch heraus, daß nicht unzählige weitere vergleichbare Entwürfe zu erwarten waren, denn sie konnten entweder nur ein ähnliches Zukunftsmodell variieren oder aber ein anderes vorlegen, gerieten dann aber in Widerspruch zu ihm und warfen somit die Frage auf, welches denn nun der „wahrscheinlichere" Entwurf sei.[525] So verlegten sich viele Fantasten auf die kurze Form der Erzählung, die sich auf ein Ereignis, eine Begebenheit, einen Moment der kommunistischen Zukunft konzentrierte.[526] Das sich aus diesen einzelnen Erzählungen ergebende Bild war in seinen allgemeinen Zügen ähnlich. So herrschte in fast allen in der fernen Zukunft spielenden NF-Geschichten spätestens ab der Jahrhundertwende auf der ganzen Erde der Kommunismus,[527] in dem die in der populärwissenschaftlichen Publizistik dargestellten technisch-industriellen Großprojekte verwirklicht werden oder worden sind. Auch die Erschließung und Besiedelung des irdischen Sonnensystems war fester Bestandteil dieser Zukunftsentwürfe, in denen die „antiken Helden" Ciolkovskij und (ab 1961) Gagarin als „Pioniere" der Raumfahrt einen festen Bezugspunkt bildeten.[528] Ihre Protagonisten waren zumeist männliche „positive Helden",[529] die sich vor allem mit der „Erkundung des Weltalls" beschäftigten, aber sich auch mit der Kybernetik, Laborexperimenten oder diversen Erfindungen zur Optimierung des Menschen auseinandersetzten.[530]

Eine marxistische Grundannahme war bekanntlich, daß es im Kommunismus keinen Staat mehr geben werde. Und tatsächlich tauchten in diesen Geschichten generell weder staatliche noch vergleichbare zentral gesteuerte Organisationsformen

---

[525] Zudem machte sich dann die „Begleiterscheinung utopischer Idealwelten" bemerkbar, nämlich „ihr Unvermögen, das Leserinteresse über einen längeren Zeiraum hin wachzuhalten, nachdem der Reiz des Ungewöhnlichen einmal verflogen ist, stellte Földeak fest. Földack: Neuere Tendenzen der sowjetischen Science Fiction, S. 45. Gurevič geht auf dieses Dilemma ebf. in bezug auf Efremov ausführlich ein: „Efremov hat die Zukunft wie einen fernen Gipfel dargestellt. Lem entgegnete darauf: "Das ist eben das Schlechte am Gipfel, daß es nichts höheres mehr gibt"." („Ефремов изобразил будущее, как далекую вершину. Лем возразил: «Вершина тем и плоха, что выше нет ничего».") Gurevič: Karta strany fantazij, S. 141ff.

[526] Die „kleine Form" war sicher auch dem Publikationsmedium der Monatszeitschrift geschult, das schlecht dazu geeignet war, über längere Zeiträume Spannung aufzubauen. So mußten die ersten Leser von Efremovs Roman – wie gesagt – fast ein ganzes Jahr lang warten, bis sie den Roman ganz durchlesen konnten.

[527] Den Übergang zum weltweiten Kommunismus beschrieb man indes fast nie, siehe McGuire: Red Stars, S. 27ff.

[528] Glad zählt folgende Themenfelder auf, die in der sojwetischen NF von ihren Anfängen an bis Ende der 70er Jahre sich ständig wiederholten: 1. Fremde Welten, 2. Andere Lebewesen, 3. Wissenschaftliche Erfindungen, 4. Bestimmte Charaktere, 5. Fragen zum Verhältnis von Wissenschaft und Gesellschaft, 6) Bestimmte Handlungsmuster; Glad: Extrapolations from Dystopia, S. 61ff.

[529] Zum Geschlechterverhältnis in den NF-Geschichten, siehe: Green: An Asteroid of One's Own, S. 127ff.

[530] Sehr ausführlich, wenn auch in den Verallgemeinerungen häufig ungenau (siehe hierzu den Abschnitt „Forschungsstand", Kapitel 1.2 dieser Untersuchung) hat McGuire dieses Bild der „kommunistischen Zukunft" in seiner Monographie dargestellt, siehe Ders.: Red Stars, S. 25–54.

auf, die eine unmittelbare exekutive oder legislative Gewalt ausübten.[531] Das bedeutete aber auch, daß der für den Sozialistischen Realismus und die sowjetische Publizistik zentrale gesellschaftspolitische Rahmen wegfiel, den Katerina Clark als „Große Familie" analysiert hat.[532] Weder die Partei, der Staat und ihre Repräsentanten noch das bisherige Machtzentrum Moskau spielten in der NF eine Rolle. Bemerkenswerterweise verschwand mit diesem Wegfall eines „großen Vaters" auch das „Volk" als potentielle „große Mutter" der Helden.[533] An die Stelle des bisherigen Rahmens trat das unmittelbare Arbeitsumfeld (die Besatzung des Raumschiffs, die Mitarbeiter des Forschungsinstituts, Teilnehmer der Exkursion etc.), wobei sich im Laufe der Handlung zumeist eine potentielle oder tatsächliche Vaterfigur herausbildete.

Betrachtet man die NF-Geschichten jedoch genauer, stellt man fest, daß der Wegfall der „Großen Familie" in der kommunistischen Zukunft für die *positiven Helden* eine fundamentale „Sinnkrise" bedeutete. Denn als literarische Figuren waren sie ja selber Produkt besonderer historischer Umstände, die darin bestanden, daß in einem industriell anfangs rückständigen Land der Sozialismus aufgebaut werden sollte. Das hatte „übermenschliche" Kraftanstrengungen erfordert, deren fiktionale und reale Verkörperung sie gewissermaßen repräsentierten. In der Fiktion der NF-Geschichten hatten diese sozialistischen Helden nun sogar das Ziel ihrer Arbeit, das *Ende des Fortschritts* erreicht: Doch was sollte danach in der *kommunistischen Zukunft* mit diesen kämpferischen, „konfliktlosen", vorwärts strebenden Helden geschehen, wenn alle geschichtlichen Aufgaben und dialektischen Prozesse durchlaufen waren? Das war die Frage, die schon in den vorigen Abschnitten indirekt angeklungen war, wenn die Darstellung der „Helden" in der NF als zu „schematisch" kritisiert worden ist. Die „typischen Charaktere" waren nicht nur langweilig geworden, sie schienen in einer kommunistischen Welt auch funktionslos geworden zu sein. Wie die Fantastik auf diese Krise ihrer Helden reagierte, soll in den folgenden Abschnitten exemplarisch analysiert werden. Doch zuvor muß noch kurz auf einen Themenbereich der NF eingegangen werden, der schon seit den Anfängen der Sowjetunion für dieses Genre prägend war.

---

[531] Die erwähnten Räte bzw. Sowjets übten lediglich eine „beratende" Funktion für die Protagonisten aus. Häufig fungierte als einzige gesellschaftspolitische Institution ein „Rat" oder auch eine „Akademie der Wissenschaften", die sich mit technischen und wissenschaftlichen Fragen befaßte. Siehe McGuire: Red Stars, S. 35ff.

[532] Clark: The Soviet Novel, S. 114ff.

[533] Das Volk oder vergleichbare „Kollektive" dienten, wenn sie erwähnt wurden, lediglich als Kulisse für die Handlungen und als imaginäre Zuhörerschaft für die Äußerungen der Protagonisten, ansonsten stellten sie keine Bezugsinstanz oder Entscheidungsgremium dar.

Jenseits des Horizonts: Das feindliche Amerika

Die Chruščevzeit brachte eine Reihe unbekannter Welten ins Blickfeld des sowjetischen Diskurses, die bisher kaum oder rein antagonistisch rezipiert worden sind. Auch in der NF tauchten diese Welten auf, wobei auffälligerweise die Entwicklungsländer kaum thematisiert worden sind. Die entwickelte kapitalistische Welt und insbesondere die amerikanische Science Fiction (SF) der Gegenwart spielten hingegen bei der Neukonstituierung des Genres in mehrerer Hinsicht eine wichtige Rolle.[534] Allerdings herrschte in der sowjetischen Rezeption dieser SF weiterhin jenes Kapitalismusbild vor, das für die „Satire des Außen-Bereichs" seit Anfang der 1920er Jahre prägend war.[535] Aus der westlichen SF rezipierte man nur jene Geschichten, die als Gegenbild zur sowjetischen Wirklichkeit in ihren „finsteren" und „grausamen" Zukunftsentwürfen den zum Untergang verurteilten Kapitalismus zeigten.[536] Der in ihnen dargestellte technische und soziale Zustand galt als realistisches Abbild der anderen Gesellschaft.[537] Dieser Rezeption stand aber keine entsprechende Publikationspraxis gegenüber. Zwar wurde einiges übersetzt,[538] aber ge-

---

[534] So schrieb die Redaktion von *Znanie – sila* im März 1958 einen offenen Brief an die Zeitschriften *Magazine of Fantasy and Science Fiction*, *Science Fiction Quaterly* und *Possible Worlds of Science Fiction*, in dem sie den Wunsch äußerte, zukünftig zusammenzuarbeiten und wechselseitig NF-Geschichten des anderen in den eigenen Journalen abzudrucken, siehe [Redakcija žurnala]: Davajte poznakomimsja pobliže!/Let's come to know each other better!, in: ZS 3/1958, S. 19.

[535] Siehe zu dieser Satire die entsprechenden Abschnitte bei Ebding, Jörg: Tendenzen der Entwicklung des sowjetischen satirischen Romans (1919–1931), München 1981.

[536] So schreibt Efremov bspw. zu seinen kommunistischen Gesellschaftsentwürfen „(...) der ferne Wunschtraum wird wie zu einem allgemeingültigen Mustermaß, zu einer Skala für die Bewertung und Kontrolle des modernen Lebens vom Standpunkt seiner Gerichtetheit auf die Zukunft aus. Wobei ich den Vorbehalt mache, daß ich natürlich nur die leuchtenden Wunschträume unserer Literatur im Sinn habe, und nicht die düsteren Zukunftsentwürfe in den Werken der ausländischen Fantastik. Dort ist der "Wunschtraum" ein solcher, daß man bei seinem Ausbleiben nicht Trauer, sondern Freude empfindet." („[...] дальная мечта становится как бы общим эталоном, шкалой для оценки и проверки современной жизни с точки зрения ее устремленности к будущему. Оговорюсь, что я имею в виду, конечно, лишь светлые мечты нашей литературы, а не мрачные обрисовки будущего в произведениях зарубежной фантастики. Там «мечта» такова, что от ее недостижимости испытываешь не печаль, а радость.") Efremov, I.: O mečte dalekoj i blizkoj, in: TM 10/1961, S. 21.

[537] Diese Rezeption lag nicht ganz falsch, machte die SF doch tatsächlich nach Jahrzehnten der Technikbegeisterung nach dem Zweiten Weltkrieg und nach Hiroshima eine Phase durch, die vor allem die negativen Auswirkungen und Gefahren des techniken Fortschritts thematisierte. Siehe bspw. Bolt, Joe de; Pfeffer, John R.: The Early Modern Period 1938–1963 (English-Language Science Fiction), in: Barron: Anatomy of Wonder, S. 94ff.

[538] In den ausgewerteten Zeitschriften sind 1957–1963 im Schnitt drei ausländische SF-Geschichten erschienen (1962 aufgrund der Beiträge zum Internationalen Wettbewerb in *Technika – molodeži* allerdings 13), erst 1964 mit acht und 1965 mit zwölf Texten nimmt ihr Anteil merklich zu. Zur Buchpulikation siehe Ljapunov: V mire fantastiki, S. 184–202; Kagarlizki, Juli: Wissenschaftlich-utopische Literatur aus dem Ausland in russischer Übersetzung, in: Sowjetliteratur 5/1968, S. 174–179.

rade die immer wieder in Rezensionen erwähnten „Horrorgeschichten" und „apokalyptischen Weltenkriege" blieben der Imagination des Lesers überlassen. Er bekam sie in den Zeitschriften nicht zu lesen.

Wenn „schreckliche" Geschichten aber doch in den Zeitschriften publiziert wurden, dann waren es zumeist Geschichten von sowjetischen Autoren, deren Handlung im gegenwärtigen Amerika oder einem anderen fiktiven kapitalistischen Land spielte, wo die Gesetze des Marktes gesellschaftspolitisch sinnvolle und richtig eingesetzte Erfindungen unmöglich machten.[539] Entweder dienten sie dem Militär[540] und der Zementierung der Ausbeutungs-[541] und Klassenverhältnisse[542] und nicht dem Nutzen aller Menschen,[543] oder aber die Erfinder blieben als „verrückte" Sonderlinge isoliert,[544] so daß auch „gute" humanistische Ziele zum Scheitern verurteilt waren. Die kapitalistische Welt als Handlungsspielraum ließ sich auch dazu nutzen, umstrittene Tendenzen der NF parodistisch[545] oder polemisch darzustellen.[546] Bezeichnenderweise wurden in keiner Erzählung revolutionäre Umwälzungen dieser Gesellschaftsordnung beschrieben, auch wenn das individuelle Scheitern mancher Protagonisten durchaus als ein Symptom für das Scheitern der gesamten westlichen Welt gelesen werden konnte.[547] Die in den Erzählungen beschriebenen Gesell-

---

539 Vorbild war diesbezüglich Aleksandr Beljaevs in Südamerika situierter Roman „Amphibienmensch" („Человек-амфибия") von 1926.

540 Bspw. Dneprov, Anatolij: Kraby idut po ostrovu, in: ZS 11/1958, S. 26–30. Hier werden aus Metall sich selbst reproduzierende, intelligente künstliche Krabben als Kriegsgeräte getestet. Der Versuch mißlingt.

541 Bspw. Varšavskij, Il'ja: Indeks Ė-81, in: TM 7 /1962, S. 22–24. Hier kauft ein reicher weißer Kybernetiker „Dr. Faust" vom schwarzen Arbeitslosen Sam dessen Gehirnsignale, was aber schiefgeht.

542 Bspw. Dneprov, Anatolij: Mir, v kotorom ja izčes, in: ZS 2/1961, S. 40–44. Hier soll durch einen gigantischen Rechner eine Gesellschaft simuliert werden, die ein harmonisches Zusammenleben zwischen den Klassen reguliert und so die Widersprüche zementiert. Die Probanden verweigern sich jedoch am Ende der „Simulation".

543 Bspw. Teplov, L.: Vsevyšnyj–I, in: TM 6/1961, S. 25–29. In Südamerika macht ein russischer Emigrant eine Erfindung, die niemand nutzt, bis er sie der Kirche verkauft, die mit ihr Gottes Allmacht beweisen will. Dann hört der Emirgrant aber vom sowjetischen Mondflug, worauf er den geplanten Betrug durch die Kirche aufklärt und sich seiner wahren Heimat zuwendet.

544 Lejnster, M: O tom, kak prijatno ždat' neprijatnosti, in: TM 11/1960, S. 26 –30. Die Erzählung handelt von einem Erfinder, der ständig Erfindungen – wie z.B. eines „Vakuumstocks" – macht, die nur Ärger einbringen.

545 Bspw. Filanovskij, Grigorij: Lamentoza, in: ZS 11/1964, S. 15–17. So tauchte im Zusammenhang mit den sowjetischen Heldencharakteren häufig die Frage auf, ob diese noch Gefühle haben und Weinen können. Diese Erzählung nimmt die Frage auf, indem sie eine kapitalistische Gesellschaft zeigt, in der selbst die menschlichen Tränen vermarktet werden.

546 So wird bspw. das dargestellte populärwissenschaftliche Argumentationsmuster, das Entstehen von Glaubenssystem durch Außerirdische zu erklären, in einer Erzählung den Amerikanern zugeschrieben, die versuchen mit Hilfe von Aliens zu begründen, weswegen ihre Weltraumraketen ständig abstürzen. Siehe Bočkov, Ju.: Po zakonu neverojatnosti, in: TM 11/1961, S. 26–27.

547 Bspw. Dneprov, Anatolij: Ferma „Stanlju", in: ZS 9/1964, S. 52-55. Hier scheitert ein Held, der versucht, sich und seine Ehefrau 100%ig zu reproduzieren, um so ideale Menschen herzustellen,

schaftsordnungen blieben vielmehr statisch und perspektivlos. Sie boten als Antithese zur sowjetischen Vorwärtsbewegung keine dialektische Auflösung ihrer Situation an, sondern fungierten als Projektionsfelder, die eigene Welt als eine bessere zu bestätigen. Das heißt, daß diese NF in ihrer schematischen Gegenüberstellung zwar gewissermaßen die politisch propagierte „friedliche Koexistenz" antizipierte, keineswegs aber einen Wettbewerb oder in Interaktion tretende unterschiedliche Systeme imaginierte. Eine solche Auseinandersetzung war in der NF erst möglich, als sie mit jenseits liegenden *kosmischen Welten* in Berührung kam, und zwar durch Signale aus dem All.

Fern sehen: Signale aus dem All

Der Sputnik hat sofortige weltweite Berühmtheit vor allem dadurch erreicht, daß jeder zuhause versuchen konnte, mit einem Radioempfänger seine Bip-Signale aus dem Weltraum zu empfangen. Auch die Nachricht von Gagarins Flug in den Kosmos erfuhren die sowjetischen Bürger als erstes aus dem Radio. In den wissenschaftlich-fantastischen Texten war es ebenfalls zumeist die Stimme des Radios, die als erste von unerwarteten Ereignissen, Katastrophen oder Erfolgen berichtete. *Sehen* konnte man den Sputnik hingegen nur manchmal am Abend- oder Morgenhimmel. Gagarin hatte niemand im Weltall *gesehen*.[548] Ein knappes Jahrzehnt später, als der erste Mensch den Mond betrat, sollte das anders sein: Sprichwörtlich die ganze Welt verfolgte diese Nachricht am 20. Juli 1969 live am Fernsehen.[549] Und doch war es gerade dieses noch junge Medium, das schon seit Mitte der 50er Jahre in der sowjetischen Wissenschaftlichen Fantastik den Menschen den Weg in den Kosmos eröffnete. Insbesondere bei den durch die genannten Wettbewerbe prämierten Erzählungen fällt auf, daß in ihnen diese neue Übertragungstechnik von bewegten Bildern eine zentrale Rolle spielte, den Kosmos „sichtbar" zu machen.

Bei dem nationalen Wettbewerb in *Technika – molodeži* 1954/55 hat man diejenige Erzählung mit der höchsten Auszeichnung – dem zweiten Preis – prämiert, die die engen Handlungsspielräume räumlich in die Ferne und zeitlich in die Zukunft öffnete:

In „Unter dem Licht zweier Sonnen" („Под светом двух солнц") von Ėrast Maslov trifft der Erzähler auf dem Lande „einige hundert Kilometer von Kiew entfernt" einen Vorkriegskameraden wieder,

---

daran, daß er selber überhaupt kein idealer „harmonischer" Charakter ist.

[548] Das lag vor allem auch daran, daß der sowjetische Geheimdienst versuchte, soviele technisch-wissenschaftliche Informationen wie möglich vor der westlichen Öffentlichkeit geheim zu halten. Selbst Fotos von den Trägerraketen blieben lange Zeit unter Verschluß. Siehe Kowalski: Die Gagarin-Story, S. 169ff. Von Titov hingegen gab es erstmals Filmaufnahmen aus dem Weltraum, die ihn zeigten, sowie von ihm gemachte Fotos und Filme des „blauen Planeten". Siehe Titov, German: 700000 kilometrov v kosmose. Rasskaz letčika-kosmonavta SSSR, Moskva 1961, S. 100ff; Titov, G. [foto]: Otkrytie mira prodolžaetsja, in: VS 1 / 1962, S. 17.

[549] Siehe hierzu Röthlein, Brigitte: Mare Tranquillitatis, 20. Juli 1969. Die wissenschaftlich-technische Revolution (20 Tage im 20. Jahrhundert), München 1997, S. 7ff.

der sich für Funktechnik interessiert. Er hat sich privat bei einer ehemaligen Windmühle eine Antennenanlage gebaut, die mit Hilfe selbstgebastelter Verstärker auch niedrige UKW-Frequenzen von Fernsehsendern über riesige Distanzen empfangen kann (zur fiktiven Erzählzeit ist nur in Moskau und Leningrad für einen Umkreis von 45 km um den Fernsehturm ein Farbfernsehempfang garantiert[550]). Eines Abends entdecken die beiden Helden bei der Suche nach Fernsehstationen einen Sender mit einer nirgends auf der Erde gebräuchlichen Auflösung von 1100 Abtastzeilen. Und tatsächlich, es handelt sich um die Sendung eines von zwei Sonnen umgebenen Planeten im Sternbild Kentaurus, das sich alle vier Jahre der Erde nähert, so daß ein Funkkontakt hergestellt werden kann. Aufgrund der vergleichbaren, wenn auch durch zwei Sonnen besseren Klimabedingungen sind die dortigen intelligenten Wesen den Menschen äußerst ähnlich, aber auf einer höheren Entwicklungsstufe, wie man sie nur „aus populärwissenschaftlichen Zeitschriften" kenne. Die Erzählung endet damit, daß sich der sympathische ferne Fernsehsprecher (dessen Sprache man nicht versteht, nur Gesten und Bilder erklären die Sachverhalte) verabschiedet. Die Protagonisten beschließen, der Akademie der Wissenschaften von ihrer Entdeckung zu schreiben, damit man sich vorbereite, den „fernen Freunden" in vier Jahren auch antworten zu können.[551]

Diese Erzählung unterscheidet sich von den anderen des Wettbewerbs zuallererst dadurch, daß in ihr einige der typischen Erzählmuster aus der Stalinzeit fehlen: Sie ist zum einen der einzige Beitrag, in dem keine inneren oder äußeren Feinde auftreten, sondern nur ferne Freunde. Zum anderen wird auch die Erfindung selber keinerlei gesellschaftlichem Nutzen zugeführt,[552] sondern eröffnet den televisionären Blick in eine Welt jenseits des irdischen Horizonts und die Perspektive in eine Zukunft, die jenseits des fiktionalen Textes liegt. Die beiden Helden können lediglich Signale aus dem Kosmos empfangen, der in vier Jahren eventuell mögliche Kontakt bleibt der Imagination des Lesers überlassen.

Genau dieses Muster findet sich zwei Jahre später auch in Ivan Efremovs Roman „Andromedanebel" („Туманность Андромеды").[553] Obwohl die Handlung in der fernen Zukunft spielt, findet auch hier ein direkter Kontakt mit außerirdischen intelligenten Wesen aufgrund der riesigen Entfernungen nicht statt. Zwar gelingt es mehrmals unter Aufbringung aller Energieressourcen der Erde, für einen Moment Bilder von intelligenten Wesen und insbesondere einer wunderschönen Frauengestalt aus einer anderen Galaxie – dem Andromedanebel – zu empfangen, doch da die Sendungen Jahrhunderte brauchen, um die Erde zu erreichen, ist ein Informati-

[550] Die Erzählzeit spielt damit in der nahen Zukunft, denn Kiew hatte Ende 1952 einen Sender bekommen (auf den in der Erzählung explizit bezug genommen wird), erste Testsendungen mit Farbfernsehen begann man in der Sowjetunion Mitte der 50er Jahre zu machen, ehe es in den 60er Jahren auf Sendung ging. Siehe Jurovskij, A.: Televidenie – poiski i rešenija. Očerki istorii i teorii sovetskoj televizionnoj žurnalistiki, Moskva 1975, S. 38, 40ff.

[551] Maslov, Ėrast: Pod svetom dvuch solnc (Iz rasskazov, postupivšich na konkurs), in: TM 3/1955, S. 31–35.

[552] Die Erfindung hat auch keinen Nutzen, denn egal wie stark UKW-Sender und -Empfänger sind, durch die Erdkrümmung ist ein Empfang immer nur „bis zur Horizontlinie möglich" (die durch hohe Fernsehtürme nur vergleichsweise geringfügig verschoben werden kann). Die Erfindung eines äußerst empfindlichen UKW-Empfängers ist wirklich nur zum Empfang von Sendungen aus dem Kosmos zu gebrauchen.

[553] Efremov: Tumannost' Andromedy, in: TM 11/1957, S. 29.

onsaustausch nicht möglich. Der interaktive Kontakt zu Außerirdischen bleibt im Bereich des Imaginären.[554]

Einen der beiden zweiten Preise beim internationalen Fantastik-Wettbewerb 1961/1962 erhielt die Erzählung „Paleo-Bernstein“ („Алатырь-камень“[555]) von Evgenij Vojkunskij und Isaj Lukod’janov.[556]

Sie spielt in der Gegenwart und handelt von vier Studenten, die ihre Sommerferien in Nord–Karelien verbringen, da einer von ihnen – ein Philologiestudent – hier schon einmal auf einer Expedition von Folkloristen gewesen ist und ihn die häufige Erwähnung des „Paläo-Bernsteins“ in den hiesigen Märchen verwundert hat. So hat er eine Kommilitonin der Philologie, einen in diese verliebten Geologiestudenten und einen um seine Figur besorgten Physikstudenten für die Wanderung durch dieses Gebiet gewinnen können. Nachdem sie eine Informantin aufgesucht haben, entdecken sie auf einmal eine in einen Stein gemeißelte Zwiebel, die wie ein Pfeil aussieht, deren Richtung sie mit dem Kompaß folgen. Sie finden einen zweiten und dritten Pfeil solcher Art und landen an einem kleinen See. Der am meisten von der geheimnisvollen Fährtensuche begeisterte Philologe Oleg ertappt im Morgengrau den am wenigsten inspirierten Physiker Boris, wie dieser selber einen Pfeil meißelt. Er hat sich mit den Zwiebeln einen Spaß gemacht. Oleg kann als einziger darüber nicht lachen, da er sich die ganze Zeit schon in der Fantasie ausgemalt hatte, welche Bewandtnis es mit den Pfeilen und dem Paläo-Bernstein haben könnte, die vielleicht von einer uralten untergegangenen Zivilisation zeugten. Doch in dem Moment seiner Entzauberung entdeckt die Kommilitonin Sveta einen leuchtenden Punkt am Grunde des Sees, den der Geologe Volodja mit Hilfe von Seilen aus dem Wasser zieht. Es ist ein golden schimmernder und elektrisch geladener Steinklumpen von der Größe eines Kopfes, der bei Licht stumpf ergraut und nach Harzen duftet. Von der Struktur her ähnlich dem Bernstein, das aber nur bis zu einer Million Jahre alt sei, bestimmt Volodja sein Alter auf eine viertel Milliarde Jahre, demnach stamme dieser „Paläo-Bernstein“ aus der Steinkohlezeit. Die elektrische Ladung kann sich Boris nur durch ein mächtiges statisches Feld erklären, das den Stein in erweichtem Zustand getroffen haben müsse. Abends am Lagerfeuer entdecken sie dann, daß sich Kriebelmücken auf dem Stein in bestimmten Linien niederlassen, die ein Bild zeichnen, das ein zum Schrei verzerrtes Gesicht und eine nach Hilfe verlangende erhobene Hand im Vordergrund zeigt, während im Hintergrund Figuren, Stöcke und Spieße zu erkennen sind. Die ganze Darstellung ist quer von einem scharf umrissenen Streifen durchzogen. Nachdem er lange geschwiegen hat, erzählt Oleg seine Interpretation, wie das Bild möglicherweise entstanden sein könnte: Vor langer Zeit habe ein Mann den wunderschönen halb durchsichtigen Stein gefunden und sich nachts heimlich an seinen elektrischen Eigenschaften ergötzt, bis sein Geheimnis entdeckt worden sei. Der „Führer“ des Jägerstammes habe beschlossen, den Stein dem wichtigsten Gott, dem Feuer, zu opfern. Als man ihn verbrannte und er sein unbekanntes Aroma verströmte, wollte der verzweifelte Mann den wundervollen Stein retten und stürzte sich ins Feuer, doch die andern Jäger hielten ihn fest. In dem Moment donnerte es und die „Mutter des Feuers“ ließ einen Blitz in das Feuer einschlagen, der die schreiende Gestalt als Struktur des elektrischen Feldes auf dem Stein fixierte und das Feuer zerstob, ehe ein Regenguß ausbrach. Nach dieser Geschichte hat keiner der vier die Kraft, ins Zelt zu gehen, so schlafen sie am Feuer ein, während drei

[554] Wie sehr diese schwer einzufangenen Bilder die Imagination der Leser fesselten, zeigte sich auch bei den schon erwähnten Leserinterpretationen eines „fantastischen“ Bildes in *Technika – molodeži* von 1960. Siehe Miščenko, V.: Uvažaemaja redakcija!, in: TM 2/1960, S. 28; Genkin: Zvezdolet uchodit, in: Ebd., S. 29f.

[555] „Алаборъ, алабырь, алатырь м. загадочный камень, поминаемый въ сказкахъ и заговорахъ [...]; вероятно янтарь, греч. эдектронъ, переделанное на татарскій ладъ.” Siehe Dal’, Vladimir: Tolkovyj slovar’ živogo velikorusskogo jazyka ([1]1903), Bd. 1, Moskva 1994, S. 24.

[556] Vojskunskij, E.; Lukod’janov, I.: Alatyr’-kamen’ (Iz rasskazov prislannych na meždunarodnyj konkurs), in: TM 7/1962, S. 10–12.

Schritte entfernt der Stein in seinem eigenen „reinen goldenen Feuer" zu einem Häufchen weißer Asche verbrennt und „das Aroma uralter Harze" verströmt.[557]

Im Unterschied zu den vorherigen Beispielen macht diese Geschichte die Konstruktion des Geheimnisvollen, das hinter den wissenschaftlichen Entdeckungen vermutet wird, überdeutlich. Die Zwiebelpfeile, die die Fantasie anregen, sind ein Spaß des „Physikers", und als ihr „Geheimnis" gelüftet wird, wird gleichzeitig der Stein am Grunde des Sees entdeckt. Die Vermutungen zu seiner Herkunft und das von Mücken gezeichnete Bild regen wiederum die Fantasie des Philologen an. Doch auch diesmal bleibt die Geschichte dem Imaginären überlassen, denn der Stein ist am nächsten Tag verbrannt. Gleichzeitig nimmt die Erzählung die schon erwähnte Debatte zwischen den *Physikern* und *Lyrikern* in der Person Olegs und Boris' explizit auf [558] und unterstreicht ironisch die wichtige Rolle der Fantasten gegenüber den Wissenschaftlern: Selbst wenn diese jene nicht ernst nehmen (falsche Spuren legen), sind es doch die Fantasten, die auch auf falschen Spuren richtige Entdeckungen machen und dort, wo die Wissenschaft nicht weiter weiß (woher der Stein kommt), den Funden Bedeutung verleihen können.

Alle hier vorgestellten Geschichten haben eine ikonographische Gemeinsamkeit, die ein dominierendes Motiv der NF dieser Zeit zeigt: Es ist ein Bild, das hilft, in die zeitliche oder räumliche *Ferne sehen* zu können. Man empfängt starre oder unverständliche Bilder (dasjenige eines Fernsehsprechers, einer schönen Frauenfigur oder einer schreienden Gestalt). Indem man versucht, sie zu verstehen, verleiht man ihnen Bedeutung, man kann aber mit ihnen nicht *kommunizieren*. Man könnte auch sagen: Die Fernseh-Bilder funktionieren wie Ikonen, Darstellungen von Göttergeschichten und Heiligenlegenden, die von einer „transzendentalen" (weil von jenseits der gegenwärtigen Erde kommenden) Botschaft berichten, deren Sinn aber jeder für sich selber finden muß. Am deutlichsten ist dieser Zusammenhang in der Erzählung „Schwarzes Quadrat" („Черный квадрат") von F. Belkov hergestellt.

In der Geschichte legt der Held bei einer in den Bergen liegenden Beobachtungsstation der Akademie der Wissenschaften ein riesiges „schwarzes Quadrat" aus Fotoplatten aus, um kosmische Strahlen aufzeichnen zu können.[559] Dieses Experiment kostet ihn zwar beinahe sein Leben – doch es gelingt: Das entwickelte Positiv der bestrahlten Platten zeigt das Porträt einer Frau mit unwiderstehlichen Augen, das an Leonardo da Vincis Zeichnungen erinnert.

„Das war ein Gesicht. Das Gesicht einer Frau. Aufmerksam, prüfend guckten ihre Augen. In dem Gesicht waren Kraft und Zärtlichkeit, Trauer und Ironie gleichzeitig. (...) Von diesen sprechenden Augen war es unmöglich, sich loszureißen. Sie ließen einen wortwörtlich nicht los. (...) Immer wieder etwas Neues sah man in ihm./ Wir saßen ungefähr eine Stunde lang so erstarrt. (...) Die Abbildung

[557] Vojkunskij; Lukod'janov: Alatyr'-kamen', S. 12.

[558] Am Anfang sagt Volodja über den Langschläfer Boris: „ein Physiker, aber schläft wie ein Lyriker" („Физик, а спит как лирик"), Ebd. S. 10; Am Ende, als keiner Schlafen gehen will, ruft Volodja: „Laß uns schlafen gehen, ihr Physiker und Lyriker" („Пошли спать, физики-лирики"), Ebd., S. 12.

[559] Belkov, F.: Černyj kvadrat (Naučno-fantastičeskij rasskaz), in: TM 4/1961, S. 30f.

erinnerte stark an die zufälligen Feuchtigkeitsflecken an der Wand, in die der große Leonardo da Vinci seinerzeit die Sujets für seine Zeichnungen gemalt hatte."

„Это было лицо. Лицо женщины. Внимательно, изучающе смотрели ее глаза. В лице были сила и нежность, грусть и ирония одновременно. [...] От этих говорящих глаз невозможно было оторваться. Они буквально не отпускали. [...] Что-то новое и новое виделось в нем./Мы просидели в оцепенении около часа. [...] Изображение сильно напоминало случайные пятна сырости на стене, в которых великий Леонардо да Винчи порою черпал сюжеты для своих рисунков."[560]

Nun wird mit dem Titel der Erzählung ja explizit auf das gleichnamige Gemälde von Kazimir Malevič angespielt, das dieser seinerzeit bei der ersten öffentlichen Präsentation dorthin im Raum gehängt hatte, wo in der orthodoxen Tradition normalerweise die Ikone der Mutter Gottes angebracht war. Das schwarze Quadrat funktionierte somit auch als blasphemische Entzauberung russischorthodoxer Ikonenmalerei. In der zitierten Geschichte hat das Quadrat hingegen die gegenteilige Funktion. Als Fotonegativ verwendet und mit einem „unwiderstehlichen" Frauenporträt belichtet, trägt es hier zu einer erneuten Verzauberung der Welt dar, und zwar von im fernen Kosmos liegenden Welten, die derart zu einem Gegenstand des Glaubens werden können. So endet die Erzählung mit den Worten des Helden:

„Wer ist sie? Eine Tochter ferner Welten? (...) Man möchte es glauben, daß vor uns tatsächlich eine Tochter ferner Welten ist. Sehr ferner Welten, wo es so neugierige, suchende und siegreiche Menschen wie bei uns auf der Erde gibt."

„Кто она? Дочь далеких миров? [...] Хочется верить, что перед нами действительно дочь далеких миров. Очень далеких миров, где есть такие же пытливые, ищущие и побеждающие люди, как и у нас на Земле."[561]

Doch neben einer solchen wissenschaftlich-fantastischen Verzauberung kosmischer Bilder kam in diesen Signalen aus dem All noch ein weiteres Faszinationsmoment zur Geltung. Denn gesellschaftspolitisch standen die Geschichten eng im Zusammenhang mit der Einführung des neuen Mediums Fernsehen,[562] das Mitte der 50er Jahre eine wachsende Verbreitung fand und durch die Sputniks und die Satellitentechnik ganz neue Sendemöglichkeiten erhielt:[563] Im Mai 1965 empfing Wladiwostok erstmals neun Stunden lang via Satelliten „Molnija-1" Farbfernsehen aus Moskau.[564] Daher ist nicht so sehr die Tatsache bemerkenswert, daß konkrete „Fernse-

[560] Ebd., S. 31, 32.

[561] Ebd., S. 32.

[562] Welche enorme Resonanz das Fernsehen in seinen Anfangsjahren erhielt, beschreiben Hélène und Pierre Lazareff sehr anschaulich in dem Abschnitt „Fernsehen: H-Bombe der Glückspropaganda" ihres Buches. Siehe Lazareff; Lazareff: Die Stunde Moskaus, S. 102ff.

[563] *Znanie – sila* widmete im Juni 1958 das Titelthema den laufenden Diskussionen um eine optimale Nutzung von Satelliten für Fernsehübertragungen, siehe [Anon.]: Obsuždaem problemy «Vsemirnogo televidenija», in: ZS 6/1958, S. 1; Svoren', R.: Televidenie segodnja, in: Ebd., S. 2–4; Družkin, L.; Sorin, Ja.: Kosmičeskij retransljator (Putešestvie v buduščee), in: Ebd., S. 5–6; Chlebcevič, Ju.: Pokoritel' prostranstva, in: Ebd., S. 8–9.

[564] [Anon.]: Vladivostok – Kosmos – Moskva, in: TM 7/1965, S. 14; [Anon.]: Vaš televizor polučaet cvet, in: TM 8/1965, S. 3; Suėn, Pol: Bitva v cvetnom televidenii, in: Ebd., S. 3–4.

her“ oder Bildübertragungen in den NF-Geschichten vorkommen, sondern vielmehr die Art und Weise, wie diese neue Technik eingesetzt wird. Markierte das Fernsehen kulturgeschichtlich doch den vorläufigen Endpunkt einer Entwicklung, die mit Foto, Radio und Film Medien zur technischen Reproduzierbarkeit von Bildern und Ereignissen hervorgebracht hatte. Diese Entwicklung war mit dem Fernsehen insoweit zu Ende gegangen, als jetzt theoretisch alles nicht nur visuell und audiell, sondern in bewegten Bildern und gleichzeitig an jedem Ort der Erde mitverfolgt werden konnte. Durch eine solche unbegrenzte Reproduzierbarkeit verloren Bilder, aber auch Ereignisse, wie es Walter Benjamin seinerzeit für Kunstwerke konstatierte, ihre „Aura“, ihre „Einzigkeit“. An die Stelle der „Einmaligkeit und Dauer“ traten die Flüchtigkeit und Wiederholbarkeit der Bilder:

> "Die Entschälung des Gegenstandes aus seiner Hülle, die Zertrümmerung der Aura, ist die Signatur einer Wahrnehmung, deren „Sinn für das Gleichartige in der Welt [...] so gewachsen ist, daß sie es mittels der Reproduktion auch dem Einmaligen abgewinnt.“[565]

Genau dieser „Sinn für das Gleichartige“ wird in den zitierten Geschichten jedoch zugunsten einer neuen Wahrnehmung aufgegeben: In ihnen macht gerade die Flüchtigkeit bewegter Bilder eine dauerhafte Reproduktion unmöglich. Statt dessen wird die Aura als eine „einmalige Erscheinung aus der Ferne“[566] durch das *Fern-Sehen* wiederhergestellt, indem die NF Bilder beschrieb, die ihre Protagonisten nur einen kurzen Zeitraum lang sehen konnten. Es waren Bilder, die aus einer räumlich und zeitlich unerreichbaren Ferne kamen und nicht reproduzierbar, häufig sogar nicht einmal als Dokument „fixierbar“ waren. So verwiesen die Geschichten durch das neue Medium und durch offensichtliche Erzählkonstruktionen immer wieder darauf, daß es in der Ferne des Kosmos (oder auch der menschlichen Frühzeit) noch ein einmaliges „Geheimnis“ gebe, das sich zwar einer interaktiven Kommunikation und damit dem Verständnis ständig entziehe, aber (wie die religiöse Transzendenz) unbedingte Aufmerksamkeit verdiene.

Gleichzeitig funktionierte das „Geheimnisvolle“ als Konstruktion eines „privaten“ fantastischen Raums für die Protagonisten, da die Erscheinungen aus der Ferne durch ihre Einmaligkeit nur für diese zugänglich waren und sich jeder weiteren gesellschaftlichen Verfügbarkeit oder Nutzbarmachung entzogen. Damit wirkte der Bruch mit bestimmten Erzählmustern der Stalinzeit in der NF auch als Konstruktion eines Faszinationsobjekts, dessen mögliche Bedeutungen es noch zu entdecken galt.

4.3. Die Suche nach den Anderen

Betrachtet man den vorigen Abschnitt in Hinsicht auf die angesprochene Krise der sozialistischen Heldenfiguren in der kommunistischen Zukunft, dann lassen

---

565 Benjamin, Walter: Das Kunstwerk im Zeitalter seiner technischen Reproduzierbarkeit, in: Ders: Gesammelte Schriften, Bd. I, 2, S. 440.

566 Ebd.

sich die *Signale aus dem All* auch als ein erstes Symptom dafür lesen, daß das *Ende des Fortschritts* in der besten der Welten nicht das Ende für deren Helden bedeuten mußte. Vielmehr sicherten neue Fernseh- und Sendetechniken deren Überleben als Gewährsleute nicht nur für neue Wahrnehmungsmuster und eine erneute Verzauberung der Welt, sondern insbesondere auch bei der *Suche nach den Anderen.*

Überlieferungen von kosmischen Gästen auf der Erde

Der zweiteilige Abdruck des Kinoszenariums „Auf Wiedersehen, Erde!" („До свидания, земля!") von G. Golubev und A. Leont'ev in *Technika – molodeži*, das die Autoren Jurij Gagarin widmeten, endete im August 1961 in der gleichen Nummer, auf deren Titelblatt der erste Kosmonaut die „ungewöhnliche Schönheit" der Erde betrachtete und die Meldung erschien, Titov sei erfolgreich von seinem Weltraumflug zurückgekehrt.[567]

Der Ausgangspunkt des Szenariums liegt im Sommer 1961 nach Gagarins Flug, als vier Studenten des ersten Kurses sich auf die Suche nach dem Tungusker Meteoriten aufgemacht haben, um die „Hypothese des Schriftstellers Kazancev" zu überprüfen, ob es sich bei ihm um ein Raumschiff vom Mars handele. Zwar finden sie keine Spuren des Meteoriten, dafür aber eine „steinerne Spirale", die einen der Protagonisten an „die heilige gefiederte Schlange der alten Indianer von Maya", die Quetzalcóatl[568] erinnert. Zehn Jahre später, 1971, fliegt dieser Protagonist als Wissenschaftler zusammen mit einem vietnamesischen Professor und einem polnischen Ingenieur zum Mars, u.a. um seine damaligen Vermutungen zu überprüfen. Das Raumschiff „Sokol" erleidet bei dem Flug einen Meteoritenschaden und gerät ins Magnetfeld des Mars, doch nachdem die Kosmonauten Signale vom Marsmond Deimos erhalten haben, gelingt ihnen per Handsteuerung eine Notlandung, und sie müssen feststellen, daß der Mond künstlich ist. Sie beginnen sein Inneres zu erkunden und lösen dabei als erstes das Geheimnis der „gefiederten Schlange": Sie finden heraus, daß die Außerirdischen schon zu Zeiten der alten Maya auf der Erde gewesen sind, was „viele Rätsel der antiken Zivilisationen" erkläre, wobei sie diese Statue und womöglich auch „einige Indianer vom Stamm der Maya" mitgenommen haben. 1908 sei dann ein Raumschiff vom Deimos aus zum Venus geflogen und von dort aus weiter zur Erde: „Möglicherweise... haben die Nachkommen der Menschen in der fremden Welt ihre Muttersprache erhalten, die Erinnerung an die ferne Heimat... Und vielleicht hat einer der Nachkommen der Erdenbewohner eben dieses Raumschiff im Jahre 1908 gesteuert. Nachdem er die Venus besucht hatte, konnte er es nicht länger aushalten und beschloß, einen Blick auf die Erde zu werfen, er gab ihrem mächtigen Ruf nach..." („Возможно... Потомки людей сохранили в чужом мире свой родной язык, память о далекой родине... И, быть может, в 1908 году кто-то из

[567] Golubev, G.; Leont'ev, A.: Do svidanija, zemlja! (Posvjaščaetsja Juriju Alekseeviču Gagarinu), in: TM 7/1961, S. 25–28; 8, 28–32; Titelblatt mit der Aufschrift „Krasota neobyčajnaja!.. *Gagarin*", TM 8/1961, S. 1 Olbložka; [Anon.]: 6–7 avgusta 1961g. (V poslednyj čas), in: Ebd., S. 1.

[568] „Several gods who played significant roles in the Postclassic codices, however, can be identified on earlier Maya monuments. The most important of these is Itzamná, the supreme Maya deity, who functioned as the original creator god, as well as lord of the fire and therefore of the hearth. In his serpent form he appears on the ceremonial bar held in the arms of Maya rulers on Classic stelae. Another ophidian deity recognizable in Classic reliefs is the Feathered Serpent, known to the Maya as Kukulcán (and to the Toltecs and Aztecs as Quetzalcóatl)." Coe, Michael Douglas; Willey, Gordon R.: Classic Maya Religion (Pre-Columbian Civilisations), in: Encyclopaedia Britannica CD 1996.

потомков землян и вел этот корабль. Посетив Венеру, он не удержался и решил заглянуть на Землю, подчиняясь властному зову...")[569]

Damit hatte das Szenarium gleich drei in der populärwissenschaftlichen Literatur jener Jahre umstrittene und diskutierte Themen zu einem Sujet vereint: Erstens die Suche nach einer eindeutigen Antwort auf die Fragen nach der Entstehung der Marsmonde, zweitens die nach der Herkunft des Tungusker Meteoriten und drittens die Vermutungen über die „Kosmonauten des Altertums". Die Spuren solcher „Gäste aus dem Kosmos"[570] waren auch ansonsten ein immer wieder auftauchendes Motiv der Wissenschaftlichen Fantastik.

Insbesondere das Vorbild des „Tungusker Wunders" wurde in der NF vielfach variiert.[571] So funktionierten Meteoriten, die im Weltraum eine der größten Bedrohungen der Raumfahrer darstellten, auf der Erde oft wie „geheimnisvolle Kristalle"[572] als Träger von außerirdischen Botschaften[573] oder von auf der Erde unbekannten Lebensformen.[574] Eines der am häufigsten behandelten Themen in diesem

[569] Golubev; Leont'ev: Do svidanija, zemlja!, TM 8/1961, S. 31.

[570] Meteoriten, fremde Raumschiffe oder Außerirdische bezeichnete man oft nach der gleichnamigen Erzählung von Aleksandr Kazancev („Гость из космоса", in: TM 3/1951) als „Gäste aus dem Kosmos".

[571] Als das Thema in der populärwissenschaftlichen Literatur bis Anfang der 60er Jahre noch ernsthaft erörtert wurde, war es in der NF sehr schnell zu einem festen Topos geworden, das bald auch Gegenstand ironischer „Scherzerzählungen" wurde. Stanisław Lems erster als Buch erschienener NF-Roman „Astronauci" von 1951 (1957 auf Russisch verlegt) hatte bspw. die Katastrophe von Tunguska durch ein Raumschiff von der Venus erklärt, der bekannteste Roman des DDR-Autors Eberhardt del'Antonio „Titanus" (1957) machte ein Raumschiff von dem gleichnamigen Planeten als Verursacher aus. Siehe Šibanov, V.: Putešestvie na Veneru (Vyšli iz pečati), in: ZS 2/1958, S. 40f.; Wuckel; Cassiday: The Illustrated History, S. 156f.; Die Handlung des „pseudotypischen wissenschaftlich-fantastischen Romans" „Бета Водолея", den *Znanie – sila* Anfang 1961 abdruckte, begann ebenfalls mit der Suche nach dem Tungusker Meteoriten, womit sich das Thema als „ernsthaftes" Motiv erledigt hatte. Seitdem tauchten Funde von Außerirdischen im Tungusker Gebiet vornehmlich in Humoresken auf, siehe bspw. Rič, Valentin: Kassiopejskie rasskazy (Fantastičeskie jumoreski), in: NŽ 2/1964, S. 150–151.

[572] So der Titel einer Erzählung, die davon handelt, wie auf einer Polarstation stark ionisierende Kristalle gefunden werden, in denen man sofort Meteoritensplitter erkennt und die bei -250°C anfangen wunderschöne, in allen Regenbogenfarben schimmernde ovale Blumen zu bilden. Es handelt sich um vegetatives Leben von einem „Kälteplaneten". Siehe Gruder, G.: Tainstvennye kristally, in: TM 9/1962, S. 30–32.

[573] Siehe bspw. Emcev, M.; Parnov, E.: Zaponki s kochleoidoj, in: TM 7/1962, S. 16–17; In dieser Erzählung haben ein Chemiker und ein Physiker mit Hilfe eines Meteoritenfundes ein so dichtes Metall enwickelt, das auch „Vakuum" einfangen kann. Als sie es testen, fangen sie beim ersten Experiment im Kosmos Vakuum mit „doppelten Spiralen" (sog. „Kochleoiden") ein, die verschlüsselte Nachrichten von intelligenten Wesen aus der Antiwelt („Антимир") beinhalten, welche aber im Lauf der Handlung nicht entschlüsselt werden können.

[574] Bspw. Safronov, Ju: Oskolok zvezdy, in: TM 4/1962, S. 24–26; In dieser „hypothetischen Erzählung" („рассказ-гипотеза") schreibt ein „einfacher Traktorist" einen Brief an den Autor, in dem er von dem Fund eines Meteoritensplitters berichtet, der in einem Wasserglas durch Photosythese gewachsen sei. Doch als er ihn aus dem Glas genommen habe, um ihn der Akademie der

Zusammenhang war die in der populärwissenschaftlichen Diskussion bald als wissenschaftliche Sensation verworfene Frage, ob vielleicht „Verstandesbrüder" aus dem Kosmos die Verursacher von unerklärlichen Wundern und damit indirekt auch Begründer von Glaubenssystemen gewesen sein könnten. So erlaubten es kosmische Gäste nicht nur, bislang religiös begründete Ereignisse[575] oder alte Legenden zu erklären,[576] sie konnten beispielsweise auch die besondere Rolle des ägyptischen Pharaos Echnaton, die Entstehung der Pyramiden und selbst des Roten Meeres plausibel machen.[577] In einer Geschichte erweist sich Mephistopheles („Me Fi") als Besucher aus dem All, der den klügsten Gelehrten seiner Zeit, Faust, aufsucht und ihm eine Medizin gegen die grassierende Pest gibt. Seine Hilfe wird jedoch von der Kirche aus religionspolitischen Gründen abgelehnt, woraufhin er die Menschen wieder verläßt.[578] Andere Geschichten erzählen von Außerirdischen, die bei den Menschen gewesen sind, als diese noch Höhlenbewohner waren,[579] oder von welchen, die zu Vorfahren der Neandertaler wurden, wodurch der Evolutionssprung vom Affen zum Menschen zu erklären sei.[580] Auch ein Wechsel der Erzählperspektive ist möglich, so daß der Erzähler aus der Sicht von Außerirdischen berichtet, wie diese die menschlichen Gäste auf ihrem Planeten zumeist für göttliche Wesen halten.[581]

Ungeachtet dieser beachtlichen Anzahl an „Gästen aus dem Kosmos" fällt zum einen auf, daß alle diese intelligenten Wesen den Menschen auffallend ähnlich sind, worauf im nächsten Abschnitt eingegangen wird. Zum anderen gelingt in keiner der Geschichten eine anhaltende Kontaktaufnahme mit den Anderen oder die Konservierung des „fremden Lebens" auf Erden.[582] Diese ausbleibende Kommuni-

---

Wissenschaften zu schicken, sei er zu Staub zerstoben.

[575] So löst bspw. in einer Geschichte ein Meteorit 1528 das „Kasseler Scharmützel" zwischen Protestanten und Katholiken aus. Aufgrund der an ihm haftenden „Atom-Bakterien" läßt er dann den Episkop, der ihn berührt hat, zu reinem „Europie-Metall" werden, was diesem noch 1960 die 995. Heiligsprechung der katholische Kirche einbringt. Siehe Cvetkov, Ju.: 995-j svjatoj, in: Fantastika, god 1962, Moskva 1962, S. 287–309.

[576] Nemčenko, M.: Letajuščie k brat'jam, in: VS 1/1960, S. 33–38; 2, 33–38. Hier landen außerirdische Indianer in einem amerikanischen Indianerreservoir, die die Nachfahren jener Urahnen sind, die 983 ein Raumschiff vom Planeten „Miurm" von der Erde mitgenommen hat, worüber die alten Legenden der Indianer noch heute berichten.

[577] Siehe Šul'c, N.: Tajna drevnego manuskripta, in: Na suše i na more 6/1965, S. 496–535.

[578] Kajdoš, V.: Opyt, in: TM 2/1963, S. 23–26.

[579] Peev, L.: Volos Magometa, in: TM 8/1962, S. 8–10.

[580] Kazancev, Aleskandr: Vnuki Marsa, in: Mir priključenij 7/1962, S. 3–80.

[581] So beschreibt bspw. eine Erzählung von 1958 aus der Perspektive der Venusbewohner, die sich noch auf der Stufe der Neandertaler befinden, wie diese die ersten Kosmonauten von der Erde sehen und sie für Götter halten. In einer anderen Erzählung von 1962 sind die Venusbewohner auf der Stufe antiker Sklavengesellschaften und das irdische Raumschiff hat genau den gegenteiligen Effekt: Durch es wird der bisherige Götterglauben in Frage gestellt. Saparin, V.: Nebesnaja Kulu, in: VS 6/1958, S. 49–57; Gansovskij, S.: Ne edinstvennye suščie, in: TM 2/1962, S. 32–33.

[582] Zumeist nehmen die intelligenten Wesen von anderen Planeten keinen dauerhaften Kontakt mit den Menschen auf, da diese ihnen gegenüber feindlich eingestellt sind bzw. aufgrund des Kal-

kation steht im deutlichen Kontrast zu dem Einfluß, den die Außerirdischen auf die Entwicklung der Menschheit genommen haben sollen. Damit läßt sich auch für dieses Themenfeld ein Erzählmuster erkennen, das schon für das *Fern sehen* als charakteristisch bezeichnet worden ist: Nämlich, daß durch neue technisch-wissenschaftliche Entwicklungen (wie z.B. Raumschiffe hochentwickelter Zivilisationen) die Kontaktaufnahme zu einer anderen Zivilisation zwar möglich ist, eine Kommunikation aber nicht gelingt.

Im Unterschied zu den *Signalen aus dem All* stehen die Besuche auf der Erde aber in einem sehr viel deutlicheren Zusammenhang mit religiösen Fragen, wobei die anhand der populärwissenschaftlichen Publizistik herausgearbeiteten Argumentationsmuster übernommen und weiter entwickelt werden. Bspw. verabschiedet sich „Me Fi" von Doktor Faust in der genannten Erzählung mit einem Versprechen auf Rückkehr, das an die christliche Verheißung erinnert:

> „Ich habe hier das Leben gesehen, ein direktes, starkes Leben, ich sah diejenigen, die von Abgaben, Kriegen, Krankheiten, Angst unterjocht sind. Sie leben in Hütten, aber bauen Kirchen... Doch irgendwann werden sie in Palästen wohnen und das Wissen erbauen... Sie sind stark und sie sind viele. Ich gehe von dir. Ich komme wieder zu ihnen..."

> „Я видел тут жизнь, упрямую, сильную жизнь, видел тех, кого угнетают подати, войны, болезни, страх. Они живут в берлогах, а строят соборы... Но когда-нибудь будут жить во дворцах и строить Знание... Они сильны, и их много. Я ухожу от тебя. Я вернусь к ним..."[583]

So setzten die Geschichten ebenfalls Außerirdische an die Stelle einer metaphysischen Begründung von Wundern und Glaubenssystemen. Doch die Publizistik blieb letztlich immer gezwungen, sich Fragen der „wissenschaftlichen" Falsifizierung ihrer Thesen zu stellen. Auch die Suche nach dem Schneemenschen, nach dem Tungusker Meteoriten und nach Atlantis mußte aus diesem Grund als „Wunderglauben mit wissenschaftlicher Begründung" abgebrochen werden. In der Wissenschaftlichen Fantastik hingegen war diese mangelnde Beweisbarkeit gerade der Moment, der ihre Faszination ausmachte. Der „Vernunftglaube der Aufklärung" verwandelte sich endgültig in einen „Wissenschaftsglauben", der eindeutige „Aussagen über tatsächlich oder vermeintlich Verborgenes" macht.[584] Die Fantastik geht „mit einem vorher bestehenden, von Wünschen und Ängsten geleiteten Wahrneh-

---

ten Krieges die Gefahr eines Atomkriegs noch nicht gebannt ist. Siehe bspw. Nemčenko, M.; Nemčenko, L.: Pari, in: VS 12/1962, S. 1–7, 28.

[583] Kajdoš: Opyt, S. 26. Eine ähnliche Konstruktion findet sich häufig in Erzählungen, die an die Stelle von „Gott" als Transzendentem das groß geschriebene „Wissen" oder auch einfach die „Zukunft" setzen. So heißt es am Ende einer Erzählung von Georgij Gurevič bspw.: „Wir, die sowjetischen Menschen, leben länger als alle, weil ein Teil unserer Seele in der Zukunft ist. Je mehr Aufregung und Sorgen es gibt, desto größer ist die Freude. Und die Zukunft kommt, wenn du sie rufst. Sie kommt und wird zur Gegenwart." („Мы, советские люди, живем дольше всех, потому что часть души у нас в Будущем. Больше волнений, больше хлопот, зато и радости больше. А Будущее приходит, когда его зовешь. Приходит и становится Настоящим.") Gurevič, G.: Černyj led, in: Na suše i na more, Bd. 1/1960, S. 312.

[584] Zinser, Hartmut: Der Markt der Religionen, München 1997, S. 38, 46.

mungsmuster an die Erscheinungen heran und sieht dann das, was [sie] sehen will, bzw. durch das Wahrnehmungsmuster zu sehen vorgegeben ist."[585] Damit lassen sich die Geschichten auch als ein Wahrnehmungsmuster interpretieren, das dem „modernen Okkultismus" vergleichbar ist:

> „Der Okkultist verwandelt das absolut Jenseitige der Religion in ein Empirisches, er respektiert die Eigenart des Glaubens nicht und überschreitet die Möglichkeiten der Wissenschaften. Der Okkultismus versucht meist mit technischen Mitteln eines Jenseitigen, Transzendenten, des Geistigen habhaft zu werden, welches in der industriell-bürokratischen Lebenswelt verloren zu gehen scheint [...] Der moderne Okkultismus ist als ein Glaubensgebilde zu betrachten, das die Autorität der Wissenschaft reklamiert, ohne die Grenzen der Methoden der Wissenschaft akzeptieren zu wollen."[586]

Nun handelt es sich bei der NF um kein Glaubensgebilde, sondern um ein Genre der Belletristik, das aber ausgerechnet in dem Moment anfing, vermehrt okkulte Wahrnehmungsmuster zu konstruieren, als in der populärwissenschaftliche Publizistik der Fortschrittsglauben nachließ und man dort zu Alltagsproblemen zurückkehrte. Daß die Geschichten kein Glaubensgebilde anboten, machte im Kontext der genannten Desillusionierung vielleicht gerade ihre Faszination aus, boten deren Helden doch individuelle Auswege und Lösungsmöglichkeiten für eigene Wünsche und Ängste an, die jenseits kollektiver Nützlichkeiten und Fortschrittsparolen lagen.

Die *Signale aus dem All* und *kosmischen Gäste* lassen sich insoweit auch als erste Schritte einer Revision innerhalb des sowjetischen Heldenparadigmas lesen, deren eigentliche Brisanz sich in der Debatte um den *Anthropozentrismus* in der NF herauskristallisierte.

Anthropozentrismus oder die Entdeckung der Anderen

Außerirdische Lebewesen waren in der sowjetischen Fantastik seit 1957 ein ständiges Thema. Sie waren – wie dargestellt – sowohl in fremden Welten als auch auf der Erde anzutreffen. Ihr Bild war jedoch kein einheitliches, sondern ab Anfang der 60er Jahre läßt sich in vielen Erzählungen eine erhebliche Veränderung ihrer Charakterisierung und äußeren Beschreibung feststellen, die vor allem die Frage des *Anthropozentrismus* betraf. Bis dahin war man in den NF-Geschichten auf Lebewesen gestoßen, die eine der irdischen Evolution vergleichbare Entwicklung durchgemacht hatten oder noch durchliefen. Dabei konnte es sich um Lebewesen handeln, die sich auf niederen, aber auch auf höheren Entwicklungsstufen als der Mensch be-

---

[585] Ebd., S. 47. Auch Brandis und Dmitrievskij vergleichen das „Reich der Phantastik" mit okkulten Praktiken: „Über dieses Land gebieten nicht Hexenmeister und Zauberer, sondern allmächtige Gelehrte. Die Wissenschaft bringt dort Wunder hervor, und jedes Wunder erhält seine vernünftige Erklärung." Brandis; Dmitrijewski: Im Reich der Phantastik ([1]1968), 129f., 374.

[586] Ebd., S. 49. Siehe zum Okkultismus auch die in eine ähnliche Richtung gehenden Überlegungen von Adorno, Thedor W.: Minima Moralia. Reflexionen aus dem beschädigten Leben (1950[1]), Frankfurt a.M. 1993, S. 321ff.

fanden. Animalischen Wesen wurden grundsätzlich – ähnlich wie die Naturelemente – als gefährlich dargestellt.[587]

Höher entwickelte intelligente Wesen, die feindlich eingestellt gewesen wären, brachte der Kosmos anfangs nicht hervor. Das lag an der Grundannahme der großen Erzählung vom Kommunismus, die von objektiv bestimmbaren gesellschaftlichen Entwicklungen ausging. Für sie war die vom dialektischen Materialismus behauptete historische Gesetzmäßigkeit des Fortschritts, dessen höchste Stufe der Kommunismus sei, allgemeingültig, weswegen sie auch für andere außerirdische Zivilisationen gelten mußte. Wenn die Erschließung des Weltraums zudem eine Entwicklungsstufe kennzeichnete, die erst Gesellschaften auf dem Weg in den Kommunismus erreichten, mußten auch andere Zivilisationen, die es geschafft hatten, in den Kosmos zu fliegen, zumindest auf dieser Stufe stehen und gegenüber anderen Zivilisationen friedliebend und freundschaftlich gesonnen sein.[588] Bei Außerirdischen, die den Weg aus anderen Galaxien bis auf die Erde geschafft hatten, konnte es sich demnach nur um hoch entwickelte kommunistische Zivilisationen handeln.[589] Allerdings wurden auch nicht so hoch entwickelte intelligente Wesen in den ersten Jahren zumeist als friedlich gegenüber den Menschen dargestellt, was sicher auch mit der sowjetischen Politik zusammenhing, die die Freundschaft gerade zu den Entwicklungsländern in den Vordergrund stellte.[590] Aber auch das Äußere der Außerirdischen unterschied sich kaum vom menschlichen. So wurden sie bspw. folgendermaßen beschrieben:

---

[587] So hieß es bspw. in einer Geschichte: „Sie sahen völlig harmlos aus, diese formlosen, plumpen Wesen, die schon mehrmals völlig gleichgültig direkt an den Füßen der Reisenden vorbei durchs orange Gras geglitten waren. Aber als plötzlich diese Geschöpfe einem unverständlichen Instinkt folgend zu Tausenden von allen Seiten sich auf die Menschen warfen, stellte sich heraus, daß gegen sie sogar die Hochfrequenzstrahlen machtlos waren..." („Они выглядели абсолютно безобидными, эти бесформенные, неуклюжие существа, столько раз равнодушно проползавшие в оранжевой траве у самых ног путешественников. А когда вдруг эти твари, повинуясь непонятному инстинкту, тысячами бросились со всех сторон на людей, оказалось, что против них бессильны даже ВЧ-лучи...") Nemčenko; Nemčenko: Zov zemli, S. 9.

[588] Bspw. die Marsbewohner bei Rogoz, Adrian: Planeta Mrina v trevoge (Glavy iz naučno-fantastičeskoj povesti), in: VS 5/1961, S. 45–49.

[589] Erst mit dem Ende des Tauwetters, als unverkennbar war, daß das amerikanische Weltraumprogamm den technischen Rückstand zur Sowjetunion aufholte, stießen die kosmischen Helden in der NF erstmals auf bösartige Zivilisationen. Denn wenn das kapitalistische Amerika ins All fliegen konnte, mußten auch andere potentiell aggressive und kriegerische Gesellschaften dazu fähig sein. Das bekannteste Beispiel hierfür sind die feindlichen hochtechnisierten Zivilisationen aus der Romantriologie „Menschen wie Götter" („Люди как боги", 1966–1976) von Sergej Snegov.

[590] Es spielte womöglich auch eine Rolle, daß bei der sowjetischen Erstürmung des Kosmos immer die friedlichen und zivilen Aspekte des sowjetischen Raumfahrtprogramms in Unterschied zum amerikanischen hervorgehoben wurden. Es gab auch Gegenbeispiele wie die Povest' „Fluchtversuch" („Попытка к бегству"), die eine grausame Sklavenhaltergesellschaft auf einem fremden Planeten darstellte, siehe Strugackij, Arkadij; Strugackij, Boris: Popytka k begstvu, in: Andreev: Fantastika, 1962 god, S. 146–261.

„Etwa hundert Meter von ihm entfernt, neben dem auf dem Hügel aufragenden durchsichtigen runden Gebäude, schwebten unbeweglich, als ob sie in der Luft stehen würden, einige seltsame menschliche Figuren. Sie waren klein von Wuchs, mit unverhältnismäßig großen langgezogenen Köpfen und dünnen Beinen. (...) Jetzt sah er sie klar und deutlich. Menschen mit blauer Haut! / Und erst die Gesichter! Als er genau hinschaute, merkte er, daß sie keine Ohren hatten und anstelle der Nasen kleine rüsselähnliche Auswüchse."

„Метрах в ста от него, рядом с возвышавшимся на вершине холма прозрачным круглым сооружением, неподвижно парили, словно стояли в воздухе, несколько странных человеческих фигур. Они были малы ростом, с непомерно большими удлиненными головами и тонкими ногами. [...] Теперь он отчетливо видел это. Люди с голубой кожей! / А лица! Пристально вглядевшись, он заметил, что у них совсем нет ушей, а вместо носов – маленькие хоботообразные отростки."[591]

Diese Ähnlichkeit wurde speziell bei Ivan Efremov damit begründet, daß der menschliche Körper als „universaler Organismus" das ideale Ergebnis jeglicher biologischer Evolution sei, genau so, wie der Kommunismus die ideale Gesellschaftsform darstelle. In seiner Povest' „Schlangenherz" („Сердце змеи") von 1959 legte er dieses Argument bspw. folgendermaßen dar:

„Der Mensch entwickelte sich schon in den frühen Stadien seiner Formierung als ein universaler Organismus, der fähig war, sich an verschiedene Bedingungen anzupassen. Mit dem weiteren Übergang zum gesellschaftlichen Leben ist die Vielfältigkeit des menschlichen Organismus noch größer, noch differenzierter geworden wie seine Tätigkeit auch. (...) Ein denkendes Wesen aus einer anderen Welt, wenn es den Kosmos betreten hat, ist ebenfalls äußerst perfekt, universell, und das ist schön! Es kann keine denkenden Ungeheuer, Pilzmenschen oder achtfüßige Menschen geben! (...) Das Denken des Menschen, sein Verstand spiegelt die Gesetze der logischen Entwicklung der ihn umgebenden Welt, des ganzen Kosmos. In diesem Sinne ist der Mensch ein Mikrokosmos. Das Denken folgt den Gesetzen der Weltentstehung, und diese sind überall gleich."

„Человек еще на ранних стадиях своего формирования развился как универсальный организм, приспособленный к разнообразным условиям. С дальнейшим переходом к общественной жизни эта многогранность человеческого организма стала еще больше, еще разнообразнее, как и его деятельность. [...] Мыслящее существо из другого мира, если оно достигло Космоса, также высоко совершенно, универсально, то есть прекрасно! Никаких мыслящих чудовищ, человеко-грибов, людей-осьминогов не должно быть! [...] Мышление человека, его рассудок отражают законы логического развития окружающего мира, всего Космоса. В этом смысле человек – микрокосм. Мышление следует законам мироздания, которые едины повсюду."[592]

Erst 1960 tauchten das erste Mal in der NF der Tauwetterzeit intelligente außerirdische Wesen auf, die sich grundlegend von den Menschen unterschieden und diese gleich in mehrerer Hinsicht in ihre Grenzen wiesen:

In der Erzählung „Zweite Expedition zum seltsamen Planeten" („Вторая экспедиция на странную планету") von Vladimir Savčenko versuchen die Menschen mit Lebewesen Kontakt aufzunehmen, die sich von kleinen Flugzeugen („самолетки") zu Raketen („Ракетки") fortentwickelt haben. Doch erst als die Kosmonauten eine dieser „Raketki" gewaltsam zerstört haben, müssen sie feststellen, daß es sich bei ihnen um „intelligentes Leben" handelt:

---

[591] Nemčenko; Nemčenko: Zov zemli, S. 11.
[592] Efremov, Ivan: Cor Serpentis (Serdce zmei), in: Junost' 1/1959, S. 52.

„... Ja, wir sind hier mit kristallinem Leben zusammengestoßen. Wortwörtlich zusammengestoßen, denn wir waren auf dieses Treffen nicht vorbereitet. Auf der Erde hat einfach zu lange die Meinung vorgeherrscht, daß es nur organisches Leben geben könne, daß der Mensch die höchste Erscheinungsform des Lebens sei; Daß, wenn wir mit intelligenten Wesen in anderen Welten zusammentreffen sollten, diese sich von uns nur ganz unwesentlich unterscheiden würden, zum Beispiel in der Form der Ohren oder bei den Schädelmaßen..."

„... Да, мы столкнулись здесь с кристаллической жизнью. Именно столкнулись, потому что не были подготовлены к этой встрече. Слишком долго на Земле господствовало мнение, что возможна лишь органическая жизнь, что высшим проявлением жизни является человек; Что, когда нам доведется встретиться с разумными существами в других мирах, то они будут отличаться от нас весьма незначительно, скажем, формой ушей или размерами черепа..."

Man vermutet, daß sich diese Wesen von Wärme und Licht ernähren, sehr viel schneller als Menschen funktionieren und sich keine äußeren technischen Hilfsgeräte wie Gebäude oder Roboter bauen, weil sie die „maschinelle Zivilisation" in ihren eigenen Körpern im Eiltempo durchleben können. Damit, daß sie eines dieser vernünftigen Wesen zerstört haben, sind die Menschen jedoch zu Mördern geworden. Auch gelingt es ihnen weiterhin nicht, mit den Raketki in Kontakt zu treten, weswegen sie zur Erde zurückkehren, aber von den Raketki verfolgt werden. Deswegen bricht unter den Kosmonauten Streit aus, ob die Verfolger friedliche und aggressive Ziele hätten, wobei der Kapitän gegen den Willen der Mehrheit durchsetzt, die Raketki mit einer gigantischen „Antimaterie-Explosion zu vertreiben, was auch gelingt. Doch im Moment des Verschwindens der Raketen verstehen die Menschen, daß diese nicht aus Angst geflüchtet sind, sondern weil sie verstanden haben, daß sie *anders* sind als sie selber:

„Sie haben uns verstanden, so ist es doch. Das ist gar nicht das richtige Wort dafür, "verstanden"... die "Raketki" haben offensichtlich schon seit langem verstanden, was wir für welche sind. (...) Mit einem Wort, sie haben verstanden, daß sie mit anderem hochorganisierten und denkenden Leben zusammengetroffen sind, das sich nach seinen Gesetzen entwickelt und seinen eigenen Zielen folgt."

„Они поняли нас, вот что. Даже не то слово «поняли»... «Ракетки», видимо, уже давно поняли, что мы такое. [...] Словом, они поняли, что встретились с иной высокоорганизованной и мыслящей жизнью, которая развивается по своим законам, стремится к своим целям."

Die Geschichte endet mit der erklärten Absicht, man wolle nochmals zu dem „seltsamen Planeten" fliegen, um mit den „Raketki" zu reden.[593]

Diese Geschichte formulierte ein nach den bisherigen Vorstellungen über Außerirdische mehrfaches Paradox. Denn zum einen waren die Menschen zweimal aggressiv gegen die Anderen vorgegangen, was aber das gegenseitige Verständnis gefördert hatte (man konnte beobachten, wer die Anderen waren). Gleichzeitig hatte das Verständnis jedoch die Unmöglichkeit jeglicher Kommunikation gezeigt, da man zwar *beobachten* konnte, wie und vielleicht auch warum die Anderen so handelten, aber dieses Handeln selber niemals *verstehen* konnte. Zudem war die Entwicklung der „Raketki" ungemein schneller als die der Menschen, so daß zu erwarten war, daß die Fremdheit bei der beabsichtigten dritten Expedition eher größer als geringer wie bei den beiden vorangegangenen sein würde. Zwischen den eigenen und den anderen Zielen und Gesetzen gab es keine dauerhafte Vermittlung. Ein solches Schema fand sich in vielen NF-Geschichten, die ab 1960 erschienen, wobei die An-

---

593 Savčenko, V.: Vtoraja ėkspedicija na strannuju planetu, in: Varšavskij: Al'fa Ėridana, S. 5, 16, 34.

deren weder als Projektionsfläche des Bösen – wie beim *feindlichen Amerika* – noch als Wunschtraum – wie beim *Fern sehen* – funktionierten, sondern durch ihre unverständlichen Handlungen und anhand des „falschen" Vorgehens der Menschen zeigten, wie relativ und bedingt die menschlichen Vorstellungen, Begriffe und Ziele seien.

So war es wohl kein Zufall, daß diese Suche nach den jenseits bislang gültiger Paradigmata sich bewegenden Anderen fast immer ausdrücklich in Abgrenzung zu den bisherigen Vorstellungen von Außerirdischen formuliert wurde. Bei Genrich Al'tov und Valentina Žuravleva zum Beispiel stellt der Held nach seiner Bekanntschaft mit „Denjenigen, die das Wesen der Dinge sehen" („Видящие Суть Вещей") fest:

> „Aber mir ist diese Welt nichtsdestotrotz teuer... Und nicht nur deshalb, weil ich sie entdeckt habe. Nein. Ich habe hier viel gelernt. Einstmals hat der Mensch nach seinem Bilde und in Analogie die Götter erschaffen. Dann begann er – wieder nach seinem Bilde und in Analogie – fremde Planeten mit intelligenten Wesen zu besiedeln. Jetzt ist diese naive Selbstüberzeugtheit von mir gewichen. Ich habe die Sehenden getroffen – und verstanden, daß die Vielfältigkeit des Lebens grenzenlos ist."
>
> „А мне все-таки дорог этот мир... И не только потому, что я его открыл. Нет. Я многому здесь научился. Когда-то человек по своему образу и подобию создавал богов. Потом он начал – опять по своему образу и подобию – населять чужие планеты разумными существами. Сейчас с меня сошла это наивная самоуверенность. Я встретил видящих – и понял, что многообразие жизни бесконечно."[594]

Explizit kritisierte man insbesondere die „anthropozentrischen" Vorstellungen der Fantasten Kazancev und Efremov.[595] Demnach löste bspw. die Beschreibung des

---

[594] Al'tov; Žuravleva: Ballada o zvezdach, ZS 10/1960, S. 36.

[595] So heißt es in der „Sternenballade" („Баллада о звездах") in expliziter Anspielung auf Efremovs Idee eines „Großen Rings", die er im „Andromedanebel" („Туманность Андромеды") etwickelt: „Ich erinnere mich an den Roman – in ihm wurde die Idee des Großen Rings dargelegt, Radioverbindungen zwischen den Welten. Doch wir stehen hier beieinander – ich und das fremde Wesen –, sprechen – und verstehen einander nicht. Die Verbindung zwischen Welten, das ist nicht nur eine technische Schwierigkeit, wie der Romancier denkt. Das sind unvergleichlich größere Schwierigkeiten, die dadurch hervorgerufen werden, daß auf jedem Planeten die Entwicklung in Millionen Jahren ihre Wege gegangen ist, und deshalb ist es äußerst schwierig, irgendwelche Berührungspunkte zu finden." („Я помню роман – в нем излагалась идея Большого Круга, радиосвязи между мирами. Но вот мы – я и чужое существо – стояли рядом, говорили – и не понимали друг друга. Связь между мирами – это не только технические трудности, как думал романист. Это несравненно большие трудности, вызванные тем, что на каждой планете развитие в течение миллионов лет шло своими путями, и потому очень нелегко найти какие-то точки соприкосновения.") Al'tov; Žuravleva: Ballada o zvezdach, ZS 9/1960, S. 40; Bei Anatolij Glebov werden aus der Perspektive der Marsianer Kazancevs „Planeta bur'" und Efremovs „Zvezdnye korabli" verspottet, die durch eine „biologische Gesetzmäßigkeit" zu begründen versuchten, weswegen der Mensch das perfekte Lebewesen sei. Siehe Glebov, Anatolij: Bol'šoj den' na planete Čungr, in: Andreev: Fantastika, 1962 god, S. 397f. Als Kronzeugen für diese Kritik werden in beiden Texten Lenin bzw. Engels zitiert, die jede erdenkliche Form „lebendiger Materie" für möglich gehalten hätten.

Menschen als „Krone der Schöpfung“ bei den Marsianern „homerisches, planetarisches Gelächter“ aus.[596]

Als Grundstruktur der meisten NF-Geschichten blieben aber als Spannung aufbauende und die Handlungen der Helden motivierende Elemente die Neugierde und das Bestreben bestehen, das „Geheimnis“ der fremden Zivilisation lüften zu wollen, was aber niemals endgültig gelingt. Bei Stanisław Lem ist es ungeachtet eines ganzen Wissenschaftszweiges und ständiger Beschäftigung unmöglich zu verstehen, wie die erstaunlichen und unbegreiflichen Phänomene in und um den Ozean auf dem Planeten „Solaris“ funktionieren.[597] Die Menschen bleiben mit ihren eigenen Hypothesen und Vermutungen alleine.

Eine andere Variante bestand darin, daß sich die Menschen in dem Moment, in dem sie erkennen, daß es sich um eine gänzlich anders funktionierende Zivilisation handelt, zurückziehen, um deren natürliche Entwicklung nicht zu stören.[598] Selbst wenn Menschen in länger anhaltenden Informationsaustausch mit Außerirdischen treten, wie in der „Ballade von den Sternen“ („Баллада о звездах“) von Al'tov und Žuravleva von 1960, bringt sie es diesen nicht näher, sondern macht ihnen nur ihre eigene Begrenztheit deutlich:

> So sind dem menschlichen Helden die auf dem fremden Planeten lebenden Wesen, die wie „Gespenster“ („Призраки“) aussehen und sich selber „Die-das-Wesen-der-Dinge-Sehenden“ („Видящие Суть Вещей“) nennen, eher unheimlich als vertraut. Denn aufgrund ihrer idealen Entwicklungsbedingungen haben sie nie kämpfen müssen, so daß sie nicht willens oder in der Lage sind, sich gegen den drohenden Untergang ihres Planeten zu wehren, und statt dessen wunderschöne Trauergesänge von sich geben. Gleichzeitig ist ihr Handeln für den Protagonisten nicht absehbar, während sie alle seine Gedanken sowohl lesen als auch vor seinen Augen visualisieren können. Erst als der Held sein Raumschiff zum Rückflug gestartet hat, stellt er fest: „(...) und ich fühlte, daß von diesem Moment an meine Rückkehr in unsere Welt begann. Dort, außerhalb des Raumschiffes, war eine fremde Welt. Hier aber – war meine Welt, unsere Welt.“ („[...] и я почувствовал, что с этой минуты начинается

---

[596] Dabei stützen sich die Marsianer insbesondere auf die „wissenschaftliche Fantastik der Erdlinge“ als Quelle, weil hier ihre „Bestrebungen“ und „Vorstellungen von der Welt“ am offensten formuliert würden, und stellen fest: „Es hat außerordentliche Bedeutung für uns, daß in den uns bisher bekannten Werken dieser Art deutlich die Note heraustönt: "Der Mensch ist das Maß aller Dinge". (...) Dieses Wesen erhebt Anspruch darauf, schauen sie es sich ruhig an, den Titel "Krone der Schöpfung" zu tragen!“ („Чрезвычайное значение имеет для нас то, что во всех доныне известных нам произведениях этого рода ясно звучит нота: «мера вещей – Человек». [...] Это существо претендует, изволите ли видеть, на звание «венца творения»!“) Darüber brechen die „Čungrianer“ (wie sich die Marsianer selber nennen) in Lachen aus: „Es lachten alle siebenhundert Milliarden Čungrianer, so wie Menschen lachen würden, wenn man ihnen sagen täte, das den Platz "Krone der Schöpfung" die Zieselmaus einnehme.“ („Хохотали все семьсот миллиардов чунгриан, как хохотали бы люди, если бы им сказали, что на положение «венца творения» заявил претензию суслик.“) Siehe Glebov: Bol'šoj den' na planete Čungr, S. 396f. Siehe hierzu auch Nudel'man: Razgovor v kupe, S. 264ff.

[597] Lem, Stanislav [Lem, Stanisław]: Solaris, in: ZS 12/1961, S. 48–50.

[598] Bspw. Strugackij, A.; Strugackij, B.: Blagoustroennaja planeta, in: Mir priključenij 6/1961, S. 64–77. Hier verlassen die Kosmonauten einen fremden Planeten, als sie erkennen, daß es sich bei den „Drachen“ und „Begemoths“ ähnlichen fremden Wesen um eine hoch entwickelte „biologische Zivilisation“ handelt.

мое возвращение в наш мир. Там, за бортом корабля, был чужой мир. А здесь – мой мир, наш мир.“) Nichtsdestotrotz möchte er wiederkommen, um den Planeten vor der bevorstehenden Katastrophe zu retten.[599]

Vergleicht man die hier genannten, seit 1960 publizierten Geschichten mit den in den vorigen Abschnitten festgestellten Erzählstrukturen, dann ist in ihnen zwar weiterhin die Herstellung einer geheimnisvollen Aura erkennbar, aber deren Bedeutung hat sich verändert. In den ersten Jahren der Kosmosbegeisterung war die *Suche nach den Anderen* sowohl in der populärwissenschaftlichen Publizistik als auch in der NF noch eine nach den von den Menschen selbst gelegten Spuren des „Wissenschaftsglaubens“. Der Mensch machte sich auf den Weg, den Kosmos zu erobern und den Kommunismus zu finden. In der NF wurde diese Parallelität zwar aufgenommen, es kam in ihr aber ab Anfang der 60er Jahre allmählich zu einer Verschiebung der Perspektive weg von der Erde und vom Menschen als Mittelpunkt der Welt zugunsten einer Vielheit der Welten, die auch das Bild der Anderen veränderte. Das in der Ferne gesuchte Eigene stellte sich aus der Nähe betrachtet als gänzlich heterogen heraus. Wobei es sich permanent der menschlichen Voraussicht und Interpretation entzog, wohingegen der Mensch sich damit konfrontiert sah, daß die fremden Wesen ihn „durchschauen“, das „Wesen“ seiner „Dinge“ sehen können.

Am deutlichsten ist dieser Zusammenhang in der Geschichte von Savčenko, in der die Begegnung mit den „Raketki“ ja in bezug auf die bisherigen Erzählmuster paradox ist. Egal, wie man nun diese „paradoxe“ Erzählmuster deutet, das Überschreiten bisheriger ideologischer und wissenschaftlicher Grenzziehungen für fantastische Sujets ist in diesen Konstruktionen offensichtlich. Dabei scheint die psychoanalytische Lesart die naheliegendste zu sein, daß die anderen Lebewesen hier das *Andere* des eigenen Begehrens repräsentieren, das sich diesem ständig entzieht, ohne daß das Begehren nach ihm nachließe. Als fingierte Wiederkehr bislang verdrängter Heterogenität und Widersprüchlichkeit kommt es in der Form des Fantastischen und „Unheimlichen“ zur Sprache.[600] In diesem Sinne zeigte die Entwicklung der „Samoletki“ zu „Raketki“ das manifeste Begehren nach einer Fortschreibung des stalinistischen Fliegermythos in der Kosmosbegeisterung. Die Fluggeräte erscheinen hier jedoch nicht mehr als Träger des eigenen menschlichen Körpers, sondern als fremde Körper, die vom Menschen aggressiv bekämpft, d.h. unterdrückt werden, ihn aber trotzdem weiterhin verfolgen. Als daraufhin bezeichnenderweise der Kapitän gegen den Willen der übrigen Besatzung (zu dieser „Vaterrolle“ siehe die folgenden Abschnitte) eine Antimaterie-Explosion auslöst, ziehen sich die anderen „verständnisvoll“ zurück: Erst in dem Moment setzt bei den Protagonisten ein Erkenntnisprozeß ein: Sie lassen „Verdrängtes“ gewissermaßen als *Anderes* zu, ohne daß das neugierige Begehren nach ihm nachließe (es sind weitere Expeditionen geplant).

---

599 Al'tov; Žuravleva: Ballada o zvezdach, in: TM 10/1960, S. 35ff., 39.
600 Hierzu siehe Freud: Das Unheimliche, S. 259ff.

Die gewaltsame Bekämpfung der Anderen läßt sich aber auch als fingierte Wiederkehr eigener Ängste vor und Erfahrungen von Aggression interpretieren. So können die „Gespenster", die angesichts des drohenden Untergangs in Trauergesängen verharren, auch als Wiedergänger der Toten des Stalinismus oder des Zweiten Weltkriegs interpretiert werden. Das „Wesen der Dinge" lag gewissermaßen darin, daß die als fremd („alien"[601]) stigmatisierten Opfer der stalinistischen Säuberungen oder die als heroische Kämpfer glorifizierten Opfer des deutschen Überfalls immer auch man selber hätte sein können. Nun ist in der Sekundärliteratur zu Science Fiction häufig darauf hingewiesen worden, daß Aliens auch die Repräsentanten des Vaters in einer „vaterlosen Gesellschaft" darstellen.[602] Bedenkt man das schon festgestellte Verschwinden der „großen Familie" in der NF seit Ende der 1950er Jahre, dann kann man die Geschichten durchaus auch auf dieser Ebene lesen, die eine fiktionale Wiederkehr der seit 1956 aus der Publizistik „verschwundenen" Vaterfigur Stalin und der an sie geknüpften Erzählstrukturen beschreiben: Die unerledigten Autoritätskonflikte nehmen die Gestalt von Aliens an, die sich ihrer Vaterrolle entziehen. Denn sowohl die „Gespenster" als auch die „Raketki" verstehen die Menschen vollständig, können sogar ihre Gedanken lesen und visualisieren (also das machen, was den Helden beim *Fern sehen* mißlingt), verharren aber in einer auffälligen Passivität und lassen die Helden ganz auf sich selbst gestellt mit ihren Vermutungen und Hypothesen alleine. Damit entziehen sie sich gleichsam der Rolle, Projektionsfläche für das phantasmatische Ideal- und Schreckensbilder der eigenen Vergangenheit zu sein.

Die in bezug auf das *Ende des Fortschritts* angesprochene Rolle des typischen sozialistischen Heldencharakters war also nicht nur in einer *kommunistischen Zukunft* fragwürdig geworden. In diesen Geschichten wurde er auch hinsichtlich seiner Wahrnehmungsmuster und Kommunikationstechniken zunehmend hinfällig. Denn es waren nicht einfach nur „unerledigte Konflikte" und „nicht ausgetragene Spannungen", aus denen sich die Faszinationsmomente hier speisten. Das von den Helden nicht zu bewältigende Spannungsfeld zwischen geglücktem Kontakt und gescheiterter Kommunikation implizierte letztlich einen Zusammenbruch desjenigen sowjetischen Kosmos – im Sinne der griechischen „Ordnung" –, wie er bspw. noch bei Efremov Gültigkeit hatte. Denn wenn die *beste der Welten* nicht mehr die beste – oder zumindest nicht die einzig beste – war, und wenn das menschliche Wissen nur ein relatives und begrenztes blieb, konnte das *Reich der Fantastik* tatsächlich keinerlei historischem Determinismus mehr unterworfen werden, sondern spielte nur noch

---

601 Moshe Lewin nennt den Abschnitt über die Konstruktion der Klassenfeinde im Stalinismus vielleicht nicht ganz zufällig „The ‚Aliens'", siehe Ders.: The Making of the Soviet System, S. 222ff.

602 Bspw. Plank, Robert: Der ungeheure Augenblick. Aliens in der Science Fiction, in: Barmeyer: Science Fiction, S. 200. Auch auf der Ebene des Textes wurde die kommunistische Gesellschaft oft als vaterlos dargestellt, wo die Erziehung bis zum 12. Lebensjahr bspw. einer Roboter-Amme vorbehalten blieb und die Kinder nur unter Gleichaltrigen verkehrten. Siehe Filanovskij, G.: Dvenadcat' let čelovečeskich, in: TM 11/1962, S. 12–13.

mögliche Handlungen in mehrdimensionalen Räumen durch, wie sie in der Debatte um die *Rückkehr von den Sternen* deklariert worden waren.

Kibers, Roboter und künstliche Menschen

Das Thema des Anthropozentrismus wurde aber noch anhand einer anderen Frage, nämlich derjenigen nach der Möglichkeit intelligenter Maschinen behandelt, die in der populärwissenschaftlichen Publizistik von Anfang an mit der *kosmischen Ära* verbunden war. Denn der Sputnik war – wie beschrieben – schon in der Planungsphase als menschenähnliche „Person" rezipiert worden, mit der man sich unterhalten konnte. Man hatte ihm eine verständliche „menschliche Stimme" gegeben, noch bevor man per Radio Bip-Laute aus dem All empfangen konnte. Diese Satellitensignale nahmen dann ab 1959 in einer populärwissenschaftlichen Zeitschrift die Gestalt einer Zeichentrickfigur an, ehe 1961 Jurij Gagarin und German Titov an ihre Stelle traten. Parallel zu dieser Entwicklung beschäftigte sich auch die NF mit künstlichen intelligenten Wesen, die neben der Erschließung des Kosmos das wichtigste Themenfeld darstellten: die Kybernetik.

Kybernetische Maschinen, die als zuverlässige Helfer den Menschen dienten, gab es in der NF seit Aufkommen des Themas 1956 reichlich. Kein Raumschiff oder Gebäude funktionierte ohne diese Automaten, die jederzeit die gewünschten Rechendaten und gespeicherten Informationen mitteilen konnten. Häufig steuerten sie auch ganz alleine unbemannte Raumschiffe oder ersetzten die sich in Anabiose befindende oder tote Besatzung. Bei der Erschließung fremder Planeten dienten intelligente Roboter zumeist als Kampfmaschinen, um wilde Elemente oder feindliche Wesen zu überwinden

Doch neben diesen zuverlässigen Helfern gab es ebenfalls die Geschichten, welche beschrieben, wie denkende Maschinen sich selbständig machten. Eine in den Geschichten immer wieder auftretende Frage war, ob Maschinen Gefühle entwikkeln könnten, und wenn ja, wie sie mit diesen umgingen. Fast immer reagierten sie durch und durch „menschlich."[603] In „Der Wanderer und die Zeit" („Странник и время") von Gennadij Gor tritt bspw. als neueste technische Entwicklung ein Roboter auf, der eine „mitfühlende Maschine" darstellt und so die Wünsche des Menschen erahnen kann. Als er aber versteht, daß er keine eigenen Gefühle haben kann, begeht er einen Selbstmordversuch.[604] Ein anderer Bereich der Kybernetik waren die „organischen Systeme", die in der NF vor allem als Umgestaltung und Reparatur des menschlichen Körpers thematisiert wurden. Hier war es insbesondere das Gehirn als Sitz des Verstandes, der Erinnerung, der Fantasien und Gedanken, an dem laboriert wurde, um die Menschen und damit die Welt insgesamt zu verbessern.

---

[603] Bspw. der Roboter „Herakles" bei Dubrovskij, Ė.: Poraženie Gerakla, in: TM 1/1963, S. 27–29.

[604] Gor, Gennadij: Strannik i vremja, in: Andreev: Fantastika, 1962 god, S. 3–145. Einen ähnlichen Ausweg boten auch Ilja Varšavskijs Robotergeschichten häufig ihren Helden an, bspw. Ders.: Dnevnik, in: Fantastika, 1963 god, Moskva 1963, S. 275–278.

Dabei trat immer wieder die Frage auf, ob die Optimierung des „Intellekts" auf Kosten des menschlichen „Gefühls" gehe. So beschreiben Arkadij und Boris Strugackij in „Der ferne Regenbogen" („Далекая радуга") von 1962 ein Experiment, in dem Wissenschaftler sich zu fehlerlosen Maschinen umbauen lassen haben, um exakter forschen zu können, aber feststellen müssen, daß sie mit ihren menschlichen Gefühlen und Fehlern auch ihre wissenschaftliche Schaffenskraft verloren haben, weswegen sie sich selber zerstörten.[605]

In diesen zumeist erst seit 1962 publizierten NF-Geschichten geht es demnach um die Spannung zwischen einer Optimierung des menschlichen Bewußtseins und eines drohenden Verlustes der instinktiven, natürlichen Gefühle. Dieses Spannungsverhältnis tauchte nicht zufällig in den Texten auf, beschrieb es doch den Grundkonflikt des Sozialistischen Realismus zwischen „Bewußtsein" („сознательность") und „Spontaneität" („стихийность"), wie ihn Katerina Clark herausgearbeitet hat, wobei sie feststellte:

> „No true „answer" or resolution can come until the spontaneity / consciousness dialectic is resolved in a classless society. Until then, any solution must necessarily be makeshift, imperfect, and guided by the historical circumstances of the moment. But the issue itself is larger than its specific Marxist-Leninist formulation: it is a dilemma of modern society."[606]

Die Kybernetik der fantastischen Zukunft löste dieses Versprechen einer klassenlosen Gesellschaft ein, indem sie durch Eingriffe in den Körper des Menschen oder durch künstliche intelligente Wesen das ideale „bewußte" Lebewesen herstellte. Doch indem die NF gleichzeitig das Scheitern dieser Optimierungsversuche beschrieb, konstatierte sie auch das Scheitern, den idealen Helden schaffen zu können: Denn die künstlichen Maschinen oder kybernetisch verbesserten Menschen zerstören sich in dem Moment, in dem sie ihren Mangel an kreativen Gefühlen entdecken.

Damit verwarf die NF auch diese „kybernetische" Möglichkeit, den „typischen Charakter" des sozialistischen Helden für die *beste der Welten* zu retten. Sie radikalisierte die anhand der *Entdeckung des Anderen* aufgezeigte „Beschränktheit" ihrer Helden sogar noch, indem sie die nach deren Bilde geschaffenen künstlichen Maschinen sich selbst zerstören ließ – ein Schritt, der den „menschlichen Maschinen" des Sozialistischen Realismus nicht möglich war.

4.4. Die Erfindung eines kosmischen Chronotopos

In der sowjetischen NF übten die naturwissenschaftlichen Theorien, daß verschieden schnelle Zeitverläufe denkbar seien, eine enorme Faszination aus, und es gab kaum ein Sujet, das nicht auf sie als literarisches Verfahren zurückgriff (siehe auch Kapitel 3.2). Die am häufigsten gebrauchte Möglichkeit war in der NF die Zeitreise mit einem Raumschiff, das mit annähernder Lichtgeschwindigkeit durch das Weltall flog, unvorstellbar ferne Welten entdeckte, ohne daß die Besatzung da-

---

[605] Strugackij, Arkadijj; Strugackij, Boris: Dalekaja Raduga, in: Novaja signal'naja, 1963, S. 50–156.
[606] Clark: The Soviet Novel, S. 221.

bei merklich alterte, und bei seiner Rückkehr auf eine Erde traf, deren Zeit sehr viel schneller verflossen war. Die Helden kehrten daher häufig erst nach Jahrhunderten (nach irdischer Zeitrechnung) zurück mit Nachrichten, die vielleicht folgende Generationen, die viel schnellere Raumschiffe entwickelt hatten, schon längst erfahren hatten. Gleichzeitig gab es auf dieser Erde für die Rückkehrer keine Verwandten mehr, ja auch das Äußere, die Fähigkeiten und Bedürfnisse hatten sich völlig verändert, die zeitreisenden Kosmonauten waren zu Fremden in der eigenen Heimat geworden: „Wir haben die Erde verlassen, wie Tote aus dem Leben gehen (..) und kehren zurück so rückständig in der Entwicklung wie Überreste aus der fernen Vergangenheit." („Мы ушли с Земли, как уходят из жизни умершие [...] и вернемся отсталыми в развитии, с пережитками прошлого.")[607] Dieser Entfremdungsprozeß durch die Zeitverschiebung ist denn auch ein weiteres, vielfach variiertes und problematisiertes Thema der NF-Geschichten.

Gennadij Gor baut beispielsweise seine 1961 bis 1962 geschriebene Povest' „Der Wanderer und die Zeit" („Странник и время") ganz auf dem Motiv der Zeitreise auf:

Der Protagonist ist „wie im Märchen vom Melmoth" durch einen „Diskretisator" vom 20. Jahrhundert ins 23. Jahrhundert geschickt worden, wo der Zeitraum beschrieben wird, in dem er sehnsüchtig auf die Ankunft seiner Frau wartet, die mit einem Photonenraumschiff den Zeitabstand von 300 Jahren „relativ" überwindet. Von seinen quälenden Erinnerungen an die verlorene Vergangenheit kann ihn am besten der von dem fernen Planeten „Tioma" kommende Außerirdische „Bom" ablenken, dessen Raumschiff auf der Erde havariert ist und der daher nicht zu seinem Planeten zurückkehren kann. Er versteht ihn, denn wie der Protagonist aus einer anderen *Zeit* stammt, kommt dieser aus einem anderen *Raum*. Zudem ist er Dichter und kann so seinen Schmerz lindern. Doch beheben kann er ihn genauso wenig wie die neuen Techniken der Menschen: Diese machen Spaziergänge in virtuellen Räumen möglich, können botanische Gärten aus der Vergangenheit simulieren, ein ganz reales Tischlein-deck-dick herstellen oder Maskenbälle inszenieren, in denen man seine Identität wechseln kann. Im Gegenteil, gerade diese nahezu unbegrenzten Möglichkeiten bringen den Helden zur Verzweiflung:

„Hatte ich nicht schon Angst bekommen vor den Straßen, die in die Grenzenlosigkeit reichten? Ich wollte mir das nicht eingestehen, doch es war so. Ich wollte, und sei's nur für zehn Minuten, dieser Welt ohne Horizonte und ohne Grenzen entkommen."

„Уж не боялся ли я улицы, уходящей в беспредельность? Я не хотел себе в этом признаться, но это было так. Я хотел отсрочить хоть на десять минут встречу с миром без горизонтов и границ."[608]

Verkörpert wird diese Angst von einem sich ihm ständig entziehenden schönen Mädchen, das schon zwei Jahrhunderte lebt und als ein „Genie der Geduld" und als „Vertreterin der Ewigkeit" völlig gefühl- und seelenlos wie eine griechische Statue aus Metall wirkt.[609] Erst als das Raumschiff mit seiner

[607] So faßt der Kommandeur des Raumschiffs „Tellur", das für fünf iridische Jahrhunderte im Weltraum ist, aus Ivan Efremovs Povest' „Cor Serpentis (Сердце змеи)" den Sachverhalt zusammen, siehe Efremov, I.: Cor Serpentis (Serdce zmei), in: Junost' 1/1959, S. 43.
[608] Gor: Strannik i vremja, S. 99.
[609] Das Thema der Lebensverlängerung bzw. möglichen Unsterblichkeit wurde in den populärwissenschaftlichen Zeitschriften dieser Zeit häufig diskutiert und kam entsprechend auch immer wie-

Frau an Bord naht, nach der er sich wie „Orpheus" nach seiner „Eurydike" gesehnt hat, „belebt" sich das Gesicht dieser „Statue".[610] Damit endet die Geschichte, was passiert, wenn der Orpheus Eurydike das erste Mal in der anderen Welt ins Gesicht blickt, bleibt offen.

Damit ergab sich ein eng an den Raum geknüpfter neuer Zeitbegriff. Denn die Zeit war nicht mehr Parameter für historische Entwicklungen, die sich auf ein bestimmtes Ziel zu bewegten, sondern sie war nach dem Erreichen des kommunistischen Ziels selbst richtungslos geworden. Dieser Orientierungslosigkeit entsprachen die neuen physikalischen Theorien von der Raumzeit, welche die „objektive" Determiniertheit von Raum und Zeit aufhoben.

Ohne auf die näheren psychologischen Implikationen dieser Aufhebung der Raumzeit eingehen zu können, läßt sich feststellen, daß mit Hilfe der möglich gewordenen Zeitverschiebungen in der NF gewissermaßen ein neues *Chronotopos des Kosmos* geschaffen wurde, das man dasjenige einer *kosmischen Prüfungsgeschichte* nennen könnte, da gerade die am Ende der Geschichte stattfindende „diachrone Synchronizität" in einer Welt ohne Grenzen und ohne Horizonte die zumeist männlichen Helden in schwere Identitätskonflikte stürzte.[611] Das heißt, es ist gerade nicht der in der Publizistik so oft kritisierte „typische Charakter" der Helden, der aufgrund ihrer schon angesprochenen Begrenztheit und Funktionslosigkeit die Krise auslöst, sondern es verhält sich umgekehrt: Erst dank der unhinterfragten Konfliktlosigkeit und des unbezwingbaren Heroismus dieser „wahren Menschen" können *kosmische Katastrophen*, die *irdische Natur* oder *mythische Götter* zu ambivalenten Identitätsprüfungen werden. Anders formuliert bestand die Phantasmatik dieser Geschichten eben darin, Erzählmuster der Stalinzeit zwar in der Gestaltung der Heldenfiguren zu übernehmen, diese aber in eine anderen Gesetzen unterworfene kosmische Welt zu versenden. Ihre autoritäre Unfähigkeit, mit Konflikten umzugehen, und ungeachtet dessen allein ohne Kollektiv und ohne „große Familie" im Kosmos weiter leben zu müssen, darin bestand die Faszination dieser Protagonisten.

Die Katastrophe am Ende des Weges

In der kommunistischen Zukunft der NF-Geschichten konnten die Protagonisten sich ganz nach ihren Fähigkeiten und Bedürfnissen unabhängig und frei bewegen. Doch da sie nach dem Muster des Sozialistischen Realismus gemachte Helden waren, suchten sie sich immer neue Aufgaben, bei denen sie sich bewähren konnten. Wenn sie sich aus Neugierde oder im Auftrag auf den Weg machten, unbe-

---

der in der NF auf, soll hier aber nicht weiter behandelt werden, da es einen ähnlichen Konflikt beschrieb wie denjenigen zwischen „Maschine" und „Mensch" bzw. „Bewußtsein" und „Gefühl", der an anderer Stelle behandelt wird. Zur Popularität des Themas in den 60er Jahren, siehe auch: Masing-Delic, Irene: Abolishing Death. A Salvation Myth of Russian Twentieth-Century Literature, Stanford California 1992, S. 1f.

[610] Gor: Strannik i vremja, S. 104, 141, 144f.

[611] Zum Begriff des Chronotopos, siehe: Bachtin, Michail M.: Formen der Zeit im Roman. Untersuchungen zur historischen Poetik ([1]1975), Frankfurt a.M. 1989.

kannte Welten zu erkunden, stießen sie oft auf „geheimnisvolle" fremde Planeten und Zivilisationen. Doch erstaunlicherweise war es nicht die Entschlüsselung der „Geheimnisse", von denen die Erzählungen hauptsächlich handelten. Sondern es war die *Katastrophe*, die auf dem Weg durch den Weltraum oder bei der Ankunft auf einem Planeten eintrat, die die Handlung strukturierte. Ein Zusammenstoß des Raumschiffs mit Meteoriten, kosmischem Staub, Gravitationsfeldern oder mit Antimaterie auf dem nach irdischen Zeitmaßen Jahrhunderte, nach Lebensjahren der Raumfahrer oft Jahrzehnte dauernden Flug verursachte irreparable Schäden. Wie die Helden mit diesen Schäden zurecht kamen, das beschrieben diese „Katastrophengeschichten", von denen hier drei exemplarisch vorgestellt werden.

In der Erzählung Gleb Anfilovs „Am Ende des Weges" („В конце пути") von 1959 rast im 35. Monat seines Flugs das Raumschiff „Diana" in „Antigas", wobei die Kosmonautin Vera[612] und die Katze „Dezdemona" ums Leben kommen:

> Vera ist die Ehefrau des – neben ihr und der Katze – dritten Besatzungsmitgliedes, Aleksej Averin. Beide waren am Tag ihres Abflugs 1989 das erste Ehepaar, das zusammen in den Kosmos flog. Diese „Katastrophe" funktioniert für Aleksej als *Aufgabe*, mit dem Verlust der Geliebten zurecht zu kommen. Im Verlauf der Handlung wird genau beschrieben, wie Averin allein auf dem lädierten Raumschiff zuerst von den Erinnerungen überwältigt, dann von Alpträumen und Verzweiflung erfaßt wird, ein Teil von ihm zwar noch die Aufgaben erfüllt, der andere aber zunehmend in Lethargie verfällt. In Selbstgesprächen zwischen Resignation und Durchhalten quälen ihn dumpfe Ängste und Wahnbilder. Der haltlose ihn umgebende Sternenabgrund, völliges Erblinden und böse Vorahnungen kennzeichnen seine allmähliche Selbstauflösung, bis Ohnmachtzustände, Bewußtlosigkeit und Vergessen einsetzen. Als er alle Kräfte verloren hat, erreicht ihn plötzlich eine „weibliche Stimme" von der „dritten Mondstation für Astroverbindungen", die ihm erzählt, daß sein Raumschiff gerettet werden könne, er an der heutzutage heilbaren Mesonenkrankheit leide. Auch seine tote Ehefrau könne wiedererweckt werden, selbst seine Eltern lebten noch, da sie kurz nach seinem Abflug mit einer neuen Technik in jahrelangen Schlaf versetzt worden seien, nur müsse er noch einmal seine Kräfte zusammennehmen und den Bremsknopf drücken, damit man an sein Raumschiff andocken könne. Er schafft es nicht. Erst als die schluckende und hustende Stimme seines Vaters an ihn gerichtet eingeblendet wird, mit der Aufforderung, sich zusammenzureißen, reißt er sich zusammen und wirft sich aufs Steuerpult.[613]

Ähnliche Erzählungen erschienen in der Zeit von 1959 bis 1962 vergleichsweise häufig, die alle davon handelten, wie ein einzelner oder mehrere Raumfahrer nach einer Katastrophe (zumeist mit Todesopfern) einsam und allein in den Weiten des Weltraums langsam verzweifeln und drohen, verrückt zu werden, „am Ende des Weges" aber es doch noch schaffen, gerettet zu werden. Auch das wissenschaftlich-fantastische Poem „Treffen in der Zukunft" („Встреча в будущем") von V. Žukov, welches bei dem internationalen Fantastikwettbewerb 1961/1962 einen der beiden

[612] Zur Tatsache, daß in der NF bei Frauen im Unterschied zu Männern häufig nur der Vorname genannt wurde, siehe: Green: An Asteroid of One's Own, S. 127ff.

[613] Anfilov, Gleb: V konce puti, in: ZS 12/1959, S. 22–26. Die Erzählung ist auch in dem Sammelband Al'fa Ėridana abgedruckt worden. Siehe Ders: V konce puti, in: Varšavskij, A. (Hg.): Al'fa Ėridana, S. 97–119.

zweiten Plätze belegt und den Länderpreis Sowjetunion bekommen hat, beschreibt eine Katastrophe.

> Es handelt von dem ersten Flug auf den Mars, wobei der Pilot auf der Erde seine Geliebte und den älteren erfahrenen Freund zurückläßt, der ausgemustert worden ist. Das Raumschiff verunglückt, und bei der Notlandung stirbt der Pilot, worauf die Geliebte in Tränen ausbricht, während der ältere Freund auf der Erde sich umgehend zum Kommandeur eines Rettungsflugs erklärt. Schon unterwegs fängt die Rettungsmannschaft Radiosignale der singenden Havaristen auf dem Mars auf, wobei der grauhaarige Kommandeur ebenfalls in Tränen ausbricht. Die Rettung gelingt, selbst der schon für tot erklärte Pilot „besiegt den Tod", während sich „alle die Erde bewohnenden Stämme" am Landeplatz zur „feierlichen Begrüßung" („для торжественной встречи") versammeln und die Kosmonauten „auf der glücklichen Erde von nicht irdischer Schönheit" („На счастливой Земле неземной красоты") empfangen.[614]

Auch bei denjenigen Geschichten, die die Ankunft auf einem fremden Planeten beschreiben, ist das Erzählmuster ähnlich. In Aleksandr Kolpakovs „Alpha Eridanus" („Альфа Эридана") von 1960 bspw. startet eine zwölfköpfige Equipage zum gleichnamigen Sternensystem und landet auch erfolgreich auf einem Planeten:

> Schon während der ersten Erkundungsfahrt auf diesem Planeten werden alle elf Besatzungsmitglieder von einem Meeresungeheuer durch Elektroschläge getötet, nachdem sie versucht haben, es zu erschießen. Der an Bord gebliebene älteste Raumfahrer, der schon die vorige Exkursion zu diesem Planeten als einziger überlebt hatte (auf dem Raumschiff „Ciolkovskij", weswegen er auch ein „Ciolkovsk" genannt wird), muß jetzt die elf Leichen zu Fuß bergen, wobei er eine 12 km lange Strecke vom Meer bis zum Raumschiff mehrmals zurücklegt, tropische Wälder kreuzt, ihm fliegende „apokalyptische" Wesen begegnen und er bis zum Äußersten seiner Kräfte geht. Nur mit Hilfe der Bordroboter gelingt ihm der Start, doch beim Rückflug gerät er in die „milliardenfachen Fänge" des Mikrozwerges „Cikkli" aus Antimaterie,[615] dessen Gravitationsfeld ihn zu verschlingen droht. In einem „titanischen Kampf" gelingt ihm die Befreiung und er begibt sich völlig erschöpft in Anabiose, ehe das Schiff „mit toter Equipage" an Bord nach 594 Jahren beim Pluto registriert und vom Saturnmond Titan aus eingefangen wird. Als der Held erwacht, ist seine erste Frage, ob auch die andern wieder leben werden, worauf geantwortet wird: „Sie werden leben..." („Они будут жить...)"[616]

Liest man diese in der fernen Zukunft liegenden drei exemplarischen Wege durch den Kosmos als eine Metapher für zeitgleiche kulturpolitische Entwicklungen in der Sowjetunion und fragt nach der Bedeutung der dargestellten Katastrophen und Rettungen, dann läßt sich ihr Angebot folgendermaßen interpretieren: Der Kampf um den Kosmos (=den Kommunismus) geht weiter, aber falls er mißlingt, bleibt einem immer noch die Heimat Erde (=Sowjetunion). Diese Lesart ist am deutlichsten in Žukovs Poem angelegt, das zum Schluß die glücklichen „Treffen in der Zukunft" beschwört und mit den Worten endet:

---

614 Žukov, V.: Vstreči v buduščem (Iz prislannych na meždunarodnyj konkurs), in: TM 8/1962, S. 4–6.

615 Ein „Zwerg" im Kosmos bzw. ein „Weißer Zwergstern" ist ein „Stern, dessen Umfang etwa dem der Erde entspricht, der jedoch etwa die Masse der Sonne besitzt. Ein solcher Stern hat seinen nuklearen Brennstoffvorrat erschöpft und kühlt allmählich ab. Aufgrund des Entartungsdrucks der Elektronen widersteht er dem Gravitationskollaps." Siehe Thorne: Gekrümmter Raum und verbogene Zeit, S. 647.

616 Kolpakov, Aleksandr: Al'fa Ėridana, in: Al'fa Ėridana, Moskva 1960, S. 56–96.

Und sollen die Jahre auf unseren Schultern liegen,/ Wir ermüden nicht bei Arbeit und Kampf – das schwöre!/ Meine Generation macht sich auf den Weg, bis zum Treffen / In unserer Zukunft, in derjenigen, die Kommunismus heißt."

„И пускай нам года налегают на плечи,/Мы в труде и борьбе не устанем – клянись!/Поколение мое, в путь-дорогу, до встречи/В нашем будущем, том, что зовут коммунизм."[617]

Betrachtet man die in den Geschichten dargestellten männlichen Charaktere in Hinblick auf die populärwissenschaftliche *Ikonographie der Kosmonauten*, dann beschreiben deren Heldentaten nicht nur gescheiterte Missionen, sondern das Scheitern der ganzen Generation Gagarins:[618] Denn sie handeln immer von jungen Kosmonauten, die mit großen Erwartungen ins All geflogen sind und dabei ums Leben kämen, gäbe es nicht die ältere Generation der Väter (das wäre im sowjetischen Kontext die Generation, die den Zweiten Weltkrieg gewonnen hat) und Großväter (der „Ciolkovsk", also ein Angehöriger jener Generation, die die Revolution mitgemacht hat), die ihre Kinder im letzten Moment retten und ihnen eine zweite Chance geben (sie werden wiedererweckt zum Leben).[619]

Setzt man die Darstellung der typischen Heldencharaktere in Bezug zu den sozialistisch-realistischen Erzählmustern, dann markieren sie im Unterschied zum bisher Festgestellten einige weitere Verschiebungen. Zuerst fällt die Rekonstituierung der Vaterrolle auf, die allerdings auch hier (wie bei den Außerirdischen als Vätern) keine aktive und den richtigen Weg weisende Figur ist, sondern vor allem durch ihr merkliches Desinteresse an der Entdeckung des Kosmos charakterisiert ist. Die Väter werden in jahrelangen Schlaf versetzt, fliegen anfangs nicht mit zum Mars und warten in der Alpha Eridanus im Raumschiff auf die anderen Entdecker. Sie funktionieren gewissermaßen nur noch auf der Ebene der Erzählmuster innerhalb der

[617] Diese Zeilen eines prämierten Wettbewerbsbeitrags knüpfen somit explizit an den drei Monate zuvor erschienenen, oben erörterten „Brief der Kosmonautengruppe" und deren Appell an, ungeachtet der Schwierigkeiten mit dem Kampf um die kommunistische Zukunft fortzufahren. Žukov: Vstreči v buduščem, S. 6.

[618] In Gleb Anfilovs Erzählung hat sich dieses Scheitern bis in die Namen der Personen eingeschrieben: Die Katze heißt Desdemona, also wie die von Othello umgebrachte Ehefrau, ist demnach ihrem Namen nach schon zum Tode verurteilt, der Name der Ehefrau der Erzählung aber trägt den Namen „Hoffnung" (Vera), die ausgerechnet auf einem Raumschiff „Diana" stirbt. Denn die römische Göttin Diana war ja nicht nur diejenige der wilden Tiere, der Jagd und der Haustiere (also auch von Desdemona), sondern sie ist wie ihr griechisches Pedant Artemis auch gleichzeitig häufig mit der Mondgöttin Luna (bzw. Selene) identifiziert worden. Die Havarie (russ. „Avarija", die ja schon in Averins Nachnamen anklingt) der Diana ließe sich insofern auch als Scheitern des sowjetischen Mondprogramms im besonderen lesen.

[619] Zur Rekonstituierung der Vaterrolle in der übrigen Tauwetterliteratur unter etwas anderen Vorzeichen, siehe Clark: The Soviet Novel, S. 226ff.

bisherigen symbolischen Ordnung weiter, um ihre „vaterlosen" Söhne vor der ansonsten unausweichlichen Katastrophe zu retten.[620] Doch auch eine solche Rettung der Söhne durch ihre „Auferstehung" vom Tod funktioniert nicht mehr als Initiation, sie zu einem besseren, bewußteren neuen Menschen – zu einem Helden – zu machen. Denn die jugendlichen Protagonisten müssen von Anfang an ideale Helden sein, da sie Menschen der kommunistischen Zukunft sind. Sie brauchen nicht mehr initiiert werden, und daher bewältigen sie die Aufgaben, Probleme und Katastrophen nur noch wie ein leeres Ritual, das keine gesellschaftspolitische Funktion hat, in keine „große Familie" einführt (höchstens manchmal die Zusammenarbeit des Kollektivs verbessert). Am Ende der Geschichten sind sie nicht anders als an deren Anfang, man weiß nur: „sie werden weiter leben", selbst wenn sie längst gestorben waren. Damit funktioniert das *kosmische Chronotopos* jedoch nicht nur als eine diachrone Synchronizität von biographischer Lebenszeit und irdischem Zeitverlauf, sondern auch als eine Entgrenzung des Heldenlebens selber: Es ist wie im Märchen tendenziell unsterblich.[621] Darüber hinaus ergibt sich für die Frage nach den prägnanten Faszinationsmomenten dieser Katastrophengeschichten eine bemerkenswerte Konstellation: Zwar wird auf der manifesten Ebene die schon zuvor festgestellte Problematik der funktionslos gewordenen Helden fortgeschrieben: Zeigten *kosmische Gäste* oder *kybernetische Maschinen* die Beschränktheit dieser typischen Helden in einer schrankenlosen Welt, führten die *kosmischen Katastrophen* in den hier genannten Beispielen vor, daß diese selbst in dem sie auszeichnenden Bereich – bei den Heldentaten – nur scheitern können. Aber es sind ausgerechnet die Väter, die dieses Scheitern rückgängig machen, wodurch die Geschichten möglicherweise einen Generationskonflikt ansprachen, der die paternalistischen Muster der Stalinzeit in den Kosmos extrapolierte. Doch die Geschichten lassen sich natürlich auch als eine Fiktionalisierung nicht ausgetragener Spannungen innerhalb der Vätergeneration selber lesen, wobei dann insbesondere ein Vergleich mit den „Stalinschen Falken" der 30er Jahre naheliegend ist.[622] Denn diesbezüglich fallen mehrere erhebliche Verschiebungen auf. Zum einen spielt in den NF-Geschichten das Fliegen selber keine Rolle. Zwar gibt es immer wieder Beschreibungen, wie sich Geschwindigkeitsveränderungen auf die menschlichen Körper auswirken, doch weder ein bestimmtes Fluggefühl noch die Steuerung der Raketen sind für die Kosmosflüge kennzeichnend. Zumeist regeln Maschinen die Steuerung und künstliche Gravitationsfelder im Raumschiff heben die Schwerelosigkeit auf. Auch die zentralen Begriffe des „höher" und „weiter" verlieren in der NF ihre anschauliche Bedeutung, sind Raum und Zeit doch nur noch theoretische Größen und literarische Verfahren, „unvorstellbare" Distanzen

[620] So verschwinden die Väter ab 1962 denn auch vermehrt aus den Geschichten, und an ihre Stelle tritt das „Arbeitskollektiv", mit dessen Hilfe die Rettung gelingt und das in Gestalt eines gleichaltrigen Kollegen oder auch in der des bzw. der Geliebten auftreten kann.

[621] Siehe diesbezüglich bspw. auch die Erzählung „Abschied am Ufer" von Vojskunskij, E.; Lukod'janov, I.: Proščanie na beregu, in: Dies.: Na perekrestkach vremeni, Moskva 1964, S. 13–39.

[622] Siehe hierzu ausführlich Günther: Der sozialistische Übermensch, S. 155ff.

theoretische Größen und literarische Verfahren, „unvorstellbare" Distanzen zu bezeichnen und Entfremdungseffekte zu erzielen. Zum anderen aber bedeutete der Absturz des ersten „Helden der Sowjetunion", des Piloten Valerij Čkalov, seinerzeit das Ende des „Fliegermythos" als publizistisches Thema,[623] denn die Katastrophe war im sozialistischen Realismus nicht vorgesehen.[624] In den hier behandelten Geschichten ist die Katastrophe im Weltraum hingegen gerade der Faszinationsmoment, der die Handlungen strukturiert.

Eine weitere mögliche Lesart wäre diejenige, die Geschichten als eine Verkehrung der Vater-Sohn-Beziehung zu deuten, in denen die Kinder der Helden die Katastrophen durchmachen, die den Vätern gewissermaßen „verboten" waren und immer noch sind: Während die Vaterfiguren weiterhin unverletzt bleiben und ihre Kinder retten, müssen diese noch einmal die „traumatischen Erfahrungen" der Eltern durchspielen, gerade damit jene unverletzt bleiben können. Worin diese traumatischen Erfahrungen bestanden, dafür bieten die Geschichten zumeist keine eindeutigen Referenzsignale, vermutlich knüpfen sie sowohl an Erlebnisse aus dem Zweiten Weltkrieg als auch an die verborgenen Anteile des Fliegermythos an.

Auf der fiktionalen Ebene des Textes extrapolieren die Geschichten somit die oben angesprochene „Orientierungslosigkeit" in die „unermeßlichen" Weiten des Weltraums: Die „unheimliche" *Katastrophe* wäre dann eine der sowjetischen Gesellschaft selber, die als kosmisches Scheitern fiktionalisiert wird. Während in der übrigen Tauwetterliteratur häufig die „Lyriker" im Unterschied zu den „Physikern" als Symptom einer orientierungslos gewordenen Jugend diskutiert wurden, sind es in der NF gerade die letzten verbliebenen Idole dieser Generation – die Kosmonauten –, die sich als „überflüssige Menschen" herausstellen.

Die Entdeckung der kosmischen Natur

Betrachtet man nicht die Folgen der *Katastrophen* – wie oben geschehen –, sondern die Ursachen genauer, die zu ihnen geführt haben, dann stellt man fest, daß es vor allem elementare Naturgewalten und wilde Lebewesen waren, die sie auslösten.

---

[623] Ebd., S. 156; Der „Fliegermythos" fand allerdings eine Fortsetzung in der Gestalt des „legendären" Piloten Aleksej Meres'ev. Dessen Geschichte beginnt zwar ebenfalls mit einem „Absturz", nachdem er im April 1942 im Zweiten Weltkrieg abgeschossen worden ist; Sein eigentlicher „Mythos" besteht jedoch darin, daß er entgegen aller Widrigkeiten und mit amputierten Beinen es geschafft hat, wieder zu fliegen und sogar besser gegen den deutschen Feind kämpfen konnte als zuvor: Er war zu einem „echten Menschen" initiiert worden, wie der gleichnamige Roman von Boris Polevoj („Повесть о настоящим человеке", 1946) lautete. Siehe hierzu Satorti, Rosalinde: On the Making of Heroes, Heroines, and Saints, in: Stites: Culture and Entertainment, S. 176f.

[624] Alexander Steininger behauptet sogar in bezug auf den 1961 erstmals in *Junost'* publizierten Roman „Fahrkarte zu den Sternen" („Звездный билет") von Vasilij Aksenov, in dem am Ende der Bruder des Helden durch eine Flugzeugkatastrophe ums Leben kommt: „Auch das ist neu. Katastrophen irgendwelcher Art waren für sowjetische Schriftsteller vor kurzem noch tabu." Steininger: Literatur und Politik, S. 130.

In dem Topos dieser unvorhersehbaren Gefahren ist nur unschwer die Fortschreibung des stalinistischen Naturbegriffs zu erkennen.[625] Dieser betrachtete die Natur als ein potentiell feindliches, unberechenbares, widerständiges, wildes Wesen, das lebensgefährlich sein, aber letztlich erfolgreich besiegt werden könne. Gleichzeitig symbolisierte die Natur aber auch „Frieden und Harmonie" einer abgeschlossenen heilen Welt, die den Helden in ihrer „Heimat" einen „gemeinschaftlichen" Zusammenhalt versprach.[626] Im Kommunismus sollten diese Ambivalenz der Natur und alle anderen Konflikte des Lebens aufgehoben sein, wenn der Mensch die wilden Elemente gänzlich beherrschte und ohne „Entfremdung" in Einklang mit seiner Umwelt lebte.[627] In der von der NF beschriebenen *kommunistischen Zukunft* war dieses Bestreben tatsächlich Wirklichkeit geworden. Nicht nur die Erde war bis zur Schaffung neuer Kontinente und der Drehung der Erdachse umgestaltet, sondern häufig besiedelte man schon Mond, Mars und Venus.[628] Auf diese Weise bauten sich die Menschen der Zukunft eine ideale Welt, in der die Natur vollständig gebändigt und kontrolliert war.

Die Katastrophen der Weltraumflüge hingegen waren an keine solche Aufbauleistung gebunden, sie funktionierten auch nicht nach dem Muster des antiken Dramas als radikale „Wendung" (griech. Katastrophe) der Geschichte zum glücklichen Ende oder zum Untergang des Helden. Vielmehr waren sie zumeist Ausgangspunkt der Handlung, bildeten die Eröffnung und Aufgabenstellung, sich dem drohenden Untergang zu widersetzen, wohingegen den eigentlichen „Umsturz" der Handlung zur Rettung des Helden – wie oben gezeigt – erst die Väter oder ein Arbeitskollektiv brachten. So schienen die Katastrophen in den NF-Geschichten auch

---

[625] Der Begriff knüpfte natürlich auch an Topoi der fantastischen Literatur des 19. Jahrhunderts an, siehe bspw. Vax, Louis: Die Phantastik, in: Zondergeld, Rein A. (Hg.): Phaicon 1. Almanach der phantastischen Literatur, 1974, S. 11-43.

[626] Siehe hierzu insbesondere Clark: The Soviet Novel, S. 108ff.

[627] So definierte bspw. Dmitrevskij den Kommunismus, den die Wissenschaftliche Fantastik darstellen solle, in Anlehnung an Marx, der geschrieben habe „"... er ist die **wahre** Lösung des Widerspruchs zwischen Mensch und Natur, Mensch und Mensch, die wahre Lösung des Streits zwischen Existieren und Existenz, zwischen Vergegenständlichung und Selbstbestätigung, zwischen Freiheit und Notwendigkeit, zwischen Individuum und Geschlecht. Er ist die Lösung der Rätsel der Geschichte und er weiß, daß er diese Lösung eben ist."" („«... он есть **подлинное** разрешение противоречия между человеком и природой, человеком и человеком, подлиное разрешение спора между существованием и сущностью, между опредмечиванием и самоутверждением, между свободой и необходимостью, между индивидом и родом. Он – решение загадки истории, и он знает, что он есть это решение».") Dmitrevskij, Vl.: Perestupaja porog grjaduščego, in: Makarova, V.: O fantastike i priključenijach, Leningrad 1960, S. 138.

[628] Manche Erzählungen handeln davon, wie die restlichen Planeten des Sonnensystems gerade nutzbar oder bewohnbar gemacht oder einfach in Stücke geschnitten und für andere Zwecke verwendet werden. Zwar treten dabei auch Probleme, Unglücke, Pannen und unvorhergesehene Widerstände auf, doch diese sind dank der Technik und dem menschlichen Bewußtsein zu beheben, so daß die Aufgabe erfolgreich abgeschlossen werden kann. Siehe bspw. Gurevič, Georgij: Pervyj den' tvorenija, in: TM 6/1960, S. 30–33; 7, 1, 31–33; 8, 30–33.

in diesem Zusammenhang als die „Wiederkehr des Verdrängten" zu funktionieren: die in der fernen Zukunft völlig beherrschte Natur kehrte in den Weiten der unzivilisierten Welträume als *chaotisches*, nicht einzugrenzendes Wesen wieder.

Damit nahm die NF zum einen den zeitgleich in der populärwissenschaftlichen Publizistik thematisierten Kampf zur Unterwerfung der Natur auf, trennte ihn aber von den konkreten Zielen der „wissenschaftlich-technischen Revolution" und verlegte ihn in den Kosmos. Dort überhöhte sie ihn zu einem mythischen Kampf, indem sie Elemente der Natur als feindliche Fabeltiere, Ungeheuer, Drachen, Dämonen, Naturgeister und Waldgespenster ausgrenzte.[629] Zugleich aber verschob sie die Relationen, indem sie in diesen Katastrophengeschichten nicht den Menschen als allmächtigen Beherrscher der Natur darstellte, sondern zeigte, wie die Besatzung eines Raumschiffs im Weltraum hilflos dem „schrecklichen Himmel" ausgeliefert war.[630] Das führte zu einer Differenzierung des Bildes von der Natur: Was im Stalinismus die „eigene" Heimaterde und „Mutter" war, galt jetzt für die ganze „unterworfene" Natur des Planeten. Die Kämpfe an der Peripherie (Sibiriens, am Nordpol, in den 50er Jahren in der Antarktis) als Überlebenskampf gegen die übermächtige „schreckliche" Natur tauchten hingegen im Kosmos auf.

Diese Extrapolation in den Kosmos wird bspw. am Ende der Erzählung „Urteil über Tantalus" („Суд над Танталусом"), die von der Bekämpfung eines gefährlichen Virus namens „Tantalus" handelt, explizit von einem Protagonisten angesprochen:

> „Mir scheint, sie haben nichts mehr auf der Erde zu tun. Das, wovon wir heute Zeuge waren, war anscheinend der letzte Aufstand der Natur gegen den Menschen auf der Erde. Auf der Venus steht die Sache anders. Dort ist die Welt voll von unbekannten Mikroorganismen. Man kann sagen, es ist ein ganzes Reservoir an wilder Natur."

> „Мне кажется, вам больше нечего делать на Земле. То, чему мы были свидетелями сегодня, – по-видимому, последний на Земле бунт природы против человека. На Венере – дело другое. Там полно никому не известных микроорганизмов. Это, можно сказать, сплошной заповедник дикой природы"[631]

Bemerkenswert an dieser Verschiebung war jedoch nicht so sehr die anhaltende Aufspaltung in eine gezähmte und eine „wilde" Natur, sondern wie wenig bei dem unterworfenen Teil technisch-wissenschaftliche Errungenschaften des Kommunismus eine Rolle spielten. Der „Ruf der Erde" („Зов земли")[632] bezog sich einzig auf die unvergleichliche irdische Schönheit, wodurch diese als eine authentische, nicht reproduzierbare Natur essentialisiert wurde.

Gleichzeitig war das Spannungsverhältnis zwischen eigener irdischer und feindlicher kosmischer Natur in der NF von Anfang an als Ausdruck menschlicher Identitätskonflikte angelegt gewesen. Bereits in „Andromedanebel" („Туманность

[629] Zu den mythischen Dimensionen der NF, siehe Kapitel 4.4 dieser Arbeit

[630] Žuravleva, V.; Al'tov, G.: Ballada o zvezdach, in: ZS 8/1960, S. 36.

[631] Saparin, V.: Sud nad Tantalusom, in: ZS 4/1959, S. 37.

[632] Nemčenko, M.; Nemčenko, L.: Zov Zemli (fantastičeskij rasskaz), in: VS 11/1960, S. 9–11.

Андромеды") heißt es am Ende (nachdem zwei der Helden zum „grünen Planeten" aufgebrochen sind und der Kontakt zur anderen Galaxie geglückt ist):

> „Nicht Schwermut, sondern ein großer und trauriger Stolz – das sind meine Gefühle heute. Ein Stolz auf uns, die sich immer höher von ihrem Planeten entfernen und immer weiter mit dem Kosmos vermischen. Trauer – weil die teure Erde so klein wird.... Vor unendlich langer Zeit, vor sieben Jahrtausenden, haben die rothäutigen Indianer Zentralamerikas eine stolze und traurige Aufschrift hinterlassen (...): – Du, der später sein Gesicht hier zeigen wird! Wenn Dein Verstand versteht, fragst Du – wer sind wir? Frag das Morgengrauen, frag den Wald, frag die Welle, frag den Sturm, frag die Liebe! Frag die Erde, die Erde des Leidens und die geliebte Erde. Wer sind wir? Wir – sind die Erde!"

> „Не тоска, а великая и печальная гордость – вот мои ощущения сегодня. Гордость за нас, поднимающихся все выше со своей планеты и все шире сливающихся с Космосом. Печаль – потому, что маленькой становится милая Земля... Бесконечно давно, семь тысяч лет назад, краснокожие индейцы Центральной Америки оставили гордую и печальную надпись [...]: – Ты, который позднее явишь здесь свое лицо! Если твой ум разумеет, ты спросишь – кто мы. Кто мы? Спроси зарю, спроси лес, спроси волну, спроси бурю, спроси любовь! Спроси землю, землю страдания и землю любимую. Кто мы? Мы – земля!"[633]

Die Erde sei die Wiege der Menschheit, aber man könne nicht ewig in seiner Wiege leben, lautete die in der populärwissenschaftlichen Publizistik viel zitierte Äußerung Ciolkovskijs. Sie verlieh der aktuellen Kosmosbegeisterung einen emanzipatorischen Sinn, sich von seiner Herkunft zu lösen. Mit der in Efremovs Roman behaupteten Einheit von Mensch und Erde wird jedoch sowohl diese emanzipatorische Bewegung als auch die ganze historische Entwicklung der Menschheit von „siebentausend Jahren" aufgehoben. Der Weg in den Kosmos wird nicht als Befreiung, sondern als Entfremdung erlebt, der zwar stolz mache, aber auch traurig: Das aber bedeutet auf der symbolischen Ebene, daß die NF-Texte einerseits durch Zeitreisen oder Katastrophen Identitätskonflikte oder traumatische Erfahrungen thematisierten und so eine Aufarbeitung bspw. eines Vater-Sohn-Konfliktes möglich machten, indem sie ihn noch einmal als Katastrophen durchspielen. Andererseits formulierten sie aber immer auch ein Angebot, die Konflikte nicht weiter austragen zu müssen: Die „regressive" Lösung lag demnach gerade in der „Wiege der Menschheit", d.h. in der Rückkehr in den Mutterschoß Erde, die die Menschen hervorgebracht hat.

Damit wurde jedoch die diachrone Synchronizität des *kosmischen Chronotopos* nicht nur auf die individuelle Lebenszeit der Helden, auf deren tendenzielle Unsterblichkeit oder das Generationenverhältnis ausgeweitet, sondern auf die irdische Menschheitsgeschichte als Ganzes; – individuelle oder technisch-wissenschaftliche Paradigmata spielten in diesem Diskurs nur noch eine nebensächliche Rolle.

Während bei Efremov dieses Interpretationsangebot noch neben anderen möglichen Antworten stand, führte die Erkenntnis der *Grenzen des wissenschaftlich-technischen Fortschritts* ab 1961/1962 dazu, daß diese Identifizierung mit der Natur immer stärker in den Vordergrund trat. Sehr deutlich ist dies an der Erzählung „Die beste der Welten" („Лучший из миров") zu erkennen, die bei dem internationalen

---

[633] Efremov: Andromeda, in: TM 11/1957, S. 29.

Wettbewerb 1962 den zweiten nationalen Platz für Rumänien eingenommen hatte und 1964 Titelgeschichte des Sammelbandes zum Wettbewerb wurde:

> In ihr ist ein Pilot nach zwanzigjährigem Raumflug bei seiner Landung tödlich verunglückt. Doch er kann aufgrund neuer medizinischer Operationstechniken mit Hilfe künstlicher Zellenmassen, die die zerstörten Teile des Gehirns ersetzen, reanimiert werden. Allerdings bleiben seine beruflichen Erinnerungen verloren. Das nimmt dem Helden seine Lebenslust, weswegen ein „Zentrum für galaktische Forschung" eingeschaltet wird. Hier schlägt ein junger Wissenschaftler vor, den Piloten vermeintlich mit „Überlichtgeschwindigkeit" zu verschiedenen Galaxien und Metagalaxien zu fliegen, um ihm durch den Temposchock seine Erinnerung zurück zu geben. Das Experiment wird durchgeführt: Der Pilot ist begeistert von der Ansicht des Kosmos und der Schönheit der besuchten Planeten. In ihm steigt eine vage Erinnerung auf. Erst auf der letzten Reisestation erkennt er, daß es sich um die Sahara handele und er davor den Dschungel von Arizona und neue Städte in den Tiefen des Stillen Ozeans besucht habe: Die „einzigartige Schönheit" der Erde hat ihm sein Gedächtnis wiedergegeben.[634]

In dieser Erzählung sind Natur und Technik im Körper des Menschen durch die Anbindung an die Erde vollkommen versöhnt. Denn obwohl der Protagonist im Kosmos geboren ist, kann die technische Rekonstruktion seines zum Teil künstlichen Gehirns und eine zum Teil ebenfalls künstliche (die Unterwasser-Städte) irdische Natur seine durch die anfängliche Katastrophe zerstörte Identität vollständig wieder herstellen.

Die Entdeckung der irdischen Natur als Natur des Menschen bedeutete demnach zum einen eine Verschiebung der stalinistischen Konfrontation mit der Natur von der Erde in den Kosmos, wo sie als Katastrophe für die menschliche Identität wiederkehrte, während zum anderen gleichzeitig die Erde als regressive Sehnsucht sichtbar wurde, mit dem Mutterschoß – der Wiege – zu verschmelzen. Damit formulierte die NF ein Sozialisationsangebot, das eine Neubewertung der Naturelemente beinhaltete, wie sie auch in anderen Gesellschaftsbereichen insbesondere nach dem 22. Parteitag stattfand.[635] Jedoch baute sie nicht wie bspw. die sogenann-

---

[634] Chobana, Ion: Lučšij iz mirov, in: Mitrochina: Lučšij iz mirov, S. 240–250; Ders.: Lučšij iz mirov (Vtoraja nacional'naja premija), in: TM 11/1962, S. 22–25.

[635] In der populärwissenschaftlichen Publizistik erschienen seitdem häufiger Beiträge, die vor den Gefahren der gigantischen Großprojekte (wie bspw. der Klimaveränderung) und der Zerstörung der Umwelt warnten. So äußerst sich bspw. der Fantast Vladimir Nemcov: „Ich weiß nicht, wie gerechtfertigt es ist, darüber in einer Zeitschrift zu schreiben, die hauptsächlich der Technik gewidmet ist, aber ich würde zu dem Gespräch über Gefühle einige Worte über die Liebe hinzufügen. Aber über diejenige zur Natur. Sie kann entschieden und aktiv sein und eine ihrer Formen wird beispielsweise der Kampf mit der Erusion des Bodens sein, die Bepfanzung ausgetrockneter Gebiete, die Aufforstung. Über alle diese Dinge äußert sich das neue Programm unserer Partei. Doch diese riesige volkswirtschaftliche Aufgabe darf man nicht von der wahren Liebe des Menschen (des heutigen und besonders des morgigen) zur Natur, zum "grünen Freund", zu den Hainen und Gärten, Parks, Grünanlagen, Blumen, zu den gefiederten und unsern vierbeinigen Lieblingen trennen." („Не знаю, сколь правомерно писать об этом в журнале, в основном посвященном технике, но я бы добавил к разговору о чувствах несколько слов еще о любви. Но уже – к природе. Она может быть решительной, действенной – и проявлением ее будут, например, борьба с эрозией почвы, орошение в засушливых районах,

ten „Dorfschriftsteller" eine Dichotomie von Technik und Natur, Stadt und Land u.a. auf, sondern hob den Widerspruch zwischen Natur und Technik auf der Erde auf und machte beide zu Hilfsmitteln, um das Weiterleben des menschlichen Körpers im kosmischen Maßstab zu sichern.[636] Dabei wandte sich die NF häufig explizit gegen eine Wissenschaft, die die Natur zum bloßen „Objekt" technischer Experimente und Erfindungen mache. So erschien beispielsweise unmittelbar nach dem 22. Parteitag die Erzählung „Objekt B-47" („Обьект «Б-47»") von Igor' Rosochovatskij:

> Die Geschichte beschreibt erstmals (in den hier ausgewerteten Zeitschriften) eine neue technische Erfindung aus der Perspektive eines wilden Tieres, nämlich eines Wolfes. In ihr locken die „Zweibeiner" das ganze Rudel mit Müttern und Welpen durch einen Generator, der Sinnesempfindungen simulieren kann, in eine Falle und rauben dem Wolf auf diese Weise „hinterlistig" seine „Freiheit". Denn für den das Experiment leitenden Professor sind die Wölfe nur ein „Objekt B-47", das bei erfolgreichem Abschluß zu den Akten gelegt werden kann.[637]

Gegen solche falschen „Objektivierungen" der Natur setzte die NF vermehrt eine regressive Verschmelzung von irdischer Natur und Technik zur Lösung „menschlicher" Widersprüche. Dabei knüpfte die NF aber auch explizit an die in den *Vorüberlegungen* erwähnten großen Erzählungen vom Himmel an, der das Schicksal bestimme. Indem die NF in der *kommunistischen Zukunft* die mythische Vereinigung mit der Göttin der Erde, „Gaja", vollzog, wurde der „schreckliche Himmel" zu einem Schauplatz „titanischer Kämpfe", den nur Götter bestehen konnten. Und tatsächlich wurden die sozialistischen Helden, die im Kosmos zu Tode kamen und auf der Erde dank irdischer Technik und Natur wieder auferstanden, in vielen Geschichten zu Göttern gemacht.

Menschen als Götter in fantastischen Welten

Nicht erst in der Stalinzeit haben verschiedene Diskurse und Geschichten innerhalb der Sowjetunion über die neue Gegenwart an alte Legenden und Mythen

---

лесонасаждение. Обо всем этом сказано в проекте новой Программы нашей партии. Но эту огромную народнохозяйственную задачу нельзя оторвать от истинной любви человека (сегодняшнего и особенно завтрашнего) к природе, к «зеленому другу», к рощам и садам, паркам, газонам, цветам, к пернатым и четвероногим нашим любимцам.") Auch hier ist die Liebe zur Natur vor allem eine zu einer beherrschten Natur. Siehe Nemcov, V.: Čelovek buduščego, in: TM 10/1962, S. 8; Allerdings waren auch schon zuvor vereinzelt Artikel zum Schutz der Natur erschienen, nachdem der Schriftsteller Leonid Leonov mit seinem Roman „Русский лес" von 1953 erstmals mit dem Thema größere Aufmerksamkeit erzielt hatte. Siehe bspw. Nogina, N.; Lopuchov, E.: V zaščitu lesa, in: TM 8/1957, S. 5–9.

[636] Clark: The Changing Image, S. 285ff.

[637] Siehe Rosochovatskij, I.: Ob'ekt „B-47", in: TM 11/1961, S. 38; Ein solch „gefühlloser" Umgang mit einem Untersuchungsobjekt wird auch in anderen Geschichten kritisch dargestellt, so bspw. in der Erzählung „Černyj svet", wo der dortige Professor ein erfolgreich gelöstes Problem am Ende in seinem „Notizbuch" abhakt, siehe Kol'cov, A.: Černyj svet, in: TM 10/1962, S. 32.

angeknüpft.[638] Ab 1934 sind diese und andere Tradierungen religiöser und mythischer Diskurse dann anhand der „sozialistischen Helden" kanonisiert worden, wobei bestimmte Mythen – wie bspw. derjenige über Prometheus – im Vordergrund standen.[639] Auch der „Kurze Lehrgang" der Geschichte der KPdSU von 1938 endete mit einem Stalinzitat, das sich warnend auf das Beispiel eines Mythos bezog. Es verwies auf die Geschichte von dem griechischen Heros „Antäus", dem Sohn von Poseidon (dem Meeresgott) und von Gäa (bzw. Gaja, der Göttin der Erde), der den Kontakt zur Mutter Erde verlor und deswegen von seinen Gegnern „erdrosselt" werden konnte.[640] Das Beispiel dieses Mythos zeigt jedoch nicht nur, wie sehr die Wissenschaftliche Fantastik Diskurse des Stalinismus tradiert hat, sondern gerade auch, welche Verschiebungen sie hierbei vorgenommen hat. So scheint das oben analysierte Spannungsfeld zwischen der Eroberung des Kosmos und der Rückkehr zur Erde als „Wiege der Menschheit" sich auch in diesem Mythos auszudrücken. Doch im Unterschied zur Stalinzeit wird die „Mutter Erde" in der NF nicht mit den Massen bzw. dem Volk gleichgesetzt. Auch die Repräsentation Stalins als Vater der Söhne des Volkes fehlt hier, der sowohl in politischen (wie dem Kurzen Lehrgang) als auch in belletristischen Texten (des Sozialistischen Realismus) den Heldentaten oder solchen antiken Mythen historischen Sinn und aktuelle Bedeutung verlieh.

In der NF trat statt dessen – wenn man auf der symbolischen Ebene des oben zitierten Mythos bleibt – an seine Stelle wieder der echte Vater, nämlich Poseidon, der Gott des Meeres. Und tatsächlich war dieser Bezug zum Meer und zur Seefahrt nicht nur in der Semantik der Kosmo*nautik* oder der „Sternenschiffe" gegeben, die durch die „Himmelsmeere" navigierten, sondern er wurde auch explizit in der NF jener Zeit angesprochen. So heißt es bspw. in einer Geschichte:

> „Mir scheint, daß die Bücher über die Zukunft mit einem Seitenblick auf... die Vergangenheit geschrieben werden. In ihnen wird alles auf die Astronautik übertragen, was einmal für Romane über die Schiffahrt charakteristisch gewesen ist. Die Stürme, die an Felsen geworfenen Schiffe, mythische Schlangen, ungeheure Tintenfische und gigantische Kraken – die ganze Romantik der Schiffahrt ist in den Kosmos umgezogen. (...) Das Schicksal der Astronauten unserer Zeit war aber ein anderes: es ist härter, aber auch unvergleichlich großartiger."

> „Мне кажется, книги о будущем писались с оглядкой на... прошлое. В них перенесено в астронавтику все, что было характерно когда-то для романов о мореплавателях. Штормы, бросающие корабли на скалы, мифические змеи, чудовищные кальмары и гигантские спруты – вся романтика мореплавания перекочевала на Космос. [...]Судьба астронавтов нашего времени была иной: более суровой, но и несравненно более величественной.".[641]

---

[638] Siehe hierzu bspw. Masing-Delic: Abolishing Death, S. 38ff.

[639] Siehe bspw. Günther: Der sozialistische Übermensch, S. 92ff., 104ff.

[640] Hier zitiert nach der deutschen Übersetzung der russischen Ausgabe von 1944: Geschichte der Kommunistischen Partei der Sowjetunion (Bolschewiki). Kurzer Lehrgang. Unter Redaktion einer Kommission des Zentralkomitees der KPdSU (B). Gebilligt vom Zentralkomitee der KPdSU (B) 1938 , Berlin [5]1950 ([1]1945), S. 450f.

[641] Al'tov; Žuravleva: Ballada o zvezdach, ZS 8/1960, S. 36.

Der Meeresgott war in dieser Metaphorik jedoch nicht der schützende Vater, sondern ein feindlicher. Daß diese Seereisen immer auch mythische Odysseen darstellten, zeigen schon die Titel der NF-Geschichten, die Bezeichnungen wie „Sternenodyssee“,[642] „Ikarus und Daedalus“,[643] „Urteil über Tantalus“,[644] „Niederlage des Herakles“,[645] „Wege der Titanen“[646] oder „Haupt der Medusa“[647] trugen.

Auch ansonsten waren die mythischen Bezüge explizit, wie beispielsweise in den Apostrophierungen der „wilden Wesen“, auf die die Kosmonauten im All trafen. Mal waren es aggressive „Medusen“, welche die Form eines „schwarzen Kreuzes“ annehmen konnten, mal giftige Drachen, feindliche Kentauren oder tödliche Seeungeheuer.[648] Die Menschen der Zukunft hingegen verglichen sich immer wieder mit Göttern, wobei die göttlichen Kräfte oder „Wunderwaffen“ (Hermesschwert, Herakles' Pfeile u.a.) jedoch technische Geräte darstellten, mit deren Hilfe die Menschen so stark wie Götter sein konnten.[649] Die tragischen Niederlagen und Katastrophen des antiken Mythos hingegen konnten die Menschen dank ihrer Technik und ihrer kühnen Natur revidieren. So fliegen bspw. in der Erzählung „Ikarus und Daedalus“ („Икар и Дедал“) die Helden, deren Raumschiffe nach den antiken Vorbildern benannt worden sind, dank dem „spontanen Wagemut“ von „Ikarus“ durch die Sonne hindurch.[650] Die Kämpfe gegen die „kosmische Natur“ und den „schrecklichen Himmel“ werden jedoch oft nicht nur als Kämpfe gegen mythische Ungeheuer dargestellt, sondern häufig auch als Kämpfe der Götter untereinander, wobei die Menschen in der Rolle der „olympischen“ Götter die „titanischen“ Planeten, Meteoriten oder Gravitationsfelder besiegen. So heißt es bspw. in der Povest' „Erster Schöpfungstag“ („Первый день творения“), die davon handelt, wie der Mensch den Planeten Uran in viele Teile zersägt, um 14 nutzbare und bewohnbare Planeten zu schaffen:

> „Die Mythen der Griechen erzählen im Grunde genommen von der Natur (...) Uran ist der Himmel, Chronos die Zeit. Die Zeit ist sogar fähig den Himmel unfruchtbar zu machen, seine Schöpfungen

---

[642] Sasonov, Aleksej: Zvezdnaja Odisseja, in: NŽ 10/1960, S. 56–66; 11, 48–58; 12, 64–73.
[643] Al'tov, G.: Ikar i Dedal, in: ZS 9/1958, S. 14–15.
[644] Saparin, V.: Sud nad Tantalusom, in: ZS 4/1959, S. 34–37.
[645] Dubrovskij, Ė.: Poraženie Gerakla, in: TM 1/1963, S. 27–29.
[646] Berdnik, Oles': Puti titanov, in: Mir prikljućenij 7/1962, S. 205–252.
[647] Kozak, B.: Golova meduzy, in: ZS 3/1964, S. 52–55.
[648] Bspw. Efremov: Tumannost' Andromedy, in: TM 471957, S. 22ff.; Kuznecov, Ju: Na čužom beregu, in: TM 2/1961, S. 24f.; Karsak, Fransis [Carsac, Francis]: Robinzony kosmosa, in: VS 12/1960, S. 2ff; Kolpakov: Al'fa Ėridana, S. 74.
[649] Vergleiche der Erfinder und Raumfahrer mit Göttern kamen ständig in den Erzählungen vor, bspw. bei Tendrjakov „Šablin eilte zur Hilfe denjenigen, die ihn anschauten, als sei er ein Gott.“ („Шаблин стал прибегать к помощи тех, кто смотрел на него как бога.“) Oder: „Dir fällt vielleicht das ungewöhnliche Glück zu, nach dem Tod wiedergeboren zu werden. Ein Glück, daß die Menschen sich bislang nur trauten, den Göttern zuzuschreiben.“ („Тебе, быть может, выпадет необычное счастье – возродиться после смерти. Счастье, коротым люди осмеливались наделять лишь богов.“) Tendrjakov: Putešestvie dlinoj v vek, in: NŽ 11/1963, S. 73; 12, 73.
[650] Al'tov: Ikar i Dedal, S. 14f.

zu vernichten. Chronos hat bekanntermaßen seine Söhne gefressen... ehe sich nicht an ihm Zeus gerächt hat, der stolze, eifersüchtige, wollüstige, streitsüchtige Enkel der Erde, der menschenähnliche Gott. Und der Menschenähnliche besiegte die Zeit und den Himmel."

„Мифы греков, в сущности, рассказывают о природе [...] Уран – небо, Кронос – время. Время способно обесплодить даже небо, время все уничтожает, даже свои творения. Кронос, как известно, пожирал своих сыновей... пока его не сместил Зевс – гордый, ревнивый, похотливый, сварливый внук Земли, человекоподобный бог. И Человекоподобный победил и Время и Небо."[651]

Auch hier taucht wieder das *kosmische Chronotopos* einer Prüfungsgeschichte auf, das diesmal den schon behandelten Generationskampf zwischen Söhnen und Vätern als Kampf gegen die Zeit (Chronos) und den Raum (Uran) selber thematisiert.

Allerdings waren den kosmischen Helden die Greueltaten, die Eifersucht und andere „Gemeinheiten" ihrer griechischen Vorbilder aufgrund der sie bedingenden Erzählmuster fremd. Diese wurden als verborgene Anteile– wie beschrieben – in der *kosmischen Natur* und in der Technik abgespalten.[652] Es gab jedoch noch eine weitere Möglichkeit, die verdrängten und gleichzeitig begehrten Anteile aufzuarbeiten, indem man sie durch den Mythenbezug implizit in die Helden verlegte: Und zwar, indem die „heldenhaften Söhne" selber zu den (väterlichen) „Seeungeheuern" wurden, die sie bekämpften.[653] Diese Ambivalenz des Mythenbezugs läßt sich ebenfalls exemplarisch an dem Roman „Andromedanebel" („Туманность Андромеды") verdeutlichen, der seinen Titel nicht nur von einer Galaxie bezieht, die ihren Namen von einem Sternbild ableitet. Sondern das Sternbild trägt auch den Namen einer mythischen Gestalt, nämlich der Tochter des Königs Kepheus und der Königin Kassiopeia. Diese prahlte dem Mythos nach so sehr mit der Schönheit ihrer Tochter, daß Poseidon eine Überschwemmung und ein Seeungeheuer über Kepheus' Land kommen ließ. Um sein Land zu retten, folgte Kepheus dem Spruch eines Orakels und ließ Andromeda nackt an einen Felsen am Meeresstrand fesseln, um sie dem Seeungeheuer zu opfern. Doch Perseus, der das Medusenhaupt bei sich trug und zufällig vorbei kam, erschlug den Drachen mit Hermes' Schwert, befreite sie

[651] Außer mit dem olympischen Zeus vergleicht die Geschichte schon durch den Titel den Menschen auch mit dem biblischen Schöpfer. Gurevič: Pervyj den' tvorenija, in: TM 6/1960, S. 32.

[652] Siehe zur falschen und gefährlichen Verwendung von Technik auch Vojskunskij, E.; Lukod'janov, I.: Formula nevozmožnogo, in: ZS 1/1963, S. 37–44.

[653] Stellvertretend für den Kommandanten konnten auch die Raumschiffe selber zu „lachenden Ungeheuern" werden: „Als der Himmel sich in den dicken Fenstern des Scheinwerfers spiegelte, wurden sie himmelblau. Und dann sah es so aus, als ob dieses gewöhnlich düstere, von Kopf bis Fuß durch und durch schwarz gestrichene Ungeheuer lächelt. Allein mit den himmelblauen Augen, aber es lacht trotzdem. Das Raketenflugzeug wird fröhlicher. Nun, und ein fröhliches Ungeheuer, das ist schon gut." („Когда небо отражалось в толстых стеклах фонаря, они становились голубыми. И тогда казалось, что это обычно такое мрачное, с головы до пят выкрашенное в черно-черную краску чудовище смеется. Одними голубыми глазами, а все-таки смеется. Ракетоплан становился веселее. Ну, а веселое чудовище – это уже хорошо.") Španov, N.: Da ili net?, in: TM 10/1960, S. 21.

und heiratete sie aus Liebe gegen den Widerstand ihrer Eltern.[654] In Efremovs Roman gelingt zwei Helden ein Experiment, in dem sie die Distanz der Raumzeit mit Hilfe gigantischer Energiemengen durch Antigravitation überwinden. Sie führen es aber verbotenerweise im Geheimen durch, wobei der eine Held, Mven Mas, einen Moment lang einen Blick in die fremde Welt werfen kann:

> „Plötzlich war es, als riß der Nebelvorhang auseinander, und Mven Mas hörte klar und deutlich das Plätschern der Wellen. Ein nicht zu beschreibender, unvergeßlicher Duft drang in seine weit geöffneten Nasenflügel. Der Vorhang öffnete sich zur linken Seite, während sich rechts weiterhin der anfängliche graue Schleier bewegte. Links wurden hohe kupferne Berge sichtbar, umsäumt vom dichten Wuchs türkisfarbener Bäume, und die Wellen des violetten Meeres plätscherten unmittelbar zu Füßen von Mven Mas. Noch weiter links hob sich der Vorhang, und er erblickte seinen Wunschtraum – ein rothäutige Frau saß auf der oberen Terrasse der Treppe hinter einem Tisch aus weißem Stein und schaute, die Ellenbogen aufgestützt auf seine polierte Oberfläche, in die Ferne, auf den Ozean. Plötzlich sah sie ihn: ihre weit auseinanderliegenden Augen füllten sich mit Verwunderung und Begeisterung. Die Frau erhob sich, richtete mit großartiger Eleganz ihre Gestalt auf und streckte die geöffnete Hand dem Afrikaner entgegen.
>
> – Offa, alli kor, – die melodische, zärtliche und kräftige Stimme drang in das Herz von Mven Mas ein. Er öffnete den Mund, um zu antworten, doch der Vorhang zog sich zu. An der Stelle der wundersamen Vision leuchtete eine grüne Flamme auf, ein erschütterndes Pfeifen sauste durch das Zimmer. Der Afrikaner verlor das Bewußtsein, als er fühlte, wie eine weiche, unüberwindliche Kraft ihn dreifach erfaßt, ihn wie der Rotor einer rasenden Turbine dreht und ihn endlich auf etwas Festes quetscht."

> „Вдруг точно разодралась туманная завеса, и Мвен Мас отчетливо услышал плеск волн. Невыразимый, незапоминаемый запах проник в его широко раздувшиеся ноздри. Завеса раскрывалась в левую сторону, в то время как справа колыхалась прежняя серая пелена. Налево призраками встали высокие медные горы, окаймленные близкой рощей бирюзовых деревьев, а волны фиолетового моря плескались совсем у ног Мвен Маса. Еще левее сдвинулась завеса, и он увидел свою мечту – краснокожая женщина сидела на верхней площадке лестницы за столом из белого камня и, облокотясь на его полированную поверхность, смотрела вдаль, на океан. Внезапно она увидела: ее широко расставленные глаза наполнились удивлением и восторгом. Женщина встала, с великолепным изяществом выпрямив свой стан, и протянула африканцу раскрытую ладонь.
>
> – Оффа, алли кор, – мелодичный, нежный и сильный голос проник в сердце Мвен Маса. Он открыл рот, чтобы ответить, но завеса задернулась. На месте чудесного видения вздулось зеленое пламя, сотрясающий свист пронесся по комнате. Африканец, теряя сознание, почувствовал, как мягкая, неодолимая сила складывает его втрое, вертит, как ротор быстроходной турбины и, наконец, сплющивает о нечто твердое..."[655]

Die herkömmliche Interpretation dieser zentralen „Andromeda"-Szene des Romans lautet, daß der Held Mven Mas an die Stelle von Perseus getreten sei und seine Sendetechnik für einen Moment die Kraft des Hermesschwerts und des Medusenhauptes erlangt habe, seinen „Wunschtraum" Wirklichkeit werden zu lassen und den „Schleier" zu heben.[656] Damit stände der Roman ganz in der Tradition, die Klaus

---

[654] Ziegler; Sontheimer: Der Kleine Pauly, Bd. 1, S. 348; Ranke-Graves: Griechische Mythologie, S. 217f.

[655] Efremov: Tumannost' Andromedy, in: TM 5/1957, S. 27.

[656] So bspw. Suvin: „Andromeda ist nicht bloß ein ferner Sternnebel, sondern auch die angekettete

Heinrich die „staatserhaltende" oder „Andromeda-Lösung" des „Medusa-Problems" nennt: Perseus befreit mit Andromeda gleich eine ganze Stadt oder Zivilisation und legitimiert durch seine Heirat die Herrschaft über dieses neue Reich (was allerdings – vorerst – mißlingt).[657] Man kann die Szene aber auch anders interpretieren, und zwar dahingehend, daß Mven Mas an die Stelle des Ungeheuers getreten ist, das mit bebenden Nasenflügeln resp. Nüstern aus dem kosmischen Meer ans „plätschernde" Ufer auftaucht, die „menschliche" Sprache seines Opfers nicht versteht und in dem Moment, als es den Mund resp. das Maul öffnet, von Perseus „unüberwindlicher Kraft" erledigt wird. Damit wäre das „verbotene" Experiment auch ein Experiment, die verbotenen „ungeheuren" Anteile des Helden der Zukunft zu zeigen.

So war in der NF von ihrer Konstituierung 1957 an auch eine Möglichkeit angelegt, durch die „Zerstörung der gewöhnlichen, alltäglichen Wege" des Mythenbezugs, ein „Optimum an Fantastik" zu erreichen,[658] das selbst in der stereotypen Darstellung des typischen Heldencharakters, der „göttliches" Wissen und „göttliche" Techniken zugesprochen bekam, verschiedene Interpretationen zuließ. Die „Menschen wie Götter" funktionierten nicht vornehmlich als wissenschaftlich-fantastischer Glaubensersatz und Wunschvorstellung, sondern ähnlich wie die antiken Mythen als (in diesem Fall aus der Stalinzeit tradierte) Identifikationsobjekte, die *dort oben* am Sternenhimmel noch einmal das Schicksal des Menschen *hier unten* durchspielten.[659] Insoweit war es vielleicht kein Zufall, daß der erste größere Roman von Arkadij und Boris Strugackij 1964 „Es ist schwer, ein Gott zu sein" („Трудно быть богом") und die erste sowjetische „Space-Opera" von Sergej Snegov „Menschen wie Götter" („Люди как боги") hießen, deren erster Band 1966 erschien und deren zweiter Band von der Eroberung des Planeten „Perseus" handelte.[660]

Schönheit, die vom fliegenden Helden, dem Astronauten, der mit überlegener Wissenschaft und Weisheit ausgestattet ist, vor dem Ungeheuer des Klassenegoismus und der willkürlichen Gewalt [...] errettet wird." Ders.: Ein Abriss, S. 327; Ebenso Neelov: Volšebno-skazočnye korni, S. 168.

[657]Die „Medusa" ist laut Heinrich zum einen „ursprünglich" die „reizvollste und beneidetste unter allen Wesen" und „diejenige, die qua Geist herrscht und nicht qua Gewalt", zum anderen aber die Frau, die gestürzt worden ist und sich für ihre Unterdrückung rächt als „Schreckensfigur.": Das, „was uns erstarren macht, wird ihr zugeschrieben als das, *was sie uns antut*: das sozusagen die falsche, die mythische Figur". Perseus muß dieses ihr „aufgebürdete Grauen" enthaupten. Die „Andromeda-Lösung" dieses Problems sei hingegen „kultivierter": „Sie [die Medusa, M.S.] wird nicht mehr enthauptet, sondern sie wird, eleganter, in zwei Anteile zerlegt und so verdoppelt: in die Jungfrau [Andromeda, M.S.], die zum Eheweib, zur Gattin bestimmt ist und darin aufgeht, und in den wilden Anteil, der als Drache verteufelt und erlegt werden muß."Ders.: Das Floß der Medusa, S. 32; Zur „Faszinationsgeschichte" der „Andromeda-Lösung" des „Medusa-Problems" siehe auch Ebd., S. 32ff., 44, 68f.; Ders.: Zur Deutung des Perseus-Andromeda-Reliefs, in: Ders.: Floß der Medusa, S. 181ff.

[658] Wie es in der Debatte um die „Wissenschaftlichkeit" der Fantastik von Stanisław Lem und Vol'demar Smigla gefordert worden ist. Siehe dazu Kapitel 4.1 dieser Studie.

[659] Zu dieser Funktion des Mythos siehe bspw. Heinrich, Klaus: Zur Sache, in: Ders.: Vernunft und Mythos. Ausgewählte Texte, Basel u.a. 1992, S. 8.

[660] Strugackij, Arkadij; Strugackij, Boris: Dalekaja Raduga. Trudno byt' bogom, Moskva 1964;

Snegov, Sergej: Ljudi kak bogi (kniga pervaja). Galaktičeskaja razvedka, in: Ėllinskij sekret. Sbornik, Leningrad 1964, Ders.: Ljudi kak bogi (kniga vtoraja). Vtorženie v Persej, in: Vtorženie v Persej. Sbornik fantastiki, Leningrad 1968. Der Titel ist eine Anspielung auf die gleichnamige SF-Utopie „Men like Gods" von H. G. Wells von 1923.

5. Zusammenfassung: Die Erfindung des Kosmos

Abbildung: B. Lavrov, in: Znanie – sila, Nr. 12/1965, 4. Umschlagseite.

Die große Erzählung der Stalinzeit hatte die wissenschaftlichen Fantasien, Mythen, Märchenelemente und Wunschträume an die sozialistische Gegenwart gebunden. Für die Imagination anderer Welten gab es jenseits des Aufbaus des „Sozialismus in einem Land" keinen Raum. Diese Erzählung kreiste in den Formen des Sozialistischen Realismus um das Moskauer Zentrum, von dem aus Stalin als Vaterfigur die „große Familie" des sowjetischen Volkes, der Kommunistischen Partei und Rußlands als „Mutter Heimat" zu neuen Horizonten führte. Ihre Perspektive war immer vorwärts gerichtet auf die nahe Zukunft und zeigte sich „heldenhaft" beim Aufbau des Sozialismus, im Kampf gegen den faschistischen Eindringling und bei der Konsolidierung des Landes nach dem Zweiten Weltkrieg. Weder der „Große Terror" der 1930er Jahre noch die Repressionen der Nachkriegszeit wurden in der Literatur vor der Tauwetterzeit thematisiert. Nur in den heroischen Darstellungen des Kampfes gegen den faschistischen Aggressor konnten solche Schrecken z.T. stellvertretend benannt werden. Erst nach Stalins Tod 1953 und insbesondere nach dem 20. Parteitag der KPdSU (B) 1956 änderte sich dies grundsätzlich.

Die Literatur des Tauwetters machte nicht nur eine neue „Aufrichtigkeit" im Umgang mit der eigenen unmittelbaren Vergangenheit in Grenzen möglich, auch die Erzählmuster veränderten sich unter offizieller Beibehaltung der Prinzipien des Sozialistischen Realismus weitgehend. Gesellschaftliche Probleme und Widersprüche wurden formuliert, und auch die Gestaltung der Figuren wurde differenzierter, individuelle Konflikte und Zweifel kamen in der Belletristik und Publizistik zur Sprache. In der wissenschaftlichen und publizistischen Rezeption ist dieser Paradigmenwechsel insbesondere im Westen durchweg positiv gewertet worden als ein – im Sinne des Tauwetters – „Aufschmelzen" erstarrter Erzählstrukturen, als „Entkanonisierungsprozeß", der eine neue innovatorische Prosa möglich gemacht habe.

Die *wissenschaftlich-fantastische Literatur* mit ihrem anfangs ungebrochenen Fortschrittsoptimismus und ihrer engen Anbindung an wissenschaftlich-technische Entwicklungen scheint sich auf den ersten Blick nicht in diese Deutung des Tauwetters einzuordnen, waren in ihr doch weder eine explizite Auseinandersetzung mit der Stalinzeit noch innovatorische Erzählverfahren zu finden. Und doch gewann sie gerade in diesem Zeitraum eine unvergleichliche Popularität. Um diese scheinbar unzeitgemäße Popularität zu verstehen – so die Ausgangsthese dieser Studie –, mußte man nochmals die diskursiven Anknüpfungspunkte und Ausgangsvoraussetzungen dieser Literatur genauer untersuchen. Dabei spielte sicherlich die hier beschriebene *Erfindung des Kosmos* eine zentrale Rolle, bot sie doch einen Imaginationsraum, der einerseits von den Problemen des sowjetischen Alltags weit genug entfernt lag, um von diesem abgespalten werden zu können, der anderseits aber seine Faszination gerade aus der unmittelbaren Anbindung an diese Wirklichkeit bezog. Er funktionierte gewissermaßen als ein anderer „wirksamer Ort", wie ihn Michel Foucault definiert hat:

> „Es gibt gleichfalls – und das wohl in jeder Kultur, in jeder Zivilisation – wirkliche Orte, wirksame Orte, die in die Einrichtung der Gesellschaft hineingezeichnet sind, sozusagen Gegenplazierungen oder Widerlager, tatsächlich realisierte Utopien, in denen die wirklichen Plätze innerhalb der Kultur

gleichzeitig repräsentiert, bestritten und gewendet sind, gewissermaßen Orte außerhalb aller Orte, wiewohl sie tatsächlich geortet werden können."[661]

Realisiert wurde ein solcher „anderer Ort" seit 1957 in der sowjetischen populärwissenschaftlichen Publizistik mit der *Erfindung der kosmischen Ära*. Verkündet wurde diese neue Ära durch einen Stern am Himmel – den Sputnik –, der Signale aus dem Weltraum sandte, worauf 1961 die mythische Geburt der „himmlischen Söhne" Gagarin und Titov erfolgte. Diesen „Söhnen des sowjetischen Volkes" wurde mit Ciolkovskij ein Vater zugeordnet, der sie gleichzeitig mit der Aufforderung, die Menschheit könne nicht ewig in ihrer Wiege leben, aus seiner Obhut entließ. Und in der Tat brachten die beiden Flieger-Kosmonauten von den Sternen den Kommunismus auf die Erde: Denn im gleichen Jahr 1961 erklärte Chruščev, der Kommunismus könne in 20 Jahren aufgebaut werden (Kapitel 3.1).

In den populärwissenschaftlichen Zeitschriften wurde diese *Erfüllung eines Wunschtraums* von einer regelrechten Flut an Artikeln, Debatten, Ausblicken, Reportagen, Glossen und Comics begleitet, die den Weltraum in immer ferneren Gebieten erkundeten. Auffällig an dieser Aneignung der Galaxis war, daß der Kosmos von Anfang an als ein „anderer Raum" funktionierte, in dem aktuelle politische Fragen und ökonomische Nützlichkeitserwägungen kaum thematisiert wurden. Statt dessen bot er fantastische Möglichkeiten und unterhaltsame Geschichten, wie exemplarisch an der Figur Bip-Bips gezeigt wurde. In diesem Raum konnten neue wissenschaftliche Hypothesen und bislang kaum rezipierte Theorien anschaulich gemacht und debattiert werden. Den in anderen Bereichen der Publizistik sich eröffnenden neuen Horizonten und Perspektiven auf bisher unbekannte Gebiete, Völker und Kulturen entsprach die Frage, ob es im Weltraum noch nicht entdeckte intelligente Wesen geben könnte (Kapitel 3.2). Aber auch *hier unten* auf Erden taten sich im Zusammenhang mit der Erkundung des Weltraums neue Möglichkeiten auf, die das bisherige Bild des Menschen revidierten: Während die Kybernetik versprach, alle Gefühle und Gedanken des Menschen logisch-mechanistisch erklären und dadurch den Menschen als Maschine auch reproduzieren zu können, schrieb die Telepathie ihm umgekehrt bisher unerklärliche Fähigkeiten zu (Kapitel 3.3).

Der wissenschaftlich-technische Fortschritt, der es dem Menschen ermöglicht hatte, in den Weltraum zu fliegen, schien die enge Anbindung wissenschaftlicher Erkenntnisinteressen an Fragen der „technisch-wissenschaftlichen Revolution" und des ökonomischen Nutzens zu lösen. Das Argumentationsmuster der Populärwissenschaften war nicht, daß über dasjenige, was nicht zu beweisen ist, man auch nichts aussagen könne, sondern daß etwas solange für möglich gehalten

---

[661] Foucault, Michel: Andere Räume, in: Barck, Karlheinz; Gente, Peter u.a. (Hg.): Aisthesis. Wahrnehmung heute oder Perspektiven einer anderen Ästhetik. Essais, Leipzig 1990, S. 39. Foucault bezeichnet diese Räume auch als „Heterotopien", die im Unterschied zu „Utopien" jedoch tatsächlich vorhandene Orte darstellen, welche die Kehrseite der Gesellschaft repräsentieren (bspw. Friedhöfe, Irrenanstalten oder Schiffe). Da hier jedoch nicht nur die tatsächliche Erkundung des Weltraums, sondern auch die fantastischen Konstruktionen des Kosmos in der NF gemeint sind, wird diese Bezeichnung nicht verwendet. Siehe ebd., S. 39ff.

nichts aussagen könne, sondern daß etwas solange für möglich gehalten wurde, bis nicht das Gegenteil bewiesen war. Und die *kosmische Ära* bot Raum für Spekulationen auf allen Gebieten. So entdeckten die populärwissenschaftlichen Zeitschriften in dem Moment, als der erste Sputnik gestartet war, den Tungusker Meteoriten wieder (Kapitel 3.4). Noch vor Gagarins Flug tauchte die Hypothese von den *Kosmonauten des Altertums* auf, die bestimmte Legenden und Mythen als Berichte über Besuche von Außerirdischen auf der Erde interpretierte (Kapitel 3.3). Dieser Rückgriff auf mythische, aber auch folkloristische und literarische Überlieferungen bedurfte noch nicht einmal fundierter Forschungserkenntnisse, um Anlaß für ausführliche Debatten zu sein, wie die Suche nach Atlantis und nach dem Schneemenschen in Pamir zeigte (Kapitel 3.4). Charakteristisch für diese Rezeption war, daß immer wieder neue Begründungen für Wunder, Seltsamkeiten und Unerklärliches in quasi wissenschaftlicher Art und Weise gesucht wurden. Der einzige Rahmen, der diese Themen zusammenhielt – so die These dieser Studie –, war die *Erfindung der kosmischen Ära*, die bis 1962/1963 in der Publizistik eine tatsächliche qualitative Veränderung des irdischen Lebens versprach, indem sie Fantastisches Wirklichkeit werden ließ und Wunder zum Alltag machte. Eine zentrale Rolle spielte hierfür zweifellos Gagarins Weltraumflug, den Chruščev als Erfüllung des „größten aller größten Wunschträume" bezeichnete und der eng mit dem Versprechen verknüpft wurde, daß der Kommunismus nicht mehr weit entfernt sei.

Doch in dem Moment, in dem man erstmals das kommunistische Ziel in den Bereich des Möglichen geholt hatte, mußte man feststellen, daß Wunschtraum und Wirklichkeit sich wieder voneinander entfernten: Je weiter man auf dem Weg in den Kosmos (& in den Kommunismus) ging, desto schwerer fielen die Schritte. Je genauer man mit Hilfe der Satelliten, Teleskope und von Raumsonden in den Kosmos schauen konnte, desto größer und unerreichbarer wurde der Sternenhimmel. Ungeachtet des fortbestehenden Glaubens an die Wissenschaften fand man kein intelligentes Leben im Weltall. Zudem wurde, je öfter der Mensch in den Kosmos flog, desto offensichtlicher, daß er eigentlich nur um den eigenen Globus kreiste. Und dieser sah vom Himmel einfach nur blau aus. Gagarins Tod am 27. März 1968 – ausgerechnet durch einen Flugzeugabsturz – machte schon vor der amerikanischen Mondlandung dies auch auf der symbolischen Ebene deutlich: „Bei Kälte und eisigem Wind harrten Hunderttausende stundenlang an den Straßen aus, durch die sich der Trauerzug zum Roten Platz bewegte", um sich von ihm zu verabschieden, dem letzten „Helden der Sowjetunion", dessen Urne in der Kremlmauer versenkt wurde.[662] Abschied wurde auch von dem Wunschtraum genommen, den er verkörpert hatte.

Diese enorme phantasmatische Aufladung des kosmischen Raumes und die schon nach einigen Jahren einsetzende Desillusionierung der mit diesem Ort verbundenen Wunschträume bildeten die kulturgeschichtlichen Umstände, unter denen sich die NF als Genre in der Tauwetterzeit neu etablieren konnte. So fand die *Erfin-*

---

662 Kowalski: Die Gagarin-Story, S. 226. Es folgten auf Gagarin nur noch einige Parteiführer, Helden „aus dem Volk" bestattete man an der Kremlmauer seitdem nicht mehr.

dung der kosmischen Ära von Anfang an nicht nur in der populärwissenschaftlichen Publizistik, sondern auch in der Wissenschaftlichen Fantastik statt. Im Jahr des Sputnikflugs wurde auch der erste Zukunftsentwurf für eine kommunistische Gesellschaft seit einem Vierteljahrhundert veröffentlicht.

Die außerordentliche Popularität des Genres läßt sich jedoch kaum allein aus diesen zeitlichen Parallelen herleiten. Denn die NF folgte im Aufbau der Handlung und insbesondere bei der Charakterisierung der Helden zumeist noch deutlich kanonisierten Erzählmustern der Stalinzeit. Die Darstellung der zukünftigen Gesellschaft war auf die Vollendung der wissenschaftlich-technischen Großprojekte beschränkt und zeigte ansonsten in fast ungetrübter Harmonie mit Natur und Technik lebende, nahezu konfliktlose Heldenfiguren. Der Verlauf der Geschichten war schematisch, die literarische Qualität gering. Das Paradies des Kommunismus konnte scheinbar nur beschworen, aber nicht geschildert werden. Auch die Kontrastierung der kommunistischen Idealwelt durch die Darstellung des kapitalistischen Westens als einer Welt, in der technisch-wissenschaftliche Entdeckungen die Wirklichkeit nicht besser, sondern noch unerträglicher machten oder sich als nutzlos erwiesen, konnte diesen Mangel nicht aufheben (Kapitel 4.2).

Wirklich neu und faszinierend waren an der NF nur die auf andere, zumeist kosmische Welten gerichteten Bereiche. Denn hier eröffneten bspw. Signale aus dem All die Möglichkeit, durch bestimmte erzählerische Mittel bisherige Gewißheiten in Frage zu stellen und der technischen Reproduzierbarkeit die Aura des Einmaligen zurückzugeben. Ähnlich wie in den Argumentationsmustern der populärwissenschaftlichen Publizistik dienten solche auf den Kosmos bezogenen Hypothesen und neuen Techniken dazu, das bislang für unmöglich Gehaltene Wirklichkeit werden zu lassen. Gleichzeitig wurden diese Entdeckungen der Überprüfung entzogen, indem man sie als ein einmaliges Erlebnis einzelner oder weniger Personen dargestellte. Dadurch verschwammen die Grenzen zwischen religiösen bzw. metaphysischen und wissenschaftlichen Spekulationen noch stärker als in der populärwissenschaftlichen Publizistik, was in der NF am deutlichsten darin zum Ausdruck kam, daß hier tatsächlich Götter oder religiöse Wunder als Außerirdische oder aus dem Kosmos kommende Phänomene dargestellt wurden. Auch die Funktion wissenschaftlich-technischer Erfindungen änderte sich radikal, hatten sie doch immer seltener einen gesellschaftlichen Nutzen. Statt dessen fungierten sie als Medien „transzendenter" Erlebnisse und beförderten einen mit dem „Okkultismus" vergleichbaren Wissenschaftsglauben. Auf diese Weise eröffneten die Geschichten mit Hilfe kosmischer Gäste, aber auch kybernetischer Maschinen eine Revision bisher gültiger Wahrnehmungsmuster (Kapitel 4.3).

Insoweit stellten die seit 1962 in der populärwissenschaftlichen Publizistik sichtbar werdenden Schwierigkeiten im Kosmos in bezug auf die NF nicht die eigentliche Desillusionierung dar. Als Kompensationsraum gewann das *Reich der Fantastik* dadurch eher noch an Faszination. Die Desillusionierung lag in der NF in einem anderen Bereich, und zwar darin, daß sich ein „paradiesisches" Leben im Kommunismus – wie oben angesprochen – als fiktional nicht darstellbar erwiesen hatte. Konfliktloses Glück ließ sich kaum narrativieren. Die in dieser Zeit geführten Auseinandersetzungen um die gesellschaftspolitischen Aufgaben und Funktionen des Genres lassen sich auch in diesem Kontext lesen. Es ging darum, ob die NF-Geschichten den Normen des Sozialistischen Realismus folgen und nur eine absehbare *kommunistische Zukunft* darstellen sollten oder ob das *Reich der Fantastik* nicht auch andere Funktionen erfüllen könnte (Kapitel 4.1).

Und tatsächlich scheint eine solche Funktion der NF in jener Zeit immer deutlicher hervorzutreten, die in der imaginativen Stärke lag, „verborgene" Anteile der sowjetischen Wirklichkeit fantastisch benennbar machen zu können. Gerade indem sie immer wieder neue „andere Orte" erfand, an denen sie in den Worten Klaus Heinrichs „unerledigte Konflikte, nicht ausgetragene Spannungen, das nicht gelöste Problem" extrapolierte, produzierte sie sichtlich populäre Faszinationsgeschichten. Diese führten auf geheimnisvolle Spuren, behandelten die Rätsel des Weltalls oder aktualisierten Mythen vom Himmel als Sitz der Götter. Am deutlichsten wurde die imaginäre und damit auch kompensatorische Stärke der Geschichten an der Darstellung von Außerirdischen und an der Abkehr vom Anthropozentrismus. Diese Abkehr ließ sich auf ideologischer Ebene als Abkehr vom Anspruch der großen Erzählung vom Kommunismus interpretieren, die Welt allgemein verbindlich erklären zu können. Auf der Ebene der Faszinationen konnte man die Abkehr aber auch als eine Wiederkehr verdrängter Wünsche und Ängste aus der Stalinzeit – insbesondere der 30er Jahre – lesen. Die NF machte deren verborgene Anteile sichtbar, indem sie das Geheimnis in eine andere Welt als Unheimliches transformierte.

Diese Transformations- und Kompensationsleistung, aber auch die beschriebene Abkoppelung der NF von wissenschaftlichen Nützlichkeitserwägungen führte dazu, daß das Genre allmählich eigene neue Erzählstrukturen herausbildete, die hier als *kosmisches Chronotopos* analysiert worden sind (Kapitel 4.4). Denn gerade im Unterschied zur von moralischen Impulsen getragenen übrigen Tauwetterliteratur, die immer auch um die Gestaltung des Menschenbildes kreiste, führte u.a. die Debatte um den Anthropozentrismus bei der Mehrheit der in den populärwissenschaftlichen Zeitschriften publizierten NF-Geschichten nicht dazu, den typischen Charakter des sozialistischen Helden zu revidieren. Vielmehr findet hier eine zur Kritik am Anthropozentrismus parallel laufende Bewegung statt, die teilweise auf diese reagiert: Indem die sterblichen Helden zu unsterblichen Göttern werden, werden sie zum einen von allen menschlichen Schwächen und Fehlern befreit, zum andern als übermenschliche Wesen desto stärker an diese kosmische Welten gebunden: Denn nur im *Reich der Fantastik* können diese „Übermenschen" frei von allen alltäglichen und realsozialistischen Problemen glaubhaft unbesiegbar bleiben. Alle jene Charakteristika, die im Sozialistischen Realismus der Stalinzeit durch ihre Referenz auf die sowjetische Wirklichkeit unglaubwürdig und zweifelhaft bleiben mußten, bekamen in der fantastischen Welt eine neue Virulenz. Eröffneten doch die wissenschaftlich-technischen Errungenschaften dieser kosmischen Ordnung für die Protagonisten nahezu unbegrenzte Handlungsspielräume, indem sie Zeiten und Räume überwanden, den Tod reversibel und das Leben potentiell unendlich machten. Da aber nach dieser kosmischen Ordnung nahezu alles möglich war, hieß das auch, daß selbst die größten Katastrophen oder auch mythische Götterkämpfe Gegenstand der Geschichten werden konnten, waren sie doch aufgrund des *kosmischen Chronotopos* keinem historischen Determinismus unterworfen.

Wie jedes Genre der Populärkultur arbeitete die NF dabei mit gängigen Klischees, die häufig eine regressive Lösung von Konflikten, Ängsten und Wünschen anboten. So bediente sie sich bspw. der in der Stalinzeit sehr ausgeprägten Dichotomie von „Bewußtsein" und „Spontaneität" bzw. „Vernunft" und „Gefühl" und löste sie in einen Gegensatz zwischen irdischer Heimat und kosmischer Natur auf, wobei letztere als gefährlich, bedrohlich und schrecklich dargestellt wurde. Die Erfindung der kosmischen Fremde und irdischen Heimat führte aber in der NF nicht dazu, daß sie – wie bspw. die sog. Dorfschriftsteller – einer friedlichen und harmonischen Naturidylle die destruktiven Gefahren des technisch-industriellen Fortschritts entgegensetzte. Vielmehr machte die vollständige technische Bändigung und Beherrschung der Natur die eigentliche Schönheit der Erde erst sichtbar und erfahrbar und bildete die Voraussetzung, sich den kosmischen Herausforderungen stellen zu können. Die Projektion der Ängste und Gefahren in den Himmel knüpfte wiederum an religiöse und mythische Vorstellungen an. Wie bei diesen funktionierte die kosmische Bedrohung auch als Legitimierung der irdischen, resp. sowjetischen Wirklichkeit als die *beste der Welten*, wobei diese Kodierung durchaus ambivalent blieb. So konnten die zu Göttern erhobenen Helden manchmal auch zu mythischen Ungeheuern mutieren (Kapitel 4.4).

Gleichzeitig bot die schematische Gestaltung der kosmischen Helden mit „ungeheuerlichen" Fähigkeiten eine maximale Identifikationsfläche. So könnte, ähnlich wie bei vergleichbaren Figuren aus der westlichen Populärkultur – von Tarzan bis Superman –, ihr ebenfalls auf wenige Klischees von Familie, Freundschaft und Liebe reduzierter Charakter die Voraussetzung für ihre Beliebtheit gewesen sein. Anders formuliert ist zu fragen, ob nicht die in der populärwissenschaftlichen Kritik so oft angesprochene stereotype Schematik der Helden, die massenweise den guten Geschmack der neugierigen jungen Leser verderbe, vielmehr der Grund für die massenweise Neugierde und Popularität des Genres gewesen sei. So formuliert könnte gewissermaßen ein in der „großen Erzählung" der Stalinzeit angelegtes Chronotopos erst in der NF der Tauwetterzeit seine ganze Suggestions- und Faszinationskraft entfaltet haben. Die Wissenschaftliche Fantastik bediente damit womöglich auch eine Nachfrage nach mythischen Heldengeschichten, die so in den anderen Bereichen der Tauwetterliteratur nicht mehr geboten wurden oder durch die Referenz auf die sowjetische Wirklichkeit unglaubwürdig geworden waren.

Betrachtet man die hier skizzierten Verschiebungen in der NF seit dem Sputnikflug nochmals abschließend in Hinsicht auf die Definition von Foucault, dann können sie auch als eine fiktionale Verwandlung des „Sozialismus in einem Land" in ein „Raumschiff", das andere Welten entdeckt, beschrieben werden.

Denn „wenn man daran denkt, daß das Schiff ein schaukelndes Stück Raum ist, ein Ort ohne Ort, der aus sich selber lebt, der in sich geschlossen ist und gleichzeitig dem Unendlichen des Meeres ausgeliefert ist [...], dann versteht man, warum das Schiff für unsere Zivilisation vom 16. Jahrhundert bis in unsere Tage nicht nur das größte Instrument der wissenschaftlichen Entwicklung gewesen ist [...], sondern auch das größte Imaginationsarsenal. [...] In den Zivilisationen ohne Schiff versiegen die Träume, die Spionage ersetzt das Abenteuer und die Polizei die Freibeuter."[663]

Bezieht man diese Aussage auf den sowjetischen Kontext und auf die Veränderungen, die die *Erfindung des Kosmos* mit sich gebracht hat, dann läßt sich für die Zeit nach 1957 in der Wissenschaftlichen Fantastik eine Entwicklung in die umgekehrte Richtung feststellen, die man auf die Thesen hin zuspitzen könnte: Die Abenteuer im Weltraum ersetzten die Produktion innerer und äußerer Feinde, und die Träume im *Reich der Fantastik* kompensierten die Desillusionierung, welche die an die sozialistische Wirklichkeit gebundenen Wunschträume erfahren hatten. Diese kompensatorische Funktion der NF, in einem zunehmend von den konkreten gesellschaftlichen Verhältnissen und von den technisch-wissenschaftlichen Entwicklungen abgekoppelten *kosmischen Chronotopos* Fragen und Probleme der eigenen sowjetischen Wirklichkeit verhandeln zu können, war wahrscheinlich der Grund, warum die Fantastik auch nach Gagarins Tod und der amerikanischen Mondlandung weiter an Popularität gewann.

663 Foucault: Andere Räume, S. 46.

6. LITERATURLISTE

6.1. Bibliographien zur Wissenschaftlichen Fantastik

Bensman, Michail; Antonov, Dmitrij: Soderžanie „Iskatelja" s 1961 po 1996 god, in: Iskatel', Nr. 1/1997, S. 138–159.

Charitonov, Evgenij: Nauka o fantastičeskom. Bibliografičeskij spravočnik, Moskva 2001.

Evdokimov, Aleksandr: Sovetskaja fantastika (Opyt bibliografii. Fantastika 1928–1941 godov), in: Eremin, G.; Kljuev, B. (Hg.): Fantastika 1968, Moskva 1969, S. 323–348.

Gakov, Vladimir; Brians, Paul: Nuclear-War Themes in Soviet Science Fiction. An Annotated Bibliography, in: Science-Fiction Studies, Bd. 16/1989, S. 67–84.

Ljapunov, Boris: Sovetskaja fantastika (Opyt bibliografii, 1946–1956 godov), in: Fantastika–71, Moskva 1971, S. 350–379.

Ljapunova, Izabella: Sovetskaja fantastika (Opyt bibliografii, 1957–1960 gody), in: Michajlova, S. (Hg.): Fantastika–72. Sbornik, Moskva 1972, S. 314–348.

Dies.: Sovetskaja fantastika (Opyt bibliografii 1961–1964 gg.), in: Bugrov, V. (Hg.): Fantastika 73–74. Sbornik naučno-fantastičeskich rasskazov, Moskva 1975, S.309–349.

Dies.: Bibliografičeskij opyt, in: Ljapunov, Boris: V mire fantastiki. Obzor naučno-fantastičeskoj i fantastičeskoj literatury, Moskva 1975, S. 152–202.

Suvin, Darko: Die Kritik der sowjetischen Science Fiction 1956–1970, in: Quarber Merkur, Bd. 29/1972, S. 40–56.

Ders.: Russian Science Fiction 1956–1974: A Bibliography, Elizabethtown ²1976.

Vel'činskij, V.: Bibliografii sovetskoj fantastiki. 1918–1991 gg., in: http://bibliography.narod.ru, 01.04.2003.

6.2. Quellen

Ausgewertete Zeitschriften

Junost'. Literaturno-chudožestvennyj i obščestvenno-političeskij ežemesjačnik. Sojuz pisatelej SSSR, Moskva, Jahrgänge 1957–1965.

Nauka i žizn'. Ežemesjačnyj naučno-populjarnyj žurnal vsesojuznogo obščestva po rasprostraneniju političeskich i naučnych znanij, Moskva, Jahrgänge 1955–1965.

Technika–molodeži. Ežemesjačnyj populjarnyj proizvodstvenno-techničeskij i naučnyj žurnal CK VLKSM, Moskva, Jahrgänge 1953–1965.

Vokrug sveta. Ežemesjačnyj geografičeskij naučno-populjarnyj žurnal CK VLKSM, Moskva, Jahrgänge 1946, 1949, 1951, 1956–1965.

Znanie–sila. Naučno-populjarnyj žurnal rabočej molodeži. Organ gosudarstvennogo komiteta soveta ministrov SSSR po professional'no-techničeskomu obrazovaniju. (1955 bis 1959: Organ glavnogo upravlenija trudovych rezervov pri sovete ministrov SSSR), Moskva, Jahrgänge 1951, 1954–1965.

Sonstige Publikationen

(Hier werden alle Monographien, Aufsätze, populärwissenschaftlichen und wissenschaftlich-fantastischen Texte angegeben, die in der Untersuchung zitiert worden und nicht in den ausgewerteten Zeitschriften *erschienen sind)*

Agrest, M.: Kosmonavty drevnosti, in: Pronin, N. (Hg.): Na suše i na more. Povesti, rasskazy, očerki, Moskva, Bd. 2/1961, S. 528–542

Andreev, K. (Hg.): Fantastika, 1962 god. Sbornik, Moskva 1962.

Ders. u.a. (Hg.): Mir priključenij. Al'manach. Kniga šestaja, Moskva 1961.

Ders. u.a. (Hg.): Mir priključenij. Al'manach. Kniga sed'maja, Moskva 1962.

Anfilov, Gleb:: V konce puti, in: Varšavskij, A. (Hg.): Al'fa Ėridana, Moskva 1960, S. 97–119.

[Anon.]: Sovetskaja naučnaja fantastika v 1958–1959 godach. Po materialam diskussii «Problemy sovremennoj fantastiki», sostojavšejsja 14 marta 1960 goda v Moskovskom Dome literatorov, in: Makarova, V. (Hg.): O fantastiki i priključenijach. O literature dlja detej. Vypusk 5-j, Leningrad 1960, S. 328–338.

[Anon.] (Hg.): Utro kosmičeskoj ėry, Moskva 1961.

Arlazorov, M.: Konstantin Ėduardovič Ciokovskij. Ego žizn' i dejatelnost' (Ljudi russkoj nauki), Moskva 1952.

Azizjan, A. (Hg.): Put' v kosmos. Materialy gazety „Pravda" o trech sovetskich iskusstvennych sputnikach zemli, Mokva 1958.

Berdnik, Oles': Puti titanov, in: Andreev, K. u.a. (Hg.): Mir priključenij. Al'manach. Kniga sed'maja, Moskva 1962, S. 205–252.

Berž'e, Žak: Sovetskaja naučno-fantastičeskaja literatura glazami francuza, in: Pronin, N. (Hg.): Na suše i na more. Povesti, rasskazy, očerki, Moskva, Bd. 2/1961, S. 408–415.

Brandis, Evgenij: Puti razvitija i problemy sovetskoj naučno-fantastičeskoj literatury, in: Makarova, V. (Hg.): O fantastike i priključenijach (O literature dlja detej, Vypusk 5-j), Leningrad 1960, S. 5–71.

Ders.; Dmitrevskij, Vladimir: Čerez gory vremeni. Očerk tvorčestva I. Efremova, Moskva u.a. 1963.

Chobana, Ion: Luščij iz mirov, in: Mitrochina, S. (Hg.): Luščij iz mirov, Sbornik naučno-fantastičeskich rasskazov, otmečennych na meždunarodnom konkurse fantastiki semi stran: Bolgarii, Vengrii, GDR, Pol'ši, Rumynii, SSSR, Čechoslovakii, Moskva 1964, S. 240–250.

Ciolkovskij, Konstantin: Trudy po raketnoj technike, Moskva 1947.

Cvetkov, Ju: 995-j svjatoj, in: Andreev, K. (Hg.): Fantastika, 1962 god. Sbornik, Moskva 1962, S. 287–309.

Dmitrevskij, Vladimir: Perestupaja prog grjaduščego, in: Makarova, V. (Hg.): O fantastike i priključenijach (O literature dlja detej, Vypusk 5-j), Leningrad 1960, S. 104–139.

Efremov, Ivan: Tumannost' Andromedy (Roman-gazeta, Nr. 15/1959), Moskva 1959.

Gagarin, Jurij: Doroga v kosmos, Moskva 1961.

Garbuzov, S.; Gol'cev, V. (Hg.): Sovetskij čelovek v kosmose (Special'nyj vypusk), Moskva 1961.

Geschichte der Kommunistischen Partei der Sowjetunion (Bolschewiki). Kurzer Lehrgang. Unter Redaktion einer Kommission des Zentralkomitees der KPdSU (B). Gebilligt vom Zentralkomitee der KPdSU (B) 1938 , Berlin [5]1950 ([1]1945).

Glebov, Anatolij: Bol'šoj den' na planete Čungr, in: Andreev, K. (Hg.): Fantastika, 1962 god. Sbornik, Moskva 1962, S. 377–404.

Gor, Gennadij: Strannik i vremja, in: Andreev, K. (Hg.): Fantastika, 1962 god. Sbornik, Moskva 1962, S. 3–145.

Gurevič, G.: Černyj led, in: Pronin, N. (Hg.): Na suše i na more. Povesti, rasskazy, očerki, Moskva, Bd. 1/1960, S. 294–312.

Izzard, Ralph [Izzard, Ralf]: Po sledam snežnogo čeloveka, Moskva 1959.

Kazancev, Aleksandr: K stat'e M. Agresta «Kosmonavty drevnosti», in: Pronin, N. (Hg.): Na suše i na more. Povesti, rasskazy, očerki, Moskva, Bd. 2/1961, S. 526–528.

Ders.: Velikaja geografija, in: Pronin, N. (Hg.): Na suše i na more. Povesti, rasskazy, očerki, Moskva, Bd. 1/1960, S. 331–347.

Kolpakov, Aleksandr: Al'fa Ėridana, in: Varšavskij, A. (Hg.): Al'fa Ėridana, Moskva 1960, S. 56–96.

Kondratjuk, Ju.: Zavoevanie mežplanetnych prostranstv, Moskva 1947.

Letopis' periodičeskich izdanij SSSR. 1955–1960 gg. Čast' I. Žurnaly, trudy, bjulleteni, Moskva 1963.

Makarova, V. (Hg.): O fantastike i priključenijach (O literature dlja detej, Vypusk 5-j), Leningrad 1960.

Malinina, G. (Hg.): Novaja signal'naja. Sbornik naučno-fantastičeskich povestej i rasskazov, Moskva 1963.

Mamleev, D. (Hg.): V kosmose dvoe. Special'nyj vypusk, Moskva 1962.

Mitrochina, S. (Hg.): Luščij iz mirov (Sbornik naučno-fantastičeskich rasskazov, otmečennych na meždunarodnom konkurse fantastiki semi stran: Bolgarii, Vengrii, GDR, Pol'ši, Rumynii, SSSR, Čechoslovakii), Moskva 1964.

Nemcov, Vladimir: Naučno-fantastičeskie povesti, Mokva 1951.

Ders.: Sem' cvetov radugi. Naučno-fantastičeskij roman, Moskva 1950.

Ders.: Ten' pod zemlej. Naučno-fantastičeskij povest', Moskva 1957.

Nudel'man, R.: Razgovor v kupe, in: Smirnov, G. (Hg.): Fantastika, 1964 god, Moskva 1964, S. 347–367.

Polešcuk: Ošibka inženera Alekseeva, in: Andreev, K. u.a. (Hg.): Mir priključenij. Al'manach. Kniga šestaja, Moskva 1961, S. 3–63.

Poltavskij, S.: O nerešennych voprosach naučnoj fantastiki, in: Makarova, V. (Hg.): O fantastike i priključenijach (O literature dlja detej, Vypusk 5-j), Leningrad 1960, S. 72–103.

Pronin, N. (Hg.): Na suše i na more. Povesti, rasskazy, očerki, Moskva, Bd. 1/1960.

Ders. (Hg.): Na suše i na more. Povesti, rasskazy, očerki, Moskva, Bd. 2/1961.

Ders. (Hg.): Na suše i na more. Povesti, rasskazy, očerki, Moskva Bd. 6/1965.

Rubinštejn, Lev: Konec šestidesjatych, in: Itogi, 27 avgusta 1996, S. 71.

Savčenko, V.: Vtoraja ėkspedicija na strannuju planetu, in: Varšavskij, A. (Hg.): Al'fa Ėridana, S. 5–35.

Smirnov, G. (Hg.): Fantastika, 1964 god, Moskva 1964.

Stebakov, S.: Literatura–učastnica naučnych issledovanij, in Makarova, V. (Hg.): O fantastiki i priključenijach. O literature dlja detej. Vypusk 5-j, Leningrad 1960, S. 255–258.

Strugackij, Arkadij; Strugackij, Boris: Blagoustroennaja planeta, in: Andreev, K. u.a. (Hg.): Mir priključenij. Al'manach. Kniga šestaja, Moskva 1961, S. 64–77.

Dies.: Čerez nastojaščee–v buduščee, in: Voprosy literatury 8/1964, S. 73–76.

Dies.: Dalekaja Raduga, in: Malinina, G. (Hg.): Novaja signal'naja. Sbornik naučno-fantastičeskich povestej i rasskazov, Moskva 1963, S. 50–156.

Dies.: Dalekaja Raduga. Trudno byt' bogom, Moskva 1964.

Dies.: Popytka k begstvu, in: Andreev, K. (Hg.): Fantastika, 1962 god, S. 146–261.

Šul'c, Nikolaj: Tajna drevnogo manuskripta, in: Pronin, N. (Hg.): Na suše i na more. Povesti, rasskazy, očerki, Moskva Bd. 6/1965, S. 496–535.

Titov, German: 700000 kilometrov v kosmose. Rasskaz letčika-kosmonavta SSSR, Moskva 1961.

Ders.: Semnadcat' kosmičeskich zor'. Avtobiografičeskaja povest', Moskva 1961.

Varšavskij, A. (Hg.): Al'fa Ėridana, Moskva 1960.

Varšavskij, Ilja: Dnevnik, in: Fantastika, 1963 god, Moskva 1963, S. 275–278.

Vojskunskij, E.; Lukod'janov, I.: Proščanie na beregu, in: Dies.: Na perekrestkach vremeni, Moskva 1964, S. 13–39.

Zajcev, V.: „Kosmonavty" s Dečanskich fresok, in: Pronin, N. (Hg.): Na suše i na more. Povesti, rasskazy, očerki, Moskva Bd. 6/1965, S. 639–643.

Ders.: Mify, legendy i kosmos, in: Ebd., S. 634–639.

6.3. Sekundärliteratur

Monographien

Adorno, Theodor W.: Minima Moralia. Reflexionen aus dem beschädigten Leben ([1]1950), Frankfurt a. M. 1993.

Anderson, John: Religion, State, and Politics in the Soviet Union and the Successor States 1953–1993, Cambridge 1994.

Barck, Karlheinz; Gente, Peter u.a. (Hg.): Aisthesis. Wahrnehmung heute oder Perspektiven einer anderen Ästhetik. Essais, Leipzig 1990.

Barmeyer, Eike (Hg.): Science Fiction. Theorie und Geschichte, München 1972.

Barron, Neil (Hg.): Anatomy of Wonder. A Critical Guide to Science Fiction. Third Edition, New York 1987.

Beitz, Willi (Hg.): Vom <Tauwetter> zur Perestroika. Russische Literatur zwischen den fünfziger und neunziger Jahren, Bern 1994.

Belocerkovskij, S.: Pervoprochodcy Vselennoj. Zemlja – kosmos – zemlja, Moskva 1997.

Beyrau, Dietrich; Bock, Ivo (Hg.): Das Tauwetter und die Folgen. Kultur und Politik in Osteuropa nach 1956, Bremen 1988.

Birnbaum, Henryk; Eekman, Thomas (Hg.): Fiction and Drama in Eastern and Southeastern Europe (UCLA Slavic Studies, Bd. 1), Columbus, Ohio 1980.

Blumenberg, Hans: Die Vollzähligkeit der Sterne ([1]1997), Frankfurt a. M. 2000.

Boffa, Džuzeppe [Boffa, Giuseppe]: Istorija Sovetskogo Sojuza ([1]1979), Bd. 2, Moskva 1994.

Braun, Ingo; Joerges, Bernward (Hg.): Technik ohne Grenzen, Frankfurt a. M. 1994.

Britikov, Anatolij: Russkij sovetskij naučno-fantastičeskij roman, Leningrad 1970.

Buchner, Hermann: Programmiertes Glück. Sozialkritik in der utopischen Sowjetliteratur, Wien u.a. 1970.

Bugrov, Vitalij: 1000 likov mečty. O fantastike vser'ez i s ulybkoj, Sverdlovsk 1988.

Burmeister, Klaus; Steinmüller, Karlheinz (Hg.): Streifzüge ins Übermorgen (ZukunftsStudien, Bd. 6), Weinheim 1992.

Caldwell, Oliver; Graham, Loren R.: Moscow in May 1963. Education and Cybernetics. An Interchange of Soviet and American Ideas Concerning Education, Programmed Learning, Cybernetics, and Human Mind, Washington 1964.

Choldin, Marianna T.; Friedberg, Maurice: The Red Pencil. Artists, Scholars, and Censors in the USSR, Boston u.a. 1989.

Černaja, Natalija: V mire mečtiy i predvidenija. Naučnaja fantastika, ee problemy i chudožestvennye vozmožnosti, Kiev 1972.

Černyševa, Tat'jana: Priroda fantastiki, Irkutsk 1984.

Clark, Katerina: The Soviet Novel. History as Ritual, Chicago u.a. [2]1985.

Conrad, Christoph; Kessel, Martina (Hg.): Geschichte schreiben in der Postmoderne. Beiträge zu einer aktuellen Diskussion, Stuttgart 1994.

Däniken, Erich von: Erinnerungen an die Zukunft. Ungelöste Rätsel der Vergangenheit ([1]1968), München u.a. 1972.

Ders.: Zurück zu den Sternen. Argumente für das Unmögliche ([1]1969), Düsseldorf 1972.

Davies, Philip John (Hg.): Science Fiction, Social Conflict and War, Manchester, New York 1990.

Debreczeny, Paul (Hg.): American Contributions to the Ninth International Congress of Slavists, Bd. 2, Literature, Poetics, History. Kiev, September 1983, Columbus Ohio 1983.

Diederichsen, Diedrich (Hg.): Loving the Alien. Science Fiction, Diaspora, Multikultur, Berlin 1998.

Divine, Robert A.: The Sputnik Challenge. Eisenhower's Response to the Soviet Satellite, New York u.a. 1993.

Duda, Katarzyna. Antyutopia w literaturze rosyjskiej XX wieku, Kraków 1995.

Ebding, Jörg: Tendenzen der Entwicklung des sowjetischen satirischen Romans (1919–1931), München 1981.

Eggeling, Wolfram: Die sowjetische Literaturpolitik zwischen 1953 und 1970. Zwischen Entdogmatisierung und Kontinuität (Dokumente und Analysen zur russischen und sowjetischen Kultur, Bd. 3), Bochum 1994.

Eshelman, Raoul: Early Soviet Postmodernism, Frankfurt a.M. 1997.

Fetscher, Justus (Hg.): Marsmenschen. Wie die Außerirdischen gesucht und erfunden wurden, Leipzig 1997.

Fitzpatrick, Sheila: The Cultural Front. Power and Culture in Revolutionary Russia, Ithaca u.a. 1992.

Fluck, Winfried: Populäre Kultur. Ein Studienbuch zur Funktionsbestimmung und Interpretation populärer Kultur, Stuttgart 1979.

Földeak, Hans: Neuere Tendenzen der sowjetischen Science Fiction (Slavistische Beiträge, Bd. 88), München 1975.

Frank, Susi; Greber, Erika; Schahadat, Schamma; Smirnov, Igor' P. (Hg.): Phantasma und Gedächtnis. Festschrift für Renate Lachmann zum 65. Geburtstag, München 2001.

Gakov, Vladimir (Hg.): Ėnciklopedija fantastiki. Kto est' kto, Minsk 1995.

Geier, Swetlana (Hg.): Puschkin zu Ehren. Von russischer Literatur, Zürich 1999.

Gerovitch, Slava: From Newspeak to Cyberspeak. A History of Soviet Cybernetics, Cambridge Mass. 2002.

Glad, John: Extrapolations From Dystopia. A Critical Study of Soviet Science Fiction, Princeton NJ 1982.

Gnüg, Hiltrud: Utopie und utopischer Roman, Stuttgart 1999.

Graham, Loren R.: Dialektischer Materialismus und Naturwissenschaften in der UdSSR. Erster Teil: Quantenmechanik – Relativitätstheorie – Ursprung und Aufbau des Weltalls ([1]1972), Frankfurt a. M. 1976.

Ders.: The Ghost of the Executed Engineer. Technology and the Fall of the Soviet Union, Cambridge Mass. u.a. 1993.

Ders. (Hg.): Science and Soviet Social Order, Cambridge u.a. 1990.

Ders.: Science, Philosophy, and Human Behaviour in the Soviet Union, New York 1987.

Ders.: What Have We Learned About Science and Technology from the Russian Experience?, Stanford California 1998.

Griffiths, John: Three Tomorrows. American, British and Soviet Science Fiction, London u.a. 1980.

Groys, Boris: Gesamtkunstwerk Stalin. Die gespaltene Kultur in der Sowjetunion, München 1988.

Günther, Hans: Der sozialistische Übermensch. Maksim Gor'kij und der sowjetische Heldenmythos, Stuttgart 1993.

Gunther, John: Russland von innen. Gestern und heute, Konstanz u.a. 1959.

Gurevič, Georgij: Karta strany fantazij, Moskva 1967.

Hartmann, Anne; Veldhues, Christoph (Hg.): Im Zeichen-Raum. Festschrift für Karl Eimermacher zum 60. Geburtstag, Dortmund 1998.

Heier, Evelyn: Zur Konzeption vom Menschen in der zeitgenössischen sowjetischen Fantastik (60er und 70er Jahre), Dresden 1984.

Heinrich, Klaus: Floß der Medusa. 3 Studien zur Faszinationsgeschichte mit mehreren Beilagen und einem Anhang, Frankfurt am Main 1995.

Ders.: Vernunft und Mythos. Ausgewählte Texte, Basel u.a. 1992.

Heller, Leonid; Coldefy, Anne: De la science-fiction soviétique, Lausanne 1979.

Ders. [Geller, Leonid] (Hg.): Poiski v inakom. Fantastika i russkaja literatura XX veka. Trudy meždunarodnogo simpoziuma (Lozanna, 5-7 nojabrja 1992), Lausanne 1994.

Ders.: Vselennaja za predelom dogmy. Razmyšlenija o sovetskoj fantastike, London 1985.

Hiersche, Anton: Sowjetliteratur und wissenschaftlich-technische Revolution, Berlin 1976.

Hildermeier, Manfred: Geschichte der Sowjetunion 1991. Entstehung und Niedergang des ersten sozialistischen Staates, München 1998.

Hobsbawn, Eric (Hg.): The Invention of Tradition, Cambridge 1983.

Howell, Yvonne: Apocalyptic Realism. The Science Fiction of Arkady and Boris Strugatsky, New York u.a. 1994.

Jurovskij, A.: Televidenie – poiski i rešenija. Očerki istorii i teorii sovetskoj televizionnoj žurnalistiki, Moskva 1975.

Kac, Rustam: Istorija sovetskoj fantastiki, Saratov 1997.

Kagarlickij, Julij: Čto takoe fantastika?, Moskva 1974.

Kasack, Wolfgang (Hg.): Science Fiction in Osteuropa (Osteuropaforschung, Bd. 14), Berlin 1984.

Kluge, Robert: Der sowjetische Traum vom Fliegen. Analyseversuch eines gesellschaftlichen Phänomens (Slavistische Beiträge, Bd. 345), München 1997.

Kovtun, Elena: Poėtika neobyčajnogo. Chudožestvennye miry fantastiki, volšebnoj skazki, utopii, pritči i mifa, Moskva 1999.

Kowal; Alexander; Uspenski, Georgi; Jasnow, Waleri: Der Weltraum dem Menschen. Über den Nutzen der Raumfahrt, Moskau u.a. 1973.

Kowalski, Gerhard: Die Gagarin-Story. Die Wahrheit über den Flug des ersten Kosmonauten der Welt, Berlin 1999.

Kozulin, Alex: Psychology in Utopia. Toward a Social History of Soviet Psychology, Cambridge Mass. u.a. 1984.

Kravcova, L. (Hg.): Filosofskie poiski i naučnaja fantastika. Beseda za «kruglym stolom» (Novoe v žizni, nauke, technike, Ser. «Filosofija i žizn'»; № 5), Moskva 1990.

Kretschmer, Winfried: Die Geschichte der Weltausstellungen, Frankfurt a.M. 1999.

Kristeva, Julia: Fremde sind wir uns selbst, Frankfurt a.M. 1990.

Lazareff, Hélène; Lazareff, Pierre: Die Stunde Moskaus. Rußland, wie es wirklich ist, Düsseldorf ^{2}1955.

Ljapunov, Boris: V mire mečty. Obzor naučno-fantastičeskoj literatury, Moskva 1970.

Ders.: V mire fantastiki. Obzor naučno-fantastičeskoj i fantastičeskoj literatury (Izdanie 2-e, dopolnennoe i pererabotannoe), Moskva 1975.

Lewin, Moshe: The Making of the Soviet System. Essays in the Social History of Interwar Russia, New York 1985.

Ludwig, Nadeshda; Bussewitz, Wolfgang (Hg.): Sowjetische Kinder- und Jugendliteratur, Berlin 1981.

Markert, Werner (Hg.): Osteuropa-Handbuch, Bd. Sowjetunion, Teil: Das Wirtschaftssystem, Köln u.a. 1965.

Maryniak, Irena: Spirit of the Totem. Religion and Myth in Soviet Fiction 1964–1988 (MHRA Texts and Dissertations, Bd. 39), London 1995.

Masing-Delic, Irene: Abolishing Death. A Salvation Myth of Russian Twentieth-Century Literature, Stanford California 1992.

McGuire, Patrick L.: Red Stars. Political Aspects of Soviet Science Fiction, Ann Arbor 1985.

Mielke, Heinz: Rund um die Raumfahrt, Berlin 1979.

Neelov, Evgenij: Fol'klornaja volšebnaja skazka i naučnaja fantastika (Analiz chudožestvennogo teksta). Učebnoe posobie po cpeckursu, Petrozavodsk 1986.

Ders.: Volšebno-skazočnye korni naučnoj fantastiki, Leningrad 1986.

Niewiadowski, Andrzej: Literatura fantastycznonaukowa, Warszawa 1992.

Osipov, Aleksandr: Fantastika ot „A" do „Ja" (Osnovnye ponjatija i terminy). Kratkij ėnciklopedičeskij spravočnik, Moskva 1999.

Oswald, Ingrid: Der Staat als Wissenschaftler. Das Gesellschaftsbild der sowjetischen wissenschaftlich-technischen Intelligenz in der wissenschaftlichen Phantastik der Sowjetunion (Osteuropa-Institut der FU Berlin. Philosophische und soziologische Veröffentlichungen, Bd. 27), Berlin 1991.

Papernyj, Vladimir: Kul'tura „Dva", Ann Arbor 1985.

Parnov, Eremej: Fantastika v vek NTR. Očerki sovremennoj fantastiki, Moskva 1974.

Peterson, Nadya L.: Subversive Imaginations. Fantastic Prose and the End of Soviet Literature, 1970s–1990s, Boulder Colorado 1997.

Ranke-Graves, Robert von: Griechische Mythologie. Quellen und Deutung, Bd. 1 ([1]1955), Reinbeck 1960.

Rauch, Georg von: Geschichte der Sowjetunion, Stuttgart [8]1990.

Rewitsch, Wsewolod (Hg.): Prüffelder der Phantasie. Sowjetische Essays zur Phantastik und Science Fiction, Berlin 1987.

Rullkötter, Bernd: Die Wissenschaftliche Phantastik der Sowjetunion. Eine vergleichende Untersuchung der spekulativen Literatur in Ost und West, Bern u.a. 1974.

Romanov, Aleksandr: Korolev (Žizn' zamečatel'nych ljudej, Bd. 735), Moskva 1996.

Röthlein, Brigitte: Mare Tranquillitatis, 20. Juli 1969. Die wissenschaftlich-technische Revolution (20 Tage im 20. Jahrhundert), München 1997.

Roudinesco, Elisabeth: Jacques Lacan. Bericht über ein Leben, Geschichte eines Denksystems, Köln 1996, S. 416.

Sagan, Carl: Unser Kosmos. Eine Reise durch das Weltall ([1]1980), München 1989.

Schechner, Genuth Sara: Comets, Popular Culture and the Birth of Modern Cosmology, Princeton 1997.

Sigel, Felix: Abenteuer Weltraum. Eine Unterhaltung über Raumfahrt, Moskau u.a. 1975.

Solomko, Ju. (Hg.): Memorial'nyj muzej kosmonavtiki, Moskva 1994.

Städtke, Klaus (Hg.): Welt hinter dem Spiegel. Zum Status des Autors in der russischen Literatur der 1920er bis 1950er Jahre, Berlin 1998.

Steininger, Alexander: Literatur und Politik in der Sowjetunion nach Stalins Tod, Wiesbaden 1965.

Stites, Richard (Hg.): Culture and Entertainment in Wartime Russia, Bloomington 1995.

Ders.: Revolutionary Dreams. Utopian Vision and Experimental Life in the Russian Revolution, New York u.a.1989.

Ders.: Russian Popular Culture. Entertainment and Society since 1900, Cambridge 1992.

Strinati, Dominic: An Introduction to the Theories of Popular Culture, London u.a. 1995.

Suvin, Darko: Poetik der Science Fiction. Zur Theorie und Geschichte einer literarischen Gattung, Frankfurt a. M. 1979.

Thorne, Kip S.: Gekrümmter Raum und verborgene Zeit. Einsteins Vermächtnis, Augsburg 1999.

Torke, Hans-Joachim (Hg.): Historisches Lexikon der Sowjetunion 1917/22 bis 1991, München 1993.

Urban, Adol'f: Fantastika i naš mir, Leningrad 1972.

Vail', Petr; Genis, Aleksandr: 60-e. Mir sovetskogo čeloveka ([1]1988), Moskva 1996.

Wuckel, Dieter; Cassiday, Bruce: The Illustrated History of Science Fiction, Leipzig 1989.

Ziegler, Konrat; Sontheimer, Walther: Der Kleine Pauly. Lexikon der Antike in fünf Bänden, München 1979.

Zinser, Hartmut: Der Markt der Religionen, München 1997.

Zondergeld, Rein A. (Hg.): Phaicon 1. Almanach der phantastischen Literatur, 1974.

Aufsätze

Becker, Rudolf: Lohnsystem und Lohnpolitik, in: Markert, Werner (Hg.): Osteuropa-Handbuch, Bd. Sowjetunion, Teil: Das Wirtschaftssystem, Köln u.a. 1965, S. 409–423.

Behla, Paul: Die wissenschaftlich-phantastische Literatur, in: Ludwig, Nadeshda; Bussewitz, Wolfgang (Hg.): Sowjetische Kinder- und Jugendliteratur, Berlin 1981, S. 227–240.

Benjamin, Walter: Das Kunstwerk im Zeitalter seiner technischen Reproduzierbarkeit, in: Ders: Gesammelte Schriften, Bd. I, 2, S. 435–469.

Bolt, Joe de; Pfeffer, John R.: The Early Modern Period 1938–1963 (English-Language Science Fiction), in: Barron, Neil (Hg.): Anatomy of Wonder. A Critical Guide to Science Fiction. Third Edition, New York 1987, S. 89–100.

Brandis, Jewgeni; Dmitrijewski, Wladimir: Im Reich der Phantastik ([1]1968), in: Barmeyer, Eike (Hg.): Science Fiction. Theorie und Geschichte, München 1972, S. 128–133.

Britikov, Anatolij: Naučnaja fantastika, folklor i mifologija, in: Russkaja literatura, Nr. 3/1984, S. 55–74.

Bussewitz, Wolfgang: Das Bild des Kindes in der Literatur des sozialistischen Aufbaus und der entwickelten sozialistischen Gesellschaft, in: Ludwig, Nadeshda; Bussewitz, Wolfgang (Hg.): Sowjetische Kinder- und Jugendliteratur, Berlin 1981, S. 127–173.

Clark, Katerina: The Changing Image of Science and Technology in Soviet Literature, in: Graham, Loren (Hg.): Science and Soviet Social Order, Cambridge u.a. 1990, S. 259–298.

Coe, Michael Douglas; Willey, Gordon R.: Classic Maya Religion (Pre-Columbian Civilisations), in: Encyclopaedia Britannica CD 1996.

Dudek, Gerhard; Schäfer, Ingrid: Lyrik zwischen Aufbruch und Stagnation, in: Beitz, Willi (Hg.): Vom <Tauwetter> zur Perestroika. Russische Literatur zwischen den fünfziger und neunziger Jahren, Bern 1994, S. 79–99.

Engel, Christine: Nautschnaja Fantastika und Science-fiction. Ansprüche und Realisierung in Kurzgeschichten, in: Kasack, Wolfgang (Hg.): Science Fiction in Osteuropa (Osteuropaforschung, Bd. 14), Berlin 1984, S. 11–25.

Fetscher, Justus; Stockhammer, Robert: Nachwort, in: Dies. (Hg.): Marsmenschen. Wie die Außerirdischen gesucht und erfunden wurden, Leipzig 1997, S. 263–290.

Foucault, Michel: Andere Räume, in: Barck, Karlheinz; Gente, Peter u.a. (Hg.): Aisthesis. Wahrnehmung heute oder Perspektiven einer anderen Ästhetik. Essais, Leipzig 1990, S. 34–46.

Freud, Sigmund: Das Unheimliche ([1]1919), in: Ders.: Psychologische Schriften. Studienausgabe Bd. 4, Frankfurt a.M. [7]1989, S. 241–274.

Gehlhar, Fritz: Von der Zukunft besessen: Ziolkowski und Dyson, in: Burmeister, Klaus; Steinmüller, Karlheinz (Hg.): Streifzüge ins Übermorgen (ZukunftsStudien, Bd. 6), Weinheim 1992, 111–128.

Geldern, James von: Radio Moscow. The Voice of the Center, in: Stites, Richard (Hg.): Culture and Entertainment in Wartime Russia, Bloomington 1995, S. 44–61.

Gomel, Elana: The Poetics of Censorship. Allegory as Form and Ideology in the Novels of Arkady and Boris Strugatsky, in: Science-Fiction Studies, Bd. 22/1995, S. 87–105.

Graham, Loren R.: Introduction: The Impact of Science and Technology on Soviet Politics and Society, in: Ders. (Hg.): Science and Soviet Social Order, Cambridge Mass. u.a. 1990, S. 1–16.

Green, Diana: An Asteroid of One's Own: Women Soviet Science Fiction Writers, in: Irish Slavonic Studies, Nr. 8/1987, S. 127–139.

Günther, Hans: Das Tauwetter als Prozeß der Entkanonisierung, in: Beyrau, Dietrich; Bock, Ivo (Hg.): Das Tauwetter und die Folgen. Kultur und Politik in Osteuropa nach 1956, Bremen 1988, S. 143–153.

Hagemeister, Michael: Der „russische Kosmismus" – ein Anachronismus oder die „Philosophie der Zukunft"?, in: Hartmann, Anne; Veldhues, Christoph (Hg.): Im Zeichen-Raum. Festschrift für Karl Eimermacher zum 60. Geburtstag, Dortmund 1998, S. 169–201.

Heinrich, Klaus: Das Floß der Medusa, in: Ders.: Floß der Medusa. 3 Studien zur Faszinationsgeschichte mit mehreren Beilagen und einem Anhang, Frankfurt am Main 1995, S. 9–45.

Ders.: Zur Deutung des Perseus-Andromeda-Reliefs, in: Ders.: Floß der Medusa. 3 Studien zur Faszinationsgeschichte mit mehreren Beilagen und einem Anhang, Frankfurt am Main 1995, 181–184.

Ders.: Zur Sache, in: Ders.: Vernunft und Mythos. Ausgewählte Texte, Basel u.a. 1992, S. 5–9.

Heller, Leonid: Der kontrollierte Kontrolleur oder Paradoxa des autoritären Wortes im sozialistischen Realismus, in: Städtke, Klaus (Hg.): Welt hinter dem Spiegel. Zum Status des Autors in der russischen Literatur der 1920er bis 1950er Jahre, Berlin 1998, S. 235–246.

Josephson, Paul R.: Rockets, Reactors, and Soviet Culture, in: Graham, Loren R. (Hg.): Science and the Soviet Social Order, Cambridge Mass. u.a. 1990, S. 168–191.

Kagarlizki, Juli: Wissenschaftlich-utopische Literatur aus dem Ausland in russischer Übersetzung, in: Sowjetliteratur 5/1968, S. 174–179.

Kirchner, Barbara; Dath, Dietmar: Fermis Paradox, in: Diederichsen, Diedrich (Hg.): Loving the Alien. Science Fiction, Diaspora, Multikultur, Berlin 1998, S. 89–103.

Krauss, Werner: Geist und Widergeist der Utopien, in: Barmeyer, Eike (Hg.): Science Fiction. Theorie und Geschichte, München 1972, S. 23–47.

Krysmanski, Hans-Jürgen: Die Eigenart des utopischen Romans, in: Barmeyer, Eike (Hg.): Science Fiction. Theorie und Geschichte, München 1972, S. 47–57.

Kuchment, Mark: Bridging the Two Cultures: The Emergence of Scientific Prose, in: Graham, Loren (Hg.): Science and Soviet Social Order, Cambridge u.a. 1990, S. 325–324.

Lachmann, Renate: Remarks on the Foreign (Strange) as a Figure of Cultural Ambivalence, in: Russian Literature, Bd. 36/1994, S. 335–346.

Lem, Stanisław: Tzvetan Todorovs Theorie des Phantastischen, in: Quarber Merkur, Bd. 34/1973, S. 46–60.

Lyotard, Jean-François: Die Delegitimierung, in: Conrad, Christoph; Kessel, Martina (Hg.): Geschichte schreiben in der Postmoderne. Beiträge zu einer aktuellen Diskussion, Stuttgart 1994, S. 71–79.

Lück, Hartmut: Die sowjetische wissenschaftlich-fantastische Literatur, in: Sozialistische Zeitschrift für Kunst und Gesellschaft, Heft 18-19/1973, S. 63–105.

McGuire, Patrick L.: Russian SF, in: Barron, Neil (Hg.): Anatomy of Wonder. A Critical Guide to Science Fiction. Third Edition, New York u.a. 1987, S. 441–473.

Münz-Koenen, Inge: Ende der Utopien = Ende der Geschichte? Der Ort des Sozialismus in den Modernisierungsprozessen, in: Weimarer Beiträge, Nr.1/1993, S. 14–22.

Nieuważny, Florian: Fantastyka naukowa, in: Drawicz, Andrzej (Hg.): Historia literatury rosyjskiej XX wieku, Warszawa 1997, S. 496–501.

Nisbet, Peter: The Response to Science and Technology in the Visual Arts, in: Graham, Loren (Hg.): Science and Soviet Social Order, Cambridge u.a. 1990, S. 341–358.

Nudelman, Rafail: Soviet Science Fiction and the Ideology of Soviet Society, in: Science-Fiction Studies, Bd. 16/1989, S. 38–66.

Oswald, Ingrid: Sowjetische Science-Fiction-Literatur als soziologisches Erkenntnismittel, in: Osteuropa, 41. Jg., 4/1991, S. 393–405.

Pike, Christopher: Change and Individual in the Work of the Strugatskys, in: Davies, Philip John (Hg.): Science Fiction, Social Conflict and War, Manchester, New York 1990, S. 85–97.

Plank, Robert: Der ungeheure Augenblick. Aliens in der Science Fiction, in: Barmeyer, Eike (Hg.): Science Fiction, Theorie und Geschichte, München 1972, S. 186–202.

Pomorska, Krystyna: The Utopian Future of the Russian Avant-Garde, in: Debreczeny, Paul (Hg.): American Contributions to the Ninth International Congress of Slavists, Bd. 2, Literature, Poetics, History, Kiev, September 1983, Columbus Ohio 1983, S. 371–386.

Reemtsma, Jan Philipp: ... und 1 Jahrhundert, in: Hamburger Institut für Sozialforschung (Hg.): 200 Tage und 1 Jahrhundert. Gewalt und Destruktivität im Spiegel des Jahres 1945, Hamburg 1995, S. 46–73.

Sachs, Wolfgang: Satellitenblick. Die Ikone vom blauen Planeten und ihre Folgen für die Wissenschaft, in: Braun, Ingo; Joerges, Bernward (Hg.): Technik ohne Grenzen, Frankfurt a. M. 1994, S. 305–346.

Sartorti, Rosalinde: On the Making of Heroes, Heroines, and Saints, in: Stites, Richard (Hg.): Culture and Entertainment in Wartime Russia, Bloomington u.a. 1995, S. 176–193.

Scheidt, Jürgen von: Descensus ad inferos. Tiefenpsychologische Aspekte der Science Fiction, in: Barmeyer, Eike (Hg.): Science Fiction. Theorie und Geschichte, München 1972, S. 133–163.

Schramm, Caroline: Telemor und Hyperboloid. Strahlen, Geheimwissen und Phantastik in der postrevolutionären Literatur, in: Frank, Susi; Greber, Erika; Schahadat, Schamma; Smirnov, Igor' P. (Hg.): Phantasma und Gedächtnis. Festschrift für Renate Lachmann zum 65. Geburtstag, München 2001, S. 319–339.

Simon, Erik: Der Zerfall der Zukunft. Die kommunistische Utopie im Werk der Strugazkis, in: Burmeister, Klaus; Steinmüller, Karlheinz (Hg.): Streifzüge ins Übermorgen. Science Fiction und Zukunftsforschung, Weinheim u.a. 1992, S. 145–161.

Simon, Gerhard: Orthodoxe Kirche, in: Torke, Hans-Joachim (Hg.): Historisches Lexikon der Sowjetunion 1917/22 bis 1991, München 1993, S. 230–232.

Sinjawskij, Andrej: Sozialistischer Realismus – was ist das? ([1]1957), in: Geier, Swetlana (Hg.): Puschkin zu Ehren. Von russischer Literatur, Zürich 1999, S. 145–219.

Slusser, George: Structures of Apprehension: Lem, Heinlein, and the Strugatskys, in: Science-Fiction Studies, Bd. 16/1989, S. 1–37.

Starr, S. Frederick: New Communication Technologies and Civil Society, in: Graham, Loren (Hg.): Science and Soviet Social Order, Cambridge u.a. 1990, S. 19–50.

Steinmüller, Karlheinz: Zukunftsforschung und Science Fiction: No Close Encounters?, in: Burmeister, Klaus; Steinmüller, Karlheinz (Hg.): Streifzüge ins Übermorgen. Science Fiction und Zukunftsforschung, Weinheim u.a. 1992, S. 13–31.

Stephan, Halina: Wissenschaftliche Fantasik und fantastische Parabel in der sowjetischen Gegenwartsliteratur, in: Osteuropa, 29. Jg., 11/1979, S. 877–892.

Dies.: The Changing Protagonist in Soviet Science Fiction, in: Birnbaum, Henryk; Eekman, Thomas (Hg.): Fiction and Drama in Eastern and Southeastern Europe (UCLA Slavic Studies, Bd. 1), Columbus, Ohio 1980, S. 361–378.

Stites, Richard: World Outlook and Inner Fears in Soviet Science Fiction, in: Graham, Loren R. (Hg.): Science and the Soviet Social Order, Cambridge Mass. u.a. 1990, S. 299–324.

Suvin, Darko: Ein Abriss der sowjetischen Science Fiction, in: Barmeyer, Eike (Hg.): Science Fiction. Theorie und Geschichte, München 1972, S. 318–339.

Ders.: Significant Themes in the Criticism of Soviet Science Fiction to 1965, with A Selected Bibliography, in: Extrapolation, Bd. 11, Nr. 2/1970, S. 44–52.

Ders.: The Utopian Tradition of Russian Science Fiction, in: The Modern Language Review, Bd. 66, Nr. 1/1971, S. 139–159.

Vax, Louis: Die Phantastik, in: Zondergeld, Rein A. (Hg.): Phaicon 1. Almanach der phantastischen Literatur, 1974, S. 11-43.

Berliner Slawistische Arbeiten

Herausgegeben von Wolfgang Gladrow, Barbara Kunzmann-Müller, Heinrich Olschowsky und Georg Witte

Band 1 Wolfgang Gladrow/Sonja Heyl (Hrsg.): Slawische und deutsche Sprachwelt. Typologische Spezifika der slawischen Sprachen im Vergleich mit dem Deutschen. 1996.

Band 2 Swetlana Mengel: Wege der Herausbildung der Wortbildungsnorm im Ostslawischen des 11.-17. Jahrhunderts. Eine Vergleichsstudie der Schriftsprache der Kiever Rus' zu der der Moskauer Rus', dem Altukrainischen und dem Altweißrussischen des 15.-17. Jahrhunderts unter Berücksichtigung des Altkirchenslawischen. 1997.

Band 3 Wolfgang Gladrow/Irene Dehmel (Hrsg.): Der Text in Forschung und Lehre. 1997.

Band 4 Klaus Buchenau: Die Distanzanrede im Russischen, Polnischen und Deutschen und ihre historischen Hintergründe. 1997.

Band 5 Elizaveta Kotorova/Елизавета Которова: Zwischensprachliche Äquivalenz in der lexikalischen Semantik/Межъязыковая эквивалентность в лексической семантике. Eine vergleichende Studie des Russischen und Deutschen/Сопоставительное исследование русского и немецкого языков. 1998.

Band 6 Wolfgang Gladrow (Hrsg.): Russisch im Spiegel des Deutschen. Eine Einführung in den russisch-deutschen und deutsch-russischen Sprachvergleich. Korrigierte und ergänzte Neuausgabe. 1998.

Band 7 Erika Günther: Das deutsch-russische Sprachbuch des Heinrich Newenburgk von 1629. Einführung, sprachliche Analysen, Text, Faksimile. 1999.

Band 8 Natascha Drubek-Meyer/Jurij Murašov (Hrsg.): Apparatur und Rhapsodie. Zu den Filmen des Dziga Vertov. 2000.

Band 9 Ėmma Šimčuk/Marina Ščur / Эмма Шимчук/Марина Щур: Wörterbuch der russischen Partikeln / Словарь русских частиц. Redaktion: Wolfgang Gladrow / Редакция: Вольфганг Гладров. 1999.

Band 10 Mirjam Goller/Nikolai Klimeniouk/Stephan Küpper/Elena Müller/Ute Raßloff/Cornelia Soldat (Hrsg.): Osteuropäische Lektüren. Beiträge zur 2. Tagung des Jungen Forums Slawistische Literaturwissenschaft, Berlin 1998. 2000.

Band 11 Stephan Küpper: Autorstrategien im Moskauer Konzeptualismus. Il'ja Kabakov, Lev Rubinštejn, Dmitrij A. Prigov. 2000.

Band 12 Barbara Kunzmann-Müller (Hrsg.): Die Sprachen Südosteuropas heute. Umbrüche und Aufbruch. 2000.

Band 13 Alicja Nagórko (Hrsg.): Aleksander Brückner – zum 60. Todestag. Beiträge der Berliner Tagung 1999. 2001.

Band 14 Stefanie Geldbach: Anaphernresolution und -übersetzung in der Sprachrichtung Russisch-Deutsch. 2001.

Band 15 Wolfgang Gladrow/Robert Hammel (Hrsg.): Beiträge zu einer russisch-deutschen kontrastiven Grammatik. 2001.

Band 16 Sebastian Prieß: Strafe und Textproduktion. Apologetisches Bekenntnis und literarische Kompensation: Diskurse über Lagerhaft. 2002.

Band 17 Erika Günther: Das niederdeutsch-russische Sprachbuch von Johannes von Heemer aus dem Jahre 1696. 2002.

Band 18 Barbara Kunzmann-Müller/Monika Zielinski (Hrsg.): Sprachwandel und Lexikographie. Beispiele aus slavischen Sprachen, dem Ungarischen und Albanischen. 2002.

Band 19 Claudia Radünzel: Russische und deutsche Reden vor den Vereinten Nationen. Eine kontrastive Analyse. 2002.

Band 20 Renate Blankenhorn: Pragmatische Spezifika der Kommunikation von Russlanddeutschen in Sibirien. Entlehung von Diskursmarkern und Modifikatoren sowie Code-switching. 2003.

Band 21 Esma Gregor: Russian-English Code-switching in New York City. 2003.

Band 22 Matthias Schwartz: Die Erfindung des Kosmos. Zur sowjetischen Science Fiction und populärwissenschaftlichen Publizistik vom Sputnikflug bis zum Ende der Tauwetterzeit. 2003.

Band 23 Wolfgang Gladrow (Hrsg.): Die slawischen Sprachen im aktuellen Funktionieren und historischen Kontakt. Beiträge zum XIII. Internationalen Slawistenkongress vom 15. bis 21. August 2003 in Ljubljana. 2003.

Band 24 Mirjam Goller: Gestaltetes Verstummen. Nicht-Sprechen als narrative Konstituente in der russischen Prosa der frühen Moderne. 2003.

Peter Lang · Europäischer Verlag der Wissenschaften

Anikó Sohár

The Cultural Transfer of Science Fiction and Fantasy in Hungary 1989–1995

Frankfurt/M., Berlin, Bern, Bruxelles, New York, Wien, 1999.
276 pp., num. tab. and graph.
ISBN 3-631-35037-6 / US-ISBN 0-8204-4348-4 · pb. € 49.–*

This is a study about the cultural importation process of popular genres into a literature on the periphery of the European literary polysystem, the case of science fiction and fantasy in Hungary between 1989 and 1995. This book deals with science fiction and translation, or science fiction in translation, where translation is being used in the proper, wide sense of the word as *transfer* in order to incorporate pseudotranslations as well. Its goal is to describe and analyse the transfer in detail and to make the first steps towards establishing whether such a model could be generally relevant either in the transition period from a communist system to market economy, that is, in the case of all (European) ex-socialist countries, or, possibly, in all *minority* cultures.

Contents: Science Fiction and Fantasy Literature · Cultural importation process of popular genres into a literature · Translations as Hungarian books · Hungarian Books as Translation · Pseudotranslations

Frankfurt/M · Berlin · Bern · Bruxelles · New York · Oxford · Wien
Distribution: Verlag Peter Lang AG
Moosstr. 1, CH-2542 Pieterlen
Telefax 00 41 (0) 32 / 376 17 27

*The €-price includes German tax rate
Prices are subject to change without notice

Homepage http://www.peterlang.de